1+X 证书制度试点培训用书

Web 前端开发
实训案例教程（中级）

北京新奥时代科技有限责任公司　组编

U0178407

电子工业出版社
Publishing House of Electronics Industry
北京·BEIJING

内 容 简 介

本书是根据《Web 前端开发职业技能等级标准 2.0 版》（中级）编写的配套的实践教程，其中涉及的项目代码使用 HBuilder 开发工具和开源 Eclipse 开发工具进行编译，并且均可在主流浏览器中运行。

本书将中职、高职院校和应用型本科院校的计算机应用、软件技术等相关专业开设的 Web 前端开发方向的课程体系，与企业 Web 前端开发岗位能力模型相结合，依据《Web 前端开发职业技能等级标准 2.0 版》（中级）的技能要求，形成三位一体的 Web 前端开发技术知识地图。本书以实践能力为导向，以开发企业真实应用为目标，遵循企业软件工程标准和技术开发要求，采用任务驱动方式，将静态网站开发（HTML5+CSS3、JavaScript+jQuery、Bootstrap）、Web 前后端数据交互（AJAX、RESTful API）、MySQL、PHP 动态网站开发（PHP+Laravel 或 PHP+ThinkPHP）和 Java 动态网站开发（Java+SSM）等相关知识单元，充分融入实际案例和应用环境中。本书对《Web 前端开发职业技能等级标准 2.0 版》（中级）涉及的重要知识单元进行了详细的介绍，从而帮助读者掌握 Web 前端开发（中级）的技能要求。

本书依托实验项目对知识单元进行介绍，并且针对不同的知识单元设计了多个实验项目，以帮助读者掌握每个知识单元的核心内容。

本书适合作为《Web 前端开发职业技能等级标准 2.0 版》（中级）实践教学的参考用书，也可作为有意成为 Web 前端开发工作者的学习辅导用书。

图书在版编目（CIP）数据

Web 前端开发实训案例教程：中级 / 北京新奥时代科技有限责任公司组编. —北京：电子工业出版社，2023.4

ISBN 978-7-121-45407-3

Ⅰ.①W… Ⅱ.①北… Ⅲ.①网页制作工具－教材 Ⅳ.①TP393.092.2

中国国家版本馆 CIP 数据核字（2023）第 065106 号

责任编辑：胡辛征　　　　特约编辑：田学清
印　　　刷：三河市鑫金马印装有限公司
装　　　订：三河市鑫金马印装有限公司
出版发行：电子工业出版社
　　　　　北京市海淀区万寿路 173 信箱　　　　邮编：100036
开　　本：787×1092　　1/16　　印张：23.5　　字数：555 千字
版　　次：2023 年 4 月第 1 版
印　　次：2023 年 4 月第 1 次印刷
定　　价：59.80 元

凡所购买电子工业出版社图书有缺损问题，请向购买书店调换。若书店售缺，请与本社发行部联系，联系及邮购电话：（010）88254888，88258888。

质量投诉请发邮件至 zlts@phei.com.cn，盗版侵权举报请发邮件至 dbqq@phei.com.cn。

本书咨询联系方式：（010）88254361，hxz@phei.com.cn。

前　言

在职业院校、应用型本科高校启动"学历证书+若干职业技能等级证书"（1+X）制度试点工作是贯彻落实《国家职业教育改革实施方案》（国发〔2019〕4号）的重要内容。工业和信息化部教育与考试中心作为首批1+X证书制度试点工作的培训评价组织，组织技术工程师、院校专家，基于从业人员的工作范围、工作任务和实践能力，以及应该具备的知识和技能，开发了《Web前端开发职业技能等级标准》。该标准反映了行业企业对当前Web前端开发职业教育人才培养的质量规格要求。Web前端开发职业技能等级证书培训评价自2019年实施以来，已经有近1500所中职和高职院校参与书证融通试点工作。通过师资培训、证书标准融入学历教育教学和考核认证等，Web前端开发职业技能等级证书培训评价对改革对应的专业教学、提高人才培养质量、推动促进就业起到了积极的作用。

依据2021年试点工作安排，工业和信息化部教育与考试中心对《Web前端开发职业技能等级标准》进行了更新与完善，并且在X证书信息管理服务平台中发布了《Web前端开发职业技能等级标准2.0版》。为了帮助读者学习和掌握《Web前端开发职业技能等级标准2.0版》（中级）涵盖的实践技能，工业和信息化部教育与考试中心联合北京新奥时代科技有限责任公司，组织相关企业的技术工程师、院校专家编写了本书。本书按照《Web前端开发职业技能等级标准2.0版》（中级）的职业技能要求，以及企业软件项目开发思路与开发过程，精心设计了多个实验项目，这些实验项目均源于企业的真实案例。

本书包括28个实验项目，共29章。本书的相关思政内容符合中职、高职和应用型本科院校课程思政建设的要求。每个实验项目都设定了实验目标，以任务驱动，采用迭代思路进行开发。第3～22章的所有代码可以使用HBuilder开发工具进行编译，第23～29章的所有代码可以使用开源Eclipse开发工具进行编译。

第1章是实践概述，主要介绍本书的实践目标、实践知识地图和实施安排。

第2～29章是实验部分，针对开发工具、静态网站开发（HTML5+CSS3、JavaScript+jQuery、Bootstrap）、Web前后端数据交互（AJAX、RESTful API）、MySQL、PHP动态网站开发（PHP+Laravel或PHP+ThinkPHP）和Java动态网站开发（Java+SSM）等核心知识单元设计了实验项目，每个实验项目包括实验目标、实验任务、设计思路和实验实施（跟我做），最大限度地覆盖Web前端开发（中级）的实践内容。

　　参加本书编写工作的有谭志彬、龚玉涵、刘志红、马庆槐、王博宜、邹世长、郑婕、张海科、侯仕平、薛玉花、刘新红、郭钊、薛亚军和杨云等。

　　由于编者的水平和时间有限，书中难免存在不足之处，敬请广大读者批评指正。

目 录

第 1 章
实践概述

1.1　实践目标

本书围绕工业和信息化部教育与考试中心发布的《Web 前端开发职业技能等级标准 2.0 版》（中级）设计内容，结合实践课程融入课程思政要求，安排不同类型的实验项目综合训练读者的 Web 前端开发技能应用能力。通过学习和实践本书提供的实验项目，读者可以实现以下几个实践目标。

（1）能够使用 HTML5、CSS3、JavaScript 和 jQuery 等开发静态网页。

（2）能够使用 Bootstrap 的布局、栅格系统、基本样式和组件开发响应式页面。

（3）理解 XML 和 JSON 数据格式，能够使用 AJAX 完成异步刷新、异步获取数据，能够使用 XMLHttpRequest 或 jQuery 完成 AJAX 异步操作。

（4）理解基本的 RESTful API 设计规范，并调用 API。

（5）能够进行 MySQL 数据库操作和编程。

（6）能够使用 PHP 或 Java 的相关技术制作动态网站。

方式一：能够编写 PHP 脚本程序和面向对象程序，能够使用 PHP 基础编程、PHP Web 编程、PHP 数据库编程和 PHP 开发框架（Laravel 或 ThinkPHP）制作 PHP 动态网站。

方式二：能够编写 Java 控制台程序和面向对象程序，能够使用 Java 基础编程、Java Web 编程、Java 数据库编程和 Java 开发框架（SSM）制作 Java 动态网站。

（7）遵循企业 Web 标准设计和开发过程，培养良好的工程能力；综合应用上述 Web 前端开发技能开发动态网站，达到中级 Web 前端开发工程师的水平。

1.2　实践知识地图

根据工业和信息化部教育与考试中心发布的《Web 前端开发职业技能等级标准 2.0 版》（中级）的要求，以及 HTML5+CSS3、JavaScript+jQuery、Bootstrap、Web 前后端数据交互、

MySQL、PHP 动态网站开发（PHP+Laravel+ThinkPHP）、Java 动态网站开发（Java+SSM）相关职业技能的要求，绘制如下知识地图。

1．HTML5+CSS3

（1）HTML5 的主要内容包括 HTML5 网页基本结构、HTML5 语义化标签、HTML5 页面增强标签、HTML5 表单和 HTML5 多媒体标签等。

（2）CSS3 的主要内容包括边框新特性、背景新特性和弹性布局等。

HTML5+CSS3 的知识地图如图 1-1 所示。

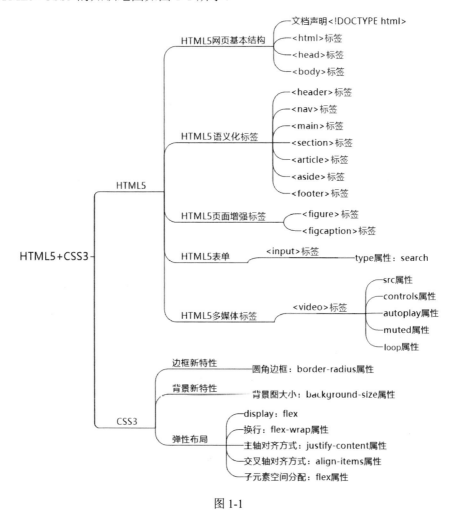

图 1-1

2．JavaScript+jQuery

（1）JavaScript 的主要内容包括 JavaScript 的创建和引用、变量、数据类型、运算符、流程控制语句、数组、函数、面向对象、DOM 操作、事件等。

（2）jQuery 的主要内容包括 jQuery 的下载和引用、选择器、DOM 操作、遍历、事件、动画、插件等。

JavaScript+jQuery 的知识地图如图 1-2 所示。

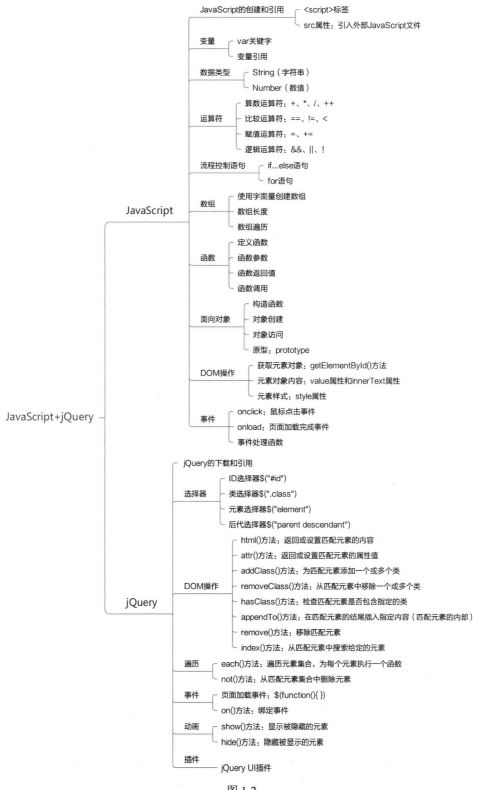

图 1-2

3．Bootstrap

Bootstrap 的主要内容包括 Bootstrap 的引入、布局、栅格系统、基本样式、组件和响应式开发等，如图 1-3 所示。

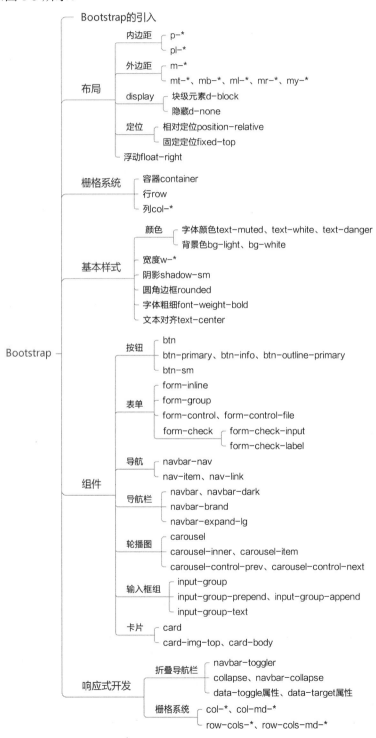

图 1-3

4．Web 前后端数据交互

Web 前后端数据交互的主要内容包括 RESTful API 设计规范、API 数据接口、AJAX、JSON 数据格式和异步刷新等，如图 1-4 所示。

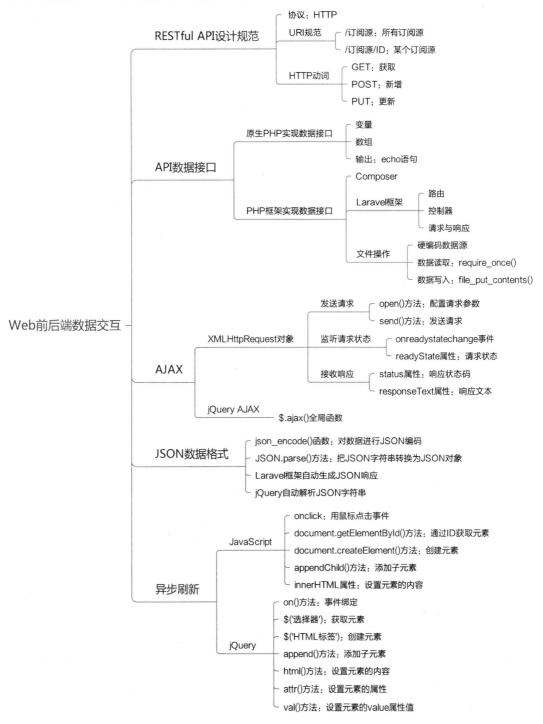

图 1-4

5．MySQL

MySQL 的主要内容包括安装 MySQL、登录 MySQL、数据库操作、数据表操作、管理表数据、备份与还原数据库等，如图 1-5 所示。

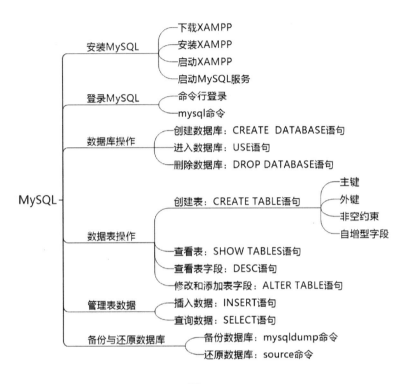

图 1-5

6．PHP 动态网站开发

（1）PHP 的主要内容包括基本语法、数据类型、变量与常量、运算符、输入/输出、流程控制语句、函数、数组、面向对象、文件引入、页面跳转、超全局变量、Session 和操作 MySQL 等。

（2）Laravel 的主要内容包括路由、控制器、Blade 模板、Session 和数据库等。

（3）ThinkPHP 的主要内容包括路由、控制器、模板/视图、Session 和数据库等。

PHP 动态网站开发的知识地图如图 1-6 所示。

7．Java 动态网站开发

（1）Java 的主要内容包括 Java 基础语法、JSP、Servlet 和操作 MySQL 等。

（2）SSM 的主要内容包括 Spring 框架、Spring MVC 框架、MyBatis 框架和 SSM 框架整合等。

Java 动态网站开发的知识地图如图 1-7 所示。

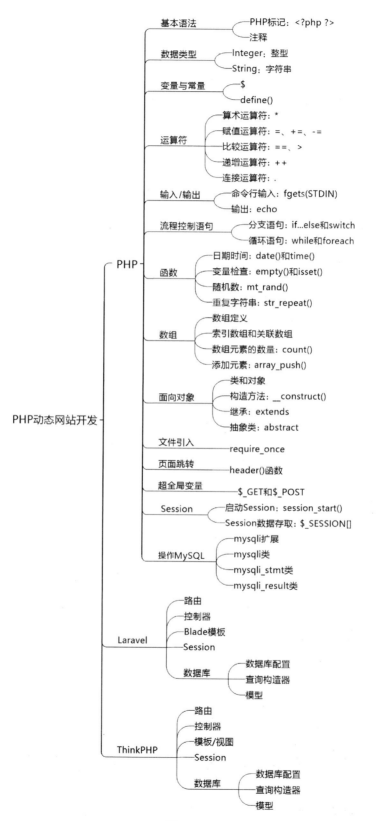

图 1-6

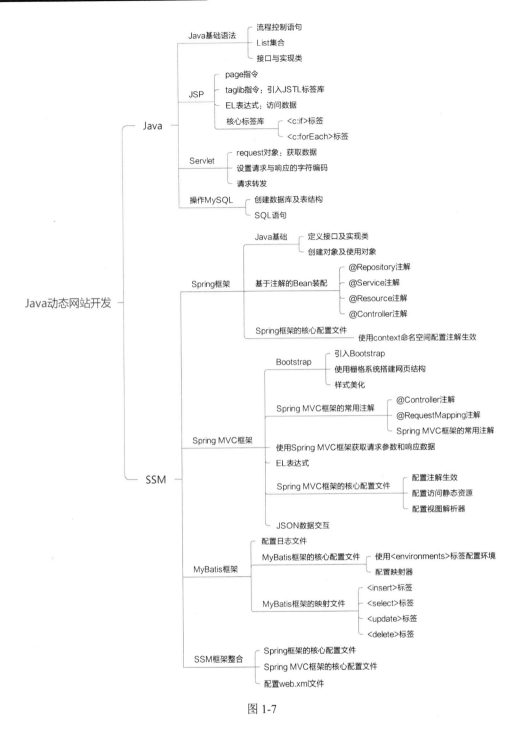

图 1-7

1.3 实施安排

本书围绕《Web 前端开发职业技能等级标准 2.0 版》（中级），结合 Bootstrap、MySQL 和动态网站开发等相关课程的教学内容设计实验项目。读者可以通过实验项目训练 Web 前端开发各知识单元的内容，从而综合解决企业项目应用。

参照《Web 前端开发职业技能等级标准 2.0 版》（中级）中的职业技能要求，结合企业网站相关岗位的情况，本书选取 HBuilder 或 Eclipse、HTML5+CSS3、JavaScript+jQuery、Bootstrap、Web 前后端数据交互、MySQL、PHP 动态网站开发（PHP+Laravel+ThinkPHP）、Java 动态网站开发（Java+SSM）等，针对《Web 前端开发职业技能等级标准 2.0 版》（中级）中的工作任务，安排了 28 个实验项目，用来训练相关知识单元，如表 1-1 所示。

表 1-1

知识单元	实验项目
开发环境	开发工具
HTML5+CSS3	直播平台
JavaScript	动态验证码
jQuery	电影选座
Bootstrap	互动问答页面
	民宿网
	电影网站
	后台管理系统
Web 前后端数据交互	JavaScript 手册
	用户注册模块
	RSS 订阅
	世界杯
MySQL	驾考宝典
PHP 动态网站开发	我的卡包
	在线购票
	驾校考试系统
	医院挂号系统（Laravel）
	智能记账本（Laravel）
	医院挂号系统（ThinkPHP）
	智能记账本（ThinkPHP）
	图书 App
	数据统计
Java 动态网站开发	App 开发者信息管理
	构建商品模型
	增加线上课程
	后台系统用户数据管理
	中控后台系统的设计与实现
	学生信息管理系统

每个实验都是一个小型项目，围绕职业技能要求进行设计，以任务驱动，迭代开发，确保每个步骤均可验证和实现。每个实验项目包括实验目标、实验任务、设计思路和实验实施（跟我做）。

第2章
开发环境：开发工具

2.1　实验目标

（1）了解国内外常用的 Web 前端开发工具，熟悉国产化 Web 前端开发工具。

（2）掌握 HBuilder 的下载、安装和基本操作。

（3）掌握 HBuilder 中 PHP 插件的安装方法。

（4）掌握使用 HBuilder 创建 Web 项目和页面的方法。

2.2　实验任务

（1）下载并安装 HBuilder。

（2）在 HBuilder 中安装 Aptana php 插件，用于编写 PHP 网页和代码。

（3）使用 IIBuildcr 创建一个 Wcb 项目。

（4）使用 HBuilder 在项目中创建一个 index.html 文件，并在浏览器中显示。

2.3　设计思路

（1）开发工具选择 HBuilder。

（2）在 HBuilder 中安装 PHP 插件，用于编写 PHP 网页和代码。

（3）先进行网页开发，并使用工程进行管理；再使用 HBuilder 创建一个 Web 项目。

（4）在 Web 项目中创建一个 index.html 文件。

2.4　实验实施（跟我做）

2.4.1　步骤一：下载并安装 HBuilder

1．下载 HBuilder

（1）进入 HBuilder 官方网站的首页，点击"DOWNLOAD"按钮下载 HBuilder，如图 2-1 所示。

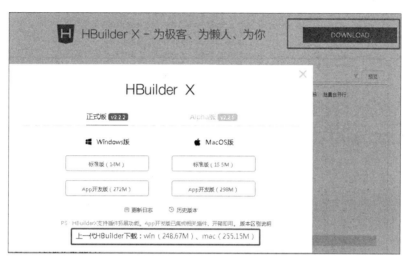

图 2-1

（2）下载压缩文件（如 HBuilder.9.1.29.windows.zip）。

2．安装 HBuilder

将下载的压缩文件解压缩到一个目录下（如解压缩到 E 盘的根目录下，解压缩后将生成 E:\HBuilder），即 HBuilder 的文件夹，文件目录如图 2-2 所示。

图 2-2

2.4.2 步骤二：HBuilder 的主界面

（1）在文件夹下运行 E:\HBuilder\HBuilder.exe，即可启动 HBuilder，显示的主界面如图 2-3 所示。

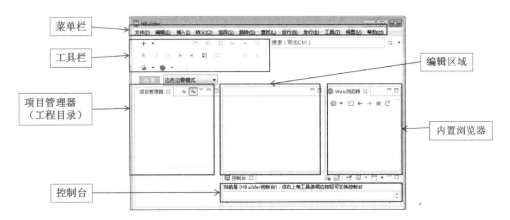

图 2-3

（2）创建页面的一般步骤如下。

- 创建 Web 项目。
- 在项目中创建文件，包括页面文件和项目文件夹等。
- 编辑页面文件。

创建页面的一般步骤如图 2-4 所示。

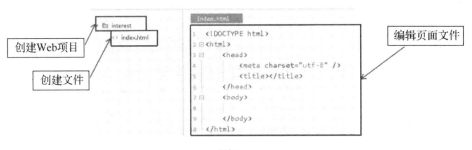

图 2-4

2.4.3 步骤三：在 HBuilder 中安装 PHP 插件

在后面的章节中需要使用 PHP 开发 Web 项目，因此，需要安装对应的 PHP 插件。

（1）在 HBuilder 的主界面中，选择"工具"→"插件安装"命令，如图 2-5 所示。

（2）打开如图 2-6 所示的"插件安装"界面，勾选"Aptana php 插件"后面的复选框，点击"安装"按钮即可自动安装。

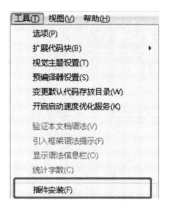

图 2-5

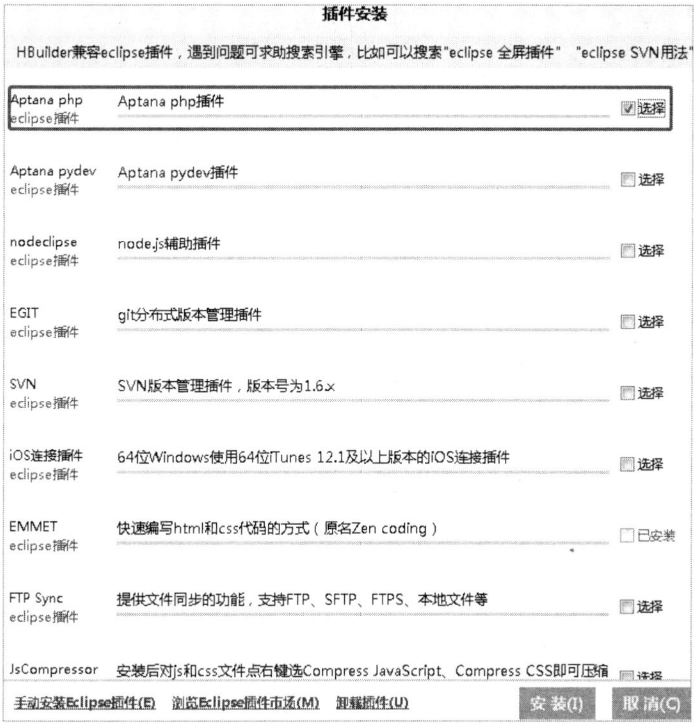

插件安装

HBuilder兼容eclipse插件，遇到问题可求助搜索引擎，比如可以搜索"eclipse 全屏插件"　"eclipse SVN用法"

Aptana php eclipse插件	Aptana php插件	☑选择
Aptana pydev eclipse插件	Aptana pydev插件	☐选择
nodeclipse eclipse插件	node.js辅助插件	☐选择
EGIT eclipse插件	git分布式版本管理插件	☐选择
SVN eclipse插件	SVN版本管理插件，版本号为1.6.x	☐选择
iOS连接插件	64位Windows使用64位iTunes 12.1及以上版本的iOS连接插件	☐选择
EMMET eclipse插件	快速编写html和css代码的方式（原名Zen coding）	☐已安装
FTP Sync eclipse插件	提供文件同步的功能，支持FTP、SFTP、FTPS、本地文件等	☐选择
JsCompressor	安装后对js和css文件点右键选Compress JavaScript、Compress CSS即可压缩	☐选择

手动安装Eclipse插件(E)　浏览Eclipse插件市场(M)　卸载插件(U)　　　　安装(I)　取消(C)

图 2-6

2.4.4　步骤四：创建 Web 项目

（1）在 HBuilder 的主界面中，选择"文件"→"新建"→"Web 项目"命令（也可以按 Ctrl+N 组合键，在弹出的快捷菜单中选择"Web 项目"命令），如图 2-7 所示。

（2）在"创建 Web 项目"窗口中，A 处表示创建的项目名称，B 处表示项目的保存路径（更改此路径 HBuilder 会记录，下次默认使用更改后的路径），C 处表示选择使用的模板（也可点击"自定义模板"链接），如图 2-8 所示。

图 2-7

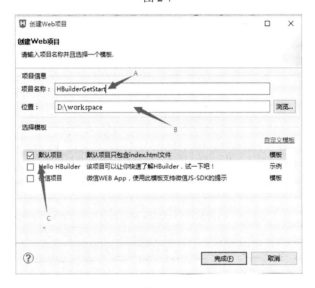

图 2-8

2.4.5 步骤五：创建 HTML 文件

（1）在创建的 Web 项目中，选择"文件"→"新建"→"HTML 文件"命令，如图 2-9 所示。

图 2-9

（2）打开"创建文件向导"窗口，在"文件名"文本框中输入后缀为 html 的文件名，并勾选"html5"复选框，点击"完成"按钮即可生成 index.html 文件，如图 2-10 所示。

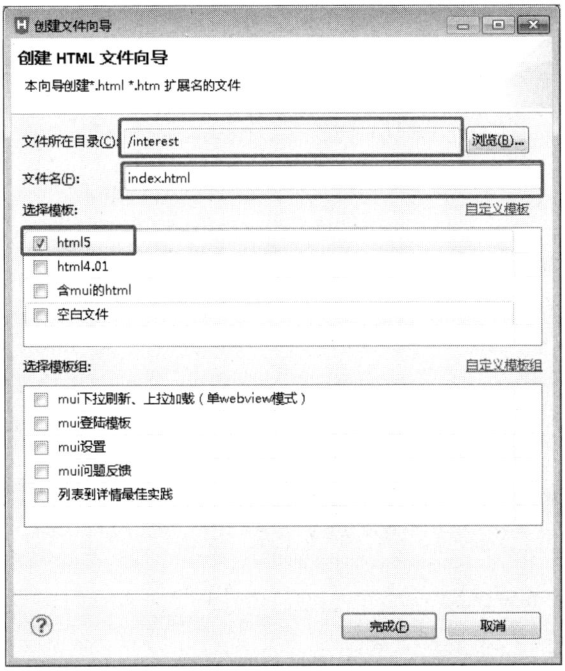

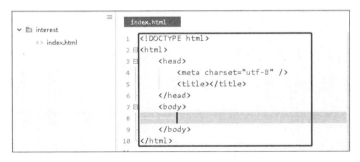

图 2-10

2.4.6　步骤六：编辑 HTML 文件

在"项目管理器"面板中选中创建的 HTML 文件，编辑区域就会显示该文件中的代码。index.html 文件中已经自动生成 HTML5 基本结构，此时可以在编辑区域对代码进行编辑，如图 2-11 所示。

图 2-11

2.4.7　步骤七：运行 HTML 文件

此处推荐使用 Chrome 浏览器运行 HTML 文件，这就需要先在计算机上安装 Chrome 浏览器。

　　在 HBuilder 的主界面中，选择"运行"→"浏览器运行"→"Chrome"命令即可运行 HTML 文件，如图 2-12 所示。

图 2-12

第 3 章
HTML5+CSS3：直播平台

3.1 实验目标

（1）能使用 HTML 文档声明标签、头部标签和主体标签等构建网页基本结构。

（2）能使用 HTML5 语义化标签搭建页面主体结构。

（3）能使用 HTML5 页面增强标签和 HTML5 表单等制作静态网页。

（4）能使用 HTML5 多媒体标签播放网页中的音频和视频。

（5）能使用 CSS 选择器获取网页元素。

（6）能使用 CSS3 边框和背景等新特性美化页面样式。

（7）能使用 CSS3 多列布局和弹性布局等设计网页布局。

（8）综合应用 HTML5 和 CSS3 开发直播平台。

本章的知识地图如图 3-1 所示。

3.2 实验任务

设计和制作直播平台的首页，该页面包括页头、正文和页脚 3 个部分。

（1）页头：包含网站 Logo、导航栏和搜索表单，网站 Logo 和导航栏在左侧，搜索表单在右侧。

（2）正文：包含"直播和贡献周榜"及"直播列表和赛事新闻"两个板块，"直播和贡献周榜"板块在上方，"直播列表和赛事新闻"板块在下方。

- 直播和贡献周榜：左侧是直播视频播放器，右侧是用户周贡献的榜单列表。
- 直播列表和赛事新闻：左侧是在线直播的视频列表，每个在线直播视频都包含封面图和文字描述；右侧是赛事的相关新闻列表。

图 3-1

（3）页脚：包含网站的相关描述及版权信息等。

直播平台的首页的页面效果如图 3-2 所示。

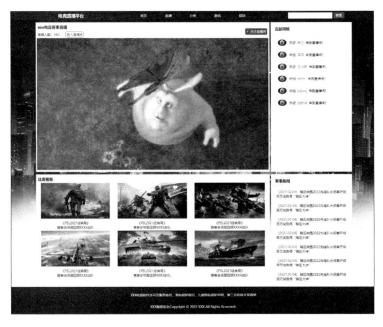

图 3-2

3.3　设计思路

1.　创建项目

创建名称为 livePlatform 的新项目，该项目中包含的文件如表 3-1 所示。

表 3-1

类型	文件	说明
HTML 文件	index.html	首页的页面文件
CSS 文件	css/style.css	首页的样式文件
图片文件	bg.png	页面的背景图
	avatar.png	用户头像
	01.png	直播视频封面 01 图
	02.png	直播视频封面 02 图
	03.png	直播视频封面 03 图
	04.png	直播视频封面 04 图
	05.png	直播视频封面 05 图
	06.png	直播视频封面 06 图
视频文件	video/1.mp4	直播视频文件

2.　首页总体布局的设计

从整体上来看，首页分为上、中、下 3 个部分。使用 HTML5 语义化标签<header>、<main>、<section>、<article>、<aside>和<footer>搭建的页面的主体结构如图 3-3 所示。

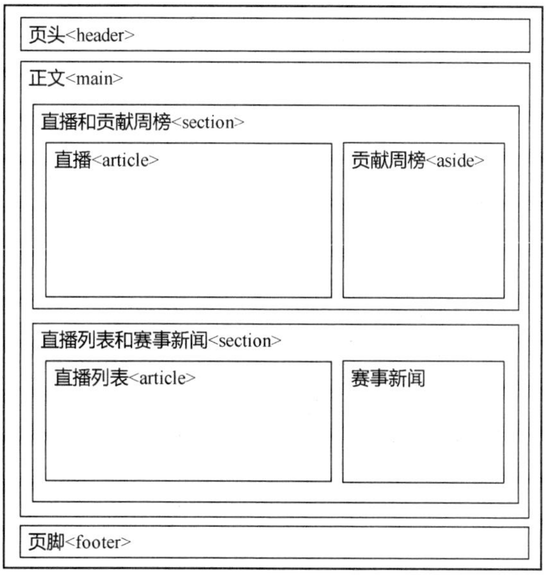

图 3-3

3.　首页页头的设计

（1）页头由网站 Logo、导航栏和搜索表单 3 个部分组成。由于页头采用弹性布局，因此它的 3 个组成部分在同一行显示并垂直居中对齐。

（2）使用 flex 属性把页头的宽度平均分成 3 份，网站 Logo、导航栏和搜索表单 3 个部分各占 1 份。

（3）导航栏中有 5 个导航链接。导航栏采用弹性布局，使导航栏中的 5 个导航链接在水平方向两端对齐并且两端留有空隙。

页头的结构与布局如图 3-4 所示。

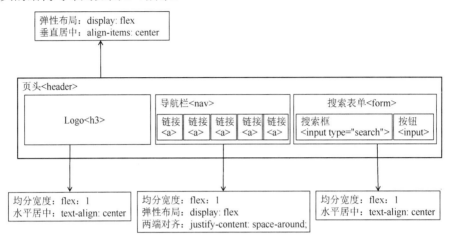

图 3-4

4. 首页正文的设计

正文的结构与布局如图 3-5 所示。

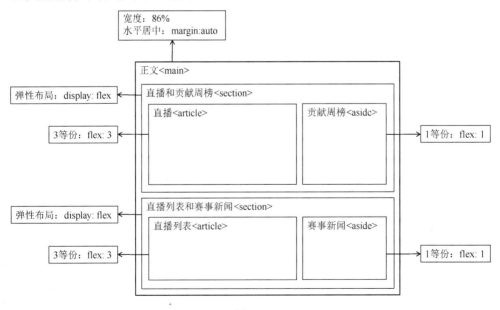

图 3-5

1）"直播和贡献周榜"板块的设计

首页（index.html）正文中的"直播"部分用于播放在线直播视频，"贡献周榜"部分是打赏视频的网友昵称列表。其整体采用 flex 弹性布局，并且"直播"部分占 3 等份，"贡献周榜"部分占 1 等份。"直播和贡献周榜"板块的结构与布局如图 3-6 所示。

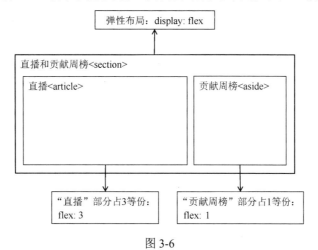

图 3-6

2）"直播列表和赛事新闻"板块的设计

首页（index.html）正文中的"直播列表"部分用于显示图文直播列表，每个直播都包含封面图和标题简介；"赛事新闻"部分是一些直播比赛的新闻信息列表。其整体采用 flex 弹性布局，并且"直播列表"部分占 3 等份，"赛事新闻"部分占 1 等份。

"直播列表和赛事新闻"板块的结构与布局如图 3-7 所示。

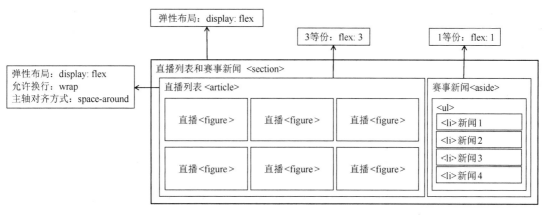

图 3-7

"直播列表"部分采用 flex 弹性布局，排列 3 个直播内容后可以换行，水平方向两端对齐。

"直播列表"部分每个直播内容的设计如下。

- 每个直播内容由"封面图"和"名称与简介"组成。
- 每个直播内容使用 HTML5 的<figure>页面增强标签。
- 每个直播内容中的"名称与简介"使用 HTML5 的<figcaption>页面增强标签。

"直播列表"部分的结构与布局如图 3-8 所示。

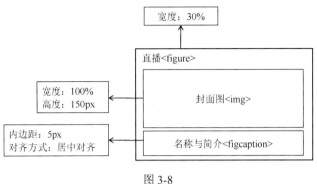

图 3-8

5．首页页脚的设计

（1）页脚中包含一个<p>标签，该标签中包含网站的描述信息和版权信息。

（2）页脚中<footer>标签的背景色为黑色，内边距为 10px。

（3）页脚中<p>标签包含的文本内容水平居中，行高为 50px，字号为 14px，文本颜色为白色。

页脚的结构与布局如图 3-9 所示。

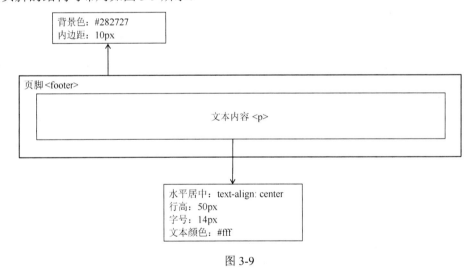

图 3-9

3.4 实验实施（跟我做）

3.4.1 步骤一：创建项目

（1）使用 HBuilder 创建一个名称为 livePlatform 的新项目，在该项目中创建 1 个 index.html 文件和 3 个文件夹，如图 3-10 所示，css 文件夹用于保存 CSS 样式文件，img 文件夹用于保存图片文件，video 文件夹用于保存视频文件。

（2）准备视频文件（1.mp4）、页面背景图片（bg.png）、用户头像（avatar.png）和 6 张直播封面图（01.png～06.png），并将文件放入对应的文件夹中，如图 3-11 所示。

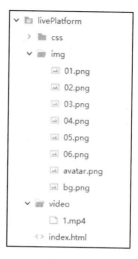

图 3-10

图 3-11

3.4.2　步骤二：制作首页

1．设置页面标题

编辑首页页面文件 index.html，将<title>标签中的内容修改为"电竞直播平台"。

```
<!DOCTYPE html>
<html>
    <head>
        <meta charset="utf-8">
        <title>电竞直播平台</title>
    </head>
    <body>
    </body>
</html>
```

2．搭建页面结构

在<body>标签中，使用语义化标签<header>、<main>和<footer>搭建页面结构。

```
<body>
    <!--页头-->
    <header></header>
    <!--正文-->
    <main></main>
    <!--页脚-->
    <footer></footer>
</body>
```

3．制作页头

（1）在<header>标签中制作页头，使用<h3>标签制作页头的 Logo。

（2）使用语义化标签<nav>制作导航栏，在导航栏中使用<a>标签创建 5 个导航菜单项。

（3）使用<form>标签制作搜索表单，在搜索表单中添加一个搜索框和一个"搜索"按钮。

```html
<header>
    <!--Logo-->
    <h3>电竞直播平台</h3>
    <!--导航栏-->
    <nav>
        <a href="">首页</a>
        <a href="">直播</a>
        <a href="">分类</a>
        <a href="">游戏</a>
        <a href="">超话</a>
    </nav>
    <!--搜索表单-->
    <form>
        <input type="search">
        <input type="button" value="搜索">
    </form>
</header>
```

（4）页头的运行效果如图 3-12 所示。

图 3-12

4．制作正文

在<main>标签中制作正文。正文部分包括"直播和贡献周榜"板块及"直播列表和赛事新闻"板块。

（1）创建正文结构。

```html
<!--正文-->
<main>
    <!--直播和贡献周榜-->
    <section class="box">
    </section>
    <!--直播列表和赛事新闻-->
    <section class="box">
    </section>
</main>
```

（2）制作"直播和贡献周榜"板块。

- 使用语义化标签\<article>制作"直播"部分。

```html
<!--直播和贡献周榜-->
<section class="box">
    <!--直播-->
    <article class="video">
        <div class="top">
            <h3>xxx 电竞赛事直播</h3>
            <div class="sub">
                <span>在线人数：<i>560</i></span>
                <a href="" class="enter">进入直播间</a>
            </div>
            <button><i>+</i>关注直播间</button>
        </div>
        <video controls="controls" src="video/1.mp4" autoplay muted loop>
        </video>
    </article>
</section>
```

- 使用语义化标签\<aside>制作"贡献周榜"部分。

```html
<!--直播和贡献周榜-->
<section class="box">
    <!--直播-->
    <article class="video">
        <!--此处省略上面的代码-->
    </article>
    <!--贡献周榜-->
    <aside>
        <h4>贡献周榜</h4>
        <ul>
            <li>
                <img src="img/avatar.png"/>
                欢迎<span>张三</span>来到直播间！
            </li>
            <li>
                <img src="img/avatar.png"/>
                欢迎<span>李四</span>来到直播间！
            </li>
            <li>
                <img src="img/avatar.png"/>
                欢迎<span>王小明</span>来到直播间！
            </li>
            <li>
```

```
            <img src="img/avatar.png"/>
            欢迎<span>Mr.liu</span>来到直播间！
        </li>
        <li>
            <img src="img/avatar.png"/>
            欢迎<span>jsjjsssj</span>来到直播间！
        </li>
        <li>
            <img src="img/avatar.png"/>
            欢迎<span>jsjjsssj</span>来到直播间！
        </li>
    </ul>
</aside>
</section>
```

● "直播和贡献周榜"板块的运行效果如图 3-13 所示。

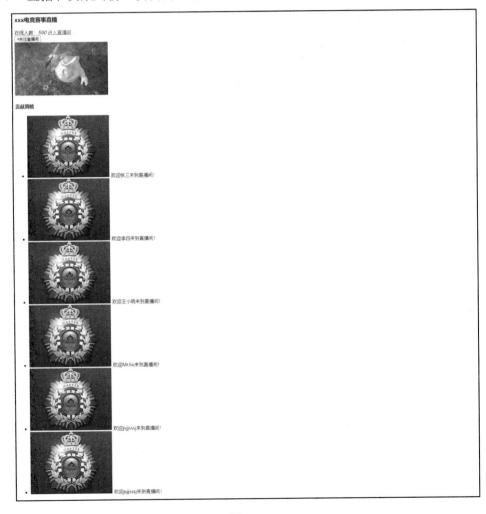

图 3-13

（3）制作"直播列表和赛事新闻"板块。

- 使用语义化标签<article>制作"直播列表"部分。

```html
<!--直播列表和赛事新闻-->
<section class="box">
    <!--直播列表-->
    <article>
        <h3>比赛视频</h3>
        <div class="list">
            <figure>
                <img src="img/01.png">
                <figcaption>
                    <a href="">
                    《PEL2021经典局》<br/>赛事名场面回顾XXXX战队
                    </a>
                </figcaption>
            </figure>
            <figure>
                <img src="img/02.png">
                <figcaption>
                    <a href="">
                    《PEL2021经典局》<br/>赛事名场面回顾XXXX战队
                    </a>
                </figcaption>
            </figure>
            <figure>
                <img src="img/03.png">
                <figcaption>
                    <a href="">
                    《PEL2021经典局》<br/>赛事名场面回顾XXXX战队
                    </a>
                </figcaption>
            </figure>
            <figure>
                <img src="img/04.png">
                <figcaption>
                    <a href="">
                    《PEL2021经典局》<br/>赛事名场面回顾XXXX战队
                    </a>
                </figcaption>
            </figure>
            <figure>
                <img src="img/05.png">
                <figcaption>
                    <a href="">
```

```
                《PEL2021 经典局》<br/>赛事名场面回顾 XXXX 战队
                </a>
            </figcaption>
        </figure>
        <figure>
            <img src="img/06.png">
            <figcaption>
                <a href="">
                《PEL2021 经典局》<br/>赛事名场面回顾 XXXX 战队
                </a>
            </figcaption>
        </figure>
    </div>
    </article>
</section>
```

- 使用语义化标签<aside>制作"赛事新闻"部分。

```
<!--直播列表和赛事新闻-->
<section class="box">
    <!--直播列表-->
    <article>
            <!--此处省略上面的代码-->
    </article>
    <!--赛事新闻-->
    <aside>
        <h3>赛事新闻</h3>
        <ul>
        <li>
            <span>[2023.02.04]</span>
            <a href="">暗区突围 2022 先锋队长招募开启  百万奖励寻"暗区大神"</a>
        </li>
        <li>
            <span>[2023.02.04]</span>
            <a href="">暗区突围 2022 先锋队长招募开启  百万奖励寻"暗区大神"</a>
        </li>
        <li>
            <span>[2023.02.04]</span>
            <a href="">暗区突围 2022 先锋队长招募开启  百万奖励寻"暗区大神"</a>
        </li>
        <li>
            <span>[2023.02.04]</span>
            <a href="">暗区突围 2022 先锋队长招募开启  百万奖励寻"暗区大神"</a>
        </li>
        <li>
            <span>[2023.02.04]</span>
```

```
            <a href="">暗区突围2022先锋队长招募开启 百万奖励寻"暗区大神"</a>
        </li>
        <li>
            <span>[2023.02.04]</span>
            <a href="">暗区突围2022先锋队长招募开启 百万奖励寻"暗区大神"</a>
        </li>
        <li>
            <span>[2023.02.04]</span>
            <a href="">暗区突围2022先锋队长招募开启 百万奖励寻"暗区大神"</a>
        </li>
    </ul>
</aside>
</section>
```

- "直播列表和赛事新闻"板块的运行效果如图 3-14 所示。

图 3-14

（4）正文的运行效果如图 3-15 所示。

图 3-15

5．制作页脚

（1）在语义化标签<footer>中制作页脚。

```
<!--页脚-->
<footer>
    <p>
        XXX 电竞软件许可及服务协议、隐私保护指引、儿童隐私保护声明、第三方信息共享清单
        <br/>
        XXX 版权所有 Copyright © 2022 XXX All Rights Reserved.
    </p>
</footer>
```

（2）页脚的运行效果如图 3-16 所示。

```
XXX电竞软件许可及服务协议、隐私保护指引、儿童隐私保护声明、第三方信息共享清单
XXX版权所有Copyright © 2022 XXX All Rights Reserved.
```

图 3-16

3.4.3　步骤三：添加样式美化首页

1．新建首页样式文件

（1）在 css 文件夹中新建首页样式文件，并且命名为 style.css。

（2）编辑首页页面文件 index.html，在<head>标签中引入首页样式文件。

```
<head>
    <!--此处省略页头的其他代码-->
    <link rel="stylesheet" href="css/style.css"/>
</head>
```

2．编辑首页样式文件

1）编写初始化样式

（1）设置所有元素的内边距和外边距为 0，取消超链接默认的下画线，以及无序列表项目的默认符号样式。

```
/*初始化样式*/
* {
    margin: 0; padding: 0;          /*初始化边距，清除所有元素默认的内边距和外边距*/
}
a {
    text-decoration: none;          /*初始化超链接样式，取消默认的下画线*/
}
ul li {
    list-style: none;               /*初始化无序列表样式，取消<li>标签前面默认的符号*/
}
```

（2）设置网页的背景图片，背景图片不重复平铺，并且使背景图片扩展至整个网页。

```
body{
    background: url(.../img/bg.png) no-repeat;
    background-size: contain;
}
```

2）编写页头的样式

（1）设置页头<header>标签的布局方式为弹性布局，子元素垂直居中显示，高度为 38px，背景色为黑色，文本颜色为白色。

```
/*页头的样式*/
header{
    display: flex;                      /*弹性布局*/
    align-items: center;                /*垂直居中*/
    height: 38px;
    background-color: #282727;
    color: #fff;
}
```

（2）设置网站 Logo、导航栏和搜索表单各占页头宽度的三分之一，并且网站 Logo 和搜索表单的内容水平居中。

```
header h3,header form{
    flex: 1;                            /*等分显示*/
    text-align: center;
}
header nav{
    flex: 1;                            /*等分显示*/
}
```

（3）设置导航栏的布局方式为弹性布局，导航菜单项在水平方向两端对齐，同时设置导航菜单项的文本颜色和字号。

```
header nav{
    flex: 1;                            /*等分显示*/
    display: flex;
    justify-content: space-around;    /*两端对齐（两端有空隙）*/
}
nav a{
    color: #fff;
    font-size: 14px;
}
```

（4）设置搜索表单中搜索框和"搜索"按钮的样式。

```
input{
    padding: 4px 10px;
}
input[type="button"]{
```

```
    border: 0;
    background-color: #CD296D;
    color: #fff;
}
```

（5）页头最终的运行效果如图 3-17 所示。

图 3-17

3）编写正文的样式

（1）设置正文<main>标签的宽度为 86%且水平居中显示。

```
/*正文的样式*/
main{
    width: 86%;
    margin: auto; /*水平居中*/
}
```

（2）采用弹性布局，使"直播和贡献周榜"板块及"直播列表和赛事新闻"板块的内容都分成左右两列显示，并且左右两列的宽度比为 3：1。

```
.box{
    display: flex; /*弹性布局*/
}
.box article{
    flex: 3;
}
.box aside{
    flex: 1;
}
```

（3）设置"直播和贡献周榜"板块及"直播列表和赛事新闻"板块的左右两列和标题的样式。

```
.box article{
    flex: 3;
    padding: 5px;
    background-color: #fff;
    margin-top: 10px;
    font-size: 14px;
}
article h3{padding: 5px;}
.box aside{
```

```css
    flex: 1;
    background: #fff;
    margin-top: 10px;
    margin-left: 5px;
    padding: 8px;
}
aside h4{
    padding: 10px;
    border-bottom: 1px solid #ddd;
}
aside ul{
    margin: 5px;
}
aside ul li{
    font-size: 14px;
    padding: 10px;
}
aside ul li span{
    padding: 5px;
    padding: 8px;
    color: #cd296d;
}
aside ul li img{
    width: 12%;
    border-radius: 50%;      /*圆形图片*/
    position: relative;      /*相对定位*/
    top: 8px;
    margin: 0 8px;
}
aside ul li a{
    color: #282727;
}
```

（4）设置"直播"部分的顶部为相对定位，"关注直播间"按钮为绝对定位，并设置"关注直播间"按钮的相关样式。

```css
/*"直播"部分的样式*/
.video .top{
    position: relative;      /*相对定位*/
}
.top button{
    position: absolute;      /*绝对定位*/
    right: 5px;
    top: 21px;
```

```css
    background-color: #cd296d;
    color: #fff;
    border: 0px;
    border-radius: 5px;
    padding: 5px;
}
.top button i{
    padding-right: 10px;
}
```

（5）设置"在线人数"链接、"进入直播间"按钮及视频播放器的样式。

```css
.top .sub{
    margin: 6px 5px;
}
.sub i{
    font-style: normal;
    color: #CD296D;
}
.sub .enter{
    color: #CD296D;
    border: 1px solid #CD296D;
    border-radius: 8px;
    padding: 2px 5px;
    margin-left: 20px;
}
.video video{
    width:100%;
}
```

（6）设置"直播列表"部分的布局方式为弹性布局，每 3 个视频占一行，并设置直播列表的视频图片和文字描述的相关样式。

```css
.list{
    display: flex;
    flex-wrap: wrap;                /*允许换行*/
    justify-content: space-around;  /*两端对齐*/
}
.list figure{
    width: 30%;                     /*每 3 个视频占一行*/
}
.list figure img{
    width: 100%;
    height: 150px;
}
.list figure figcaption{
```

```
    padding: 5px;
    text-align: center;
}
```

（7）最终的运行效果如图 3-18 所示。

图 3-18

4）编写页脚的样式

（1）设置页脚的背景色和内边距。

```
/*页脚的样式*/
footer{
    background-color: #282727;
    padding: 10px;
}
```

（2）设置页脚的文本居中对齐，并设置行高、字号和文本颜色。

```
footer p{
    text-align: center;
    line-height: 50px;
    font-size: 14px;
    color:#fff;
}
```

（3）最终的运行效果如图 3-19 所示。

图 3-19

3．查看首页最终的运行效果

使用浏览器打开首页页面文件 index.html，首页最终的运行效果如图 3-20 所示。

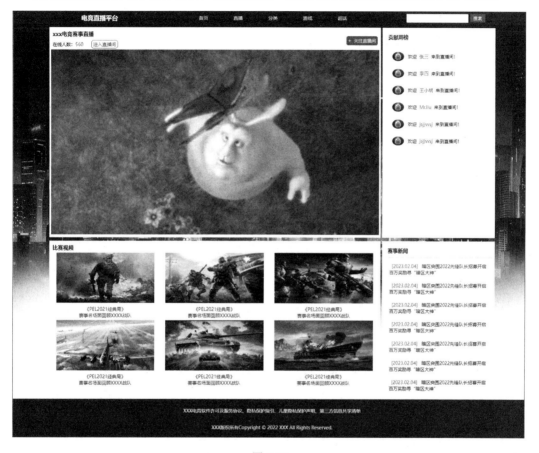

图 3-20

第4章
JavaScript：动态验证码

4.1　实验目标

（1）掌握 JavaScript 基础语法和程序结构（如条件结构和循环结构等）。

（2）掌握 JavaScript 函数的定义和使用。

（3）掌握 JavaScript 数组的定义和使用。

（4）掌握 JavaScript 面向对象的定义和使用。

（5）掌握 JavaScript 事件的定义和使用。

（6）掌握 JavaScript 构造函数的定义和使用。

（7）熟练使用 JavaScript 执行 DOM 操作。

（8）综合应用 JavaScript 编程技术开发包含动态验证码的页面。

本章的知识地图如图 4-1 所示。

4.2　实验任务

设计和制作一个包含动态验证码的页面。

（1）页面中包含"动态验证码"、"输入验证码"文本框和"验证"按钮 3 个部分。

（2）"动态验证码"处可以动态显示 4 个随机字符（包含数字和大小写字母）的验证码。验证码右侧是一个"换一个"的超链接，点击这个超链接可以更换验证码。

（3）在"输入验证码"文本框中可以输入动态生成的验证码。

（4）点击"验证"按钮后，可以验证在"输入验证码"文本框中输入的验证码和动态生成的验证码是否相同（验证码是区分大小写的）。

页面效果如图 4-2 所示。

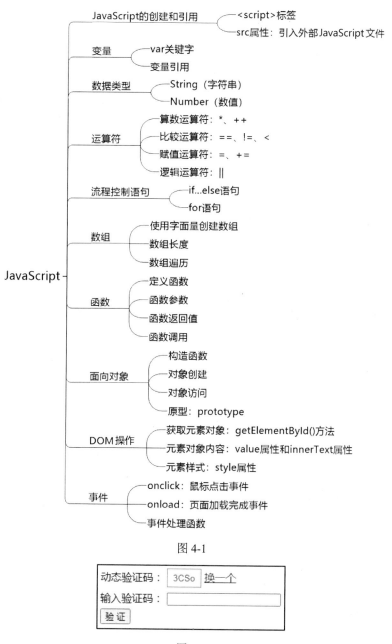

图 4-1

图 4-2

4.3 设计思路

1. 创建项目

创建名称为 dynamicVerify 的新项目，在项目目录中创建 index.html 文件、index.js 文件和 index.css 文件，如表 4-1 所示。

表 4-1

类型	文件	说明
HTML 文件	index.html	动态验证码页面的 HTML 文件
JavaScript 文件	index.js	动态验证码页面的 JavaScript 文件
CSS 文件	index.css	动态验证码页面的 CSS 样式文件

项目结构如图 4-3 所示。

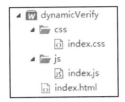

图 4-3

2．页面设计

1）生成动态验证码区域

在 index.html 文件中创建表示生成动态验证码区域的<div>标签，在<div>标签中使用<input>标签创建文本框，用来显示动态生成的验证码。在文本框后面使用<a>标签创建一个超链接，用来更换验证码。

2）验证动态验证码区域

在 index.html 文件中创建表示验证动态验证码区域的<div>标签，在<div>标签中用<input>标签创建"输入验证码"的文本框。在文本框中输入验证码，用来检验和生成的动态验证码是否一致。

在验证动态验证码区域的<div>标签的下面，使用<p>标签创建用来获取验证消息的区域。

在验证消息的<p>标签的下面，使用<input>标签创建一个按钮，用来检验动态生成的验证码。

3）编辑页面样式

在 index.html 文件中引入 index.css 文件。在 index.css 文件中，动态生成的验证码区域的文本居中显示，并且使用内边距。

页面的结构与布局如图 4-4 所示。

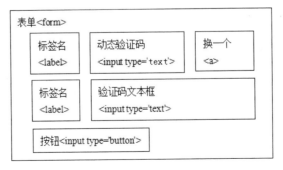

图 4-4

3．获取并验证动态验证码

使用构造函数定义 VerifyCode 对象，并保存到 index.js 文件中。对 VerifyCode 对象定义属性。

（1）定义输入属性：字符 chars（包含数字和大小写字母，以字面量形式表达）。

```
this.chars = [
    '0','1','2','3','4','5','6','7','8','9','a','b','c','d','e','f','g','h',
    'i','j','k','l','m','n','o','p','q','r','s','t','u','v','w','x','y','z','A',
    'B','C','D','E','F','G','H','I','J','K','L','M','N','O','P','Q','R','S','T',
    'U','V','W','X','Y','Z'
];        // 验证码所需的字符
```

（2）定义输出验证码的 verify 原型属性：存储随机生成的 4 位数验证码。

```
VerifyCode.prototype.verify = function(n) {
    var res = '';
    var len = this.chars.length;
    for (var i=0; i<n; i++) {
        var index = Math.floor(Math.random() * len);
        res += this.chars[index];
    }
    return res;
}
```

4．设计其他函数

在 index.js 文件中定义 getVerify()函数，用于获取验证码。

（1）getVerify()函数有一个形参 n，该参数表示获取的验证码的位数。

（2）在 getVerify()函数中，创建构造函数 VerifyCode()的实例对象，并调用实例对象的 verify()原型方法获取验证码。

5．程序处理流程

（1）在 index.js 文件中，实现点击"换一个"超链接获取验证码的功能。

为"换一个"超链接绑定 onclick 事件，当点击"换一个"超链接时执行对应的事件处理函数。

在事件处理函数中完成如下操作。

- 调用 getVerify()函数并传递参数（该参数为验证码的位数），得到随机生成的验证码。
- 通过 document 对象的 getElementById()方法获取用于显示"动态验证码"的<input>文本框，并通过 value 属性把随机生成的验证码显示到该文本框中。

（2）在 index.js 文件中，实现点击"验证"按钮验证输入的验证码的功能。

为"验证"按钮 verify_btn 绑定 onclick 事件，当点击"验证"按钮时执行对应的事件处理函数。

在事件处理函数中完成如下操作。

- 通过 document 对象的 value 属性获取"动态验证码"处的<input>文本框的值。
- 通过 document 对象的 value 属性获取"输入验证码"处的<input>文本框的值。
- 通过 document 对象的 getElementById()方法获取验证码验证提示<p>标签。

判断"输入验证码"处的<input>文本框的值是否为空，以及是否和生成的验证码一致。根据判断结果赋予验证码验证提示<p>标签对应的文字提示信息和样式。

4.4 实验实施（跟我做）

4.4.1 步骤一：创建项目

创建名称为 dynamicVerify 的新项目，在该项目的文件夹中创建 index.html 文件。

```
<!DOCTYPE html>
<html>
    <head>
        <meta charset="utf-8">
        <title>动态验证码</title>
    </head>
    <body>
    </body>
</html>
```

4.4.2 步骤二：使用 HTML 文件布局页面

（1）添加 form 表单。

```
<form class="verify">
</form>
```

（2）在 form 表单中，添加"动态验证码"和"输入验证码"的相关信息，以及验证提示和"验证"按钮的相关信息。

- 添加"动态验证码"的相关信息，并且定义不可输入属性。

```
<form class="verify">
<!--动态验证码-->
    <div class="verify_code">
        <label>动态验证码：</label>
        <input type="text" id="dyna_code" disabled="disabled">
        <a href="#" id="update_verify">换一个</a>
    </div>
</form>
```

- 添加"输入验证码"的相关信息。

```
<form class="verify">
    <!--动态验证码-->
```

```
    <!--此处代码省略-->
    <!--输入验证码-->
    <div class="verify_code">
        <label>输入验证码：</label>
        <input type="text" id="verify_code"/>
    </div>
</form>
```

- 添加验证提示和"验证"按钮的相关信息。

```
<form class="verify">
    <!--动态验证码-->
        <!--此处代码省略-->
    <!--输入验证码-->
        <!--此处代码省略-->
    <!--验证提示-->
    <p id="message"></p>
    <input type="button" value="验 证" id="verify_btn"/>
</form>
```

（3）运行效果如图 4-5 所示。

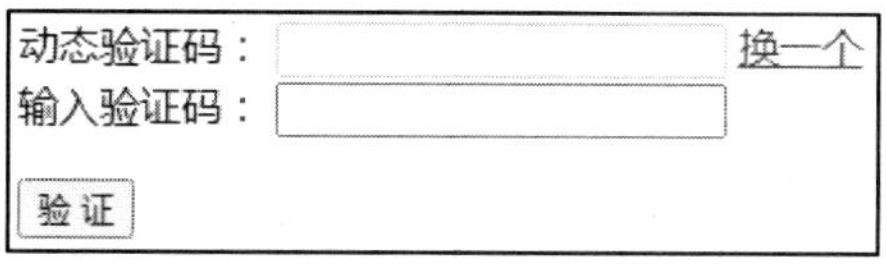

动态验证码：		换一个
输入验证码：		

验 证

图 4-5

4.4.3　步骤三：使用 CSS 文件美化页面

（1）创建 CSS 文件，并将其命名为 index.css。在 index.html 文件的<head>标签中引入 index.css 文件。

```
<head>
    <!--此处省略页头的其他代码-->
    <link rel="stylesheet" href="css/index.css">
</head>
```

（2）在 style.css 文件中添加页面样式。

初始化样式，将所有元素的 margin 设置为 0，padding 设置为 0，同时设置 input 边框样式及背景色。

```
/*初始化样式*/
*{
    margin: 0;
    padding: 0;
}
/*初始化 input 元素的样式*/
input{
```

```
    outline: none;
    border: none;
    border: 1px solid #97999A;/*黑灰色*/
}
```

设置表单左外边距，"动态验证码"文本居中。

```
.verify{
    margin-left: 10px;
}
#dyna_code{
    width:50px;
    height:26px;
    text-align: center;
}
.verify_code{
    margin: 5px 0;
}
#verify_btn{
    padding: 1px 6px;
}
```

（3）页面效果如图 4-6 所示。

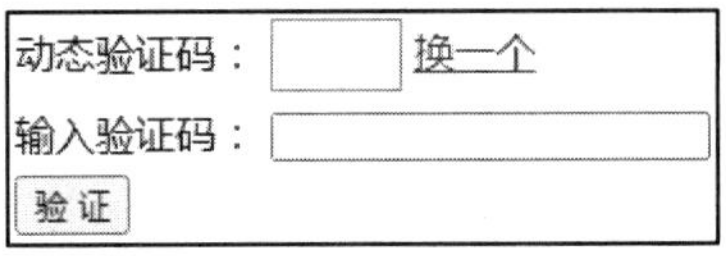

图 4-6

4.4.4 步骤四：创建 JavaScript 文件

（1）创建 JavaScript 文件，并将其命名为 index.js。在 index.html 文件的<body>标签中引入 index.js 文件。

```
<body>
    <!--此处代码省略-->
    <!--引入 index.js 文件-->
    <script src="js/index.js"></script>
</body>
```

（2）定义 VerifyCode 对象。

在 index.js 文件中，使用构造函数定义 VerifyCode 对象。

```
function VerifyCode() {
}
```

定义输入相关属性：字符 chars（包含数字和大小写字母，以字面量形式表达）。

```
function VerifyCode() {
```

```
    this.chars =
[ '0','1','2','3','4','5','6','7','8','9','a','b','c','d','e','f',
    'g','h','i','j','k','l','m','n','o','p','q','r','s','t','u','v',
    'w','x','y','z','A','B','C','D','E','F','G','H','I','J','K','L',
    'M','N','   O','P','Q','R', 'S','T','U','V','W','X','Y','Z'
]; //验证码所需的字符
}
```

定义输出验证码的 verify 原型属性：存储随机生成的 4 位数验证码。

```
VerifyCode.prototype.verify = function(n) {
    var res = '';
    var len = this.chars.length;
    for (var i=0; i<n; i++) {
        var index = Math.floor(Math.random() * len);
        res += this.chars[index];
    }
    return res;
}
```

（3）在 index.js 文件中创建函数 getVerify()，用来获取验证码。

为 getVerify()函数定义一个形参 n，该参数表示获取的验证码的位数。

在 getVerify()函数中，创建构造函数 VerifyCode()的实例对象 code，并调用实例对象的 verify()原型方法获取验证码。

```
//定义一个函数，通过构造函数的实例对象获取验证码
function getVerify(n){
    //实例化构造函数 VerifyCode()
    var code = new VerifyCode();
    var verify = code.verify(n);
    return verify;
}
```

（4）当打开浏览器并访问 index.html 文件时，自动获取初始验证码，赋值给"动态验证码"处。

```
//运行浏览器，获取初始验证码
window.onload = function(){
    document.getElementById('dyna_code').value = getVerify(4);
}
```

（5）在 index.js 文件中，点击"换一个"超链接，以获取"动态验证码"处的值。

```
//点击"换一个"超链接，更换并获取验证码
document.getElementById('update_verify').onclick = function(){
    document.getElementById('dyna_code').value = getVerify(4);
}
```

（6）在 index.js 文件中，点击"验证"按钮，判断"输入验证码"处的<input>文本框的值是否为空，以及是否与生成的验证码一致，并赋予 message 的提示信息值。

```
//点击"验证"按钮验证在文本框中输入的是否是动态生成的验证码
document.getElementById('verify_btn').onclick = function(){
    //随机验证码
    var verify = document.getElementById('dyna_code').value;
    //在文本框中输入验证码
    var verify_ipt = document.getElementById('verify_code').value;
    //验证码验证提示
    var message = document.getElementById('message');
    if (verify_ipt == '' || verify != verify_ipt){
        message.innerText = '输入有误';
        message.style.color = '#FF0000';      //红色提示
    }else{
        message.innerText = '验证成功';
        message.style.color = '#00FF00';      //绿色提示
    }
}
```

（7）运行效果。

如果在"输入验证码"文本框中没有输入值，那么运行效果如图 4-7 所示；如果在"输入验证码"文本框中输入错误的值，那么运行效果如图 4-8 所示。

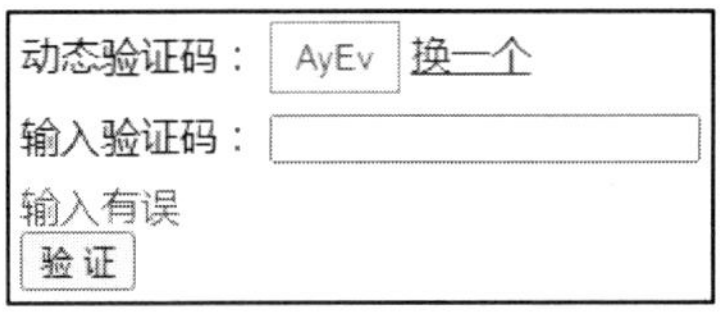

图 4-7

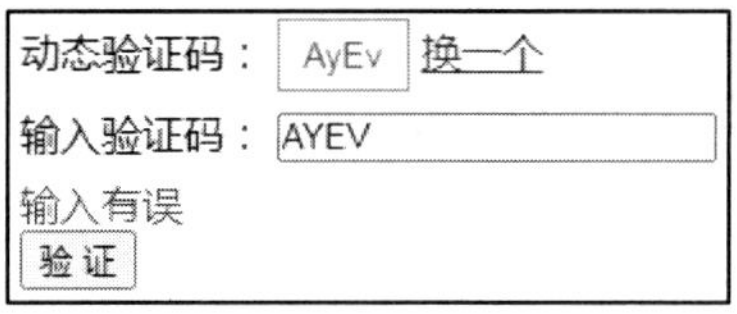

图 4-8

如果在"输入验证码"文本框中输入正确的值，那么运行效果如图 4-9 所示。

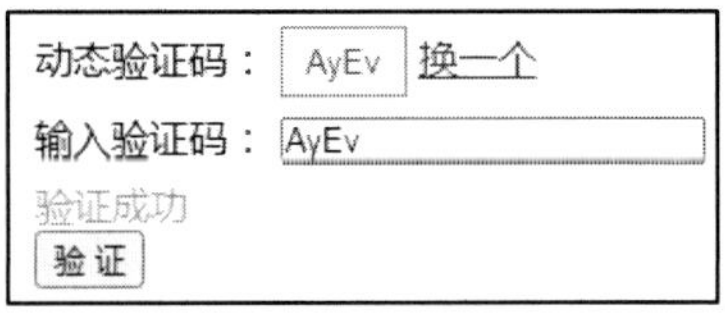

图 4-9

第 5 章

jQuery：电影选座

5.1　实验目标

（1）掌握在网页中引入 jQuery。

（2）掌握使用 jQuery 操作网页元素。

（3）掌握使用 jQuery 修改网页元素样式。

（4）掌握使用 jQuery 事件响应用户的交互操作。

（5）掌握使用 jQuery 基本动画为页面添加动态效果。

（6）掌握在网页中引入 jQuery 插件。

（7）掌握使用 jQuery UI 插件开发交互效果页面。

（8）综合应用 jQuery 编程技术开发电影选座页面。

本章的知识地图如图 5-1 所示。

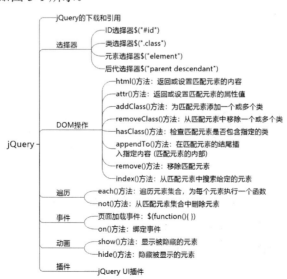

图 5-1

5.2 实验任务

（1）制作一个电影选座的页面，页面中包含"电影信息"板块和"座位展示"板块。"电影信息"板块中包含当前电影名和场次列表，默认选中第一个场次；"座位展示"板块默认显示当前选中场次的已售和可选座位。页面效果如图 5-2 所示。

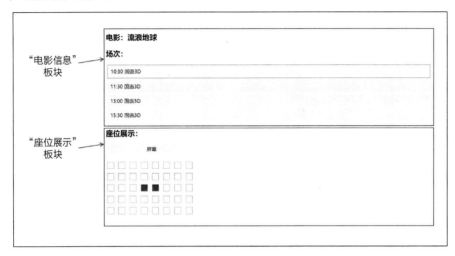

图 5-2

（2）当点击场次列表中的某个场次时，选中当前场次，并以动画效果切换显示当前场次的"座位展示"板块的信息。页面效果如图 5-3 所示。

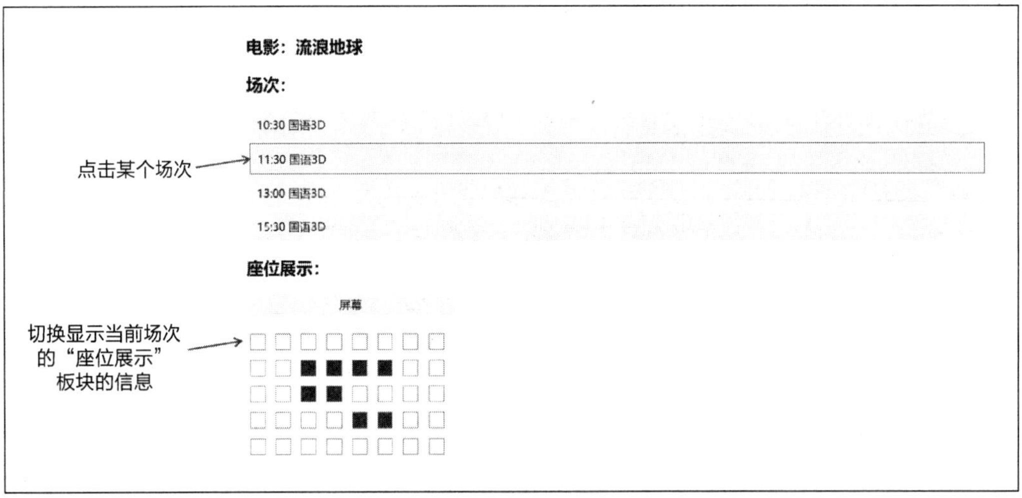

图 5-3

（3）当选中"座位展示"板块中的某个可选座位时，会将当前选中座位的信息添加到"电影信息"板块中。页面效果如图 5-4 所示。

电影：流浪地球

场次：

10:30 国语3D

11:30 国语3D

13:00 国语3D

15:30 国语3D

| 3排21座 | 3排22座 |　　　　　　→ 将当前选中座位的信息添加
　　　　　　　　　　　　　　　　　　 到"电影信息"板块中

座位展示：

屏幕

→ 选中可选座位

图 5-4

5.3　设计思路

1. 创建项目

创建名称为 movieSeat 的新项目，该项目中包含的文件如表 5-1 所示。

表 5-1

类型	文件	说明
HTML 文件	index.html	电影选座页面的 HTML 文件
JavaScript 文件	jquery.min.js	jQuery 文件
	jquery-ui.min.js	jQuery UI 文件
CSS 文件	index.css	CSS 样式文件

项目结构如图 5-5 所示。

图 5-5

2. 页面设计

（1）"电影信息"板块。

在 index.html 文件中创建"电影信息"板块，并在该板块的显示区域中使用\<div\>标签和<h2>标签创建电影名，使用<ul>标签创建场次列表。

（2）"座位展示"板块。

在 index.html 文件中创建"座位展示"板块，并在该板块的显示区域中使用<div>标签和<span>标签创建"8×5"的座位。

（3）在 index.html 文件中引入 index.css 文件，页面元素从上到下排列，"座位展示"板块的座位采用行内块布局，以"8×5"的布局排列。

页面的结构与布局如图 5-6 所示。

图 5-6

3．下载和引用 jQuery 文件、jQuery UI 文件

（1）在官方网站中下载 jquery.min.js 文件和 jquery-ui.min.js 文件。

（2）将 jquery.min.js 文件和 jquery-ui.min.js 文件放入 js 文件夹中。

（3）在 index.html 文件中引用 jquery.min.js 文件和 jquery-ui.min.js 文件。

4．为"座位"绑定 click 事件

（1）使用 jQuery 中的 on()方法为"座位"绑定 click 事件。

（2）事件处理函数：选中可选的座位，把选中的座位添加到"电影信息"板块中，显示为"x 排 x 座"。点击已经选中的座位，可以取消选中的座位，"电影信息"板块的座位信息显示也会被删除。

5．为"场次"绑定 click 事件

（1）使用 jQuery 中的 on()方法为"场次"绑定 click 事件。

（2）点击"场次"中的任意一个场次，就会删除其他选中场次的效果，同时删除"电影信息"板块中已选的座位信息。

（3）点击"场次"中的任意一个场次，座位区域显示向右滑动的特效，并删除座位区域中所有座位的售出和选中样式，同时标记当前点击场次所有已售出的座位。

5.4　实验实施（跟我做）

5.4.1　步骤一：创建项目

创建名称为 movieSeat 的新项目，在该项目的文件夹中创建 index.html 文件。

```
<!DOCTYPE html>
<html>
    <head>
        <meta charset="utf-8">
        <title>电影选座</title>
    </head>
    <body>
    </body>
</html>
```

5.4.2　步骤二：使用 HTML 代码编写页面

（1）在<body>标签中添加"电影信息"板块的 HTML 代码。

```
<body>
    <!--"电影信息"板块-->
    <div class="movieinfo">
        <h2>电影：流浪地球</h2>
        <h2>场次：</h2>
        <!--"场次"列表-->
        <ul>
            <li class="checked">10:30 国语 3D</li>
            <li>11:30 国语 3D</li>
            <li>13:00 国语 3D</li>
            <li>15:30 国语 3D</li>
        </ul>
    </div>
</body>
```

（2）在"电影信息"板块的<div class="movieinfo"></div>标签下，添加"座位展示"板块的 HTML 代码。

```
<!--"座位展示"板块-->
<h2>座位展示：</h2>
<div class="screen">屏幕</div>
<div class="seat">
    <span></span>
    <span></span>
    <span></span>
    <span></span>
```

```
<span></span>
<span></span>
<span></span>
<span></span>
<span></span>
<span></span>
<span></span>
<span></span>
<span></span>
<span></span>
<span></span>
<span></span>
<span></span>
<span></span>
<span class="sold"></span>
<span class="sold"></span>
<span></span>
<span></span>
<span></span>
<span></span>
<span></span>
<span></span>
<span></span>
<span></span>
<span></span>
<span></span>
<span></span>
<span></span>
<span></span>
<span></span>
<span></span>
<span></span>
</div>
```

5.4.3　步骤三：使用 CSS 文件美化页面

（1）先在 movieSeat 项目下创建 css 文件夹，再在 css 文件夹中创建 index.css 文件，最后在 index.html 文件中引入 index.css 文件。

```
<head>
    <!--此处省略页头的其他代码-->
    <link rel="stylesheet" href="css/index.css">
</head>
```

（2）在 index.css 文件中添加页面样式。

- 编写"电影信息"板块中"场次"列表的样式。

```
/*"电影信息"板块*/
/*"场次"列表*/
.movieinfo ul{
    padding: 0; /*清除内边距*/
}
```

- 编写"场次"列表中每个场次的样式：清除列表默认样式，设置背景色、内边距和外边距。

```
/*场次*/
ul li{
    list-style: none;
    background: whitesmoke;
    margin: 5px;
    padding: 10px;
}
```

- 编写选中场次和选中座位信息的样式。

```
/*选中场次*/
li.checked{
    border: solid 1px red;
}


/*选中座位信息*/
button{
    margin: 5px;
}
```

- 编写"座位展示"板块中电影厅屏幕的样式：设置屏幕的宽度和高度，以及背景色和下外边距；屏幕中的文本在水平方向和垂直方向上都居中对齐。

```
/*"座位展示"板块*/
/*电影厅屏幕*/
.screen{
    width: 300px;
    line-height: 30px;
    text-align: center;
    background: whitesmoke;
    margin-bottom: 20px;
}
```

- 编写"座位展示"板块中座位区域的样式：分别设置每个座位、已售出座位和已选中座位的样式。

```css
/*座位区域*/
.seat{
    width: 300px;
}
/*座位*/
.seat span{
    display: inline-block;
    width: 20px;
    height: 20px;
    border: solid 1px gray;
    margin: 5px;
}
/*已售出座位和已选中座位*/
span.sold{
    background: red;
}
span.checked{
    background: green;
}
```

（3）页面效果如图 5-7 所示。

图 5-7

5.4.4 步骤四：实现选择座位功能

（1）在 index.html 文件中引入 jQuery 文件。

先在 movieSeat 项目下创建 js 文件夹，再在 js 文件夹中创建 jquery.min.js 文件和 jquery-ui.min.js 文件，最后在 index.html 文件中引入 jquery.min.js 文件和 jquery-ui.min.js 文件。

```
<head>
    <!--此处省略页头的其他代码-->
    <script src="js/jquery.min.js"></script>
    <script src="jquery-ui.min.js"></script>
</head>
```

（2）使用 jQuery 文件实现选择座位功能。

在引入 jQuery 文件的代码下再编写一个<script>标签，在该标签中编写 jQuery 文档就绪函数。

```
<script>
$(function(){

});
</script>
```

在 jQuery 文档就绪函数中编写 jQuery 代码，获得座位区域中的所有座位并绑定 click 事件。

```
$(function(){
    //获得座位区域中的所有座位并绑定click事件
    $(".seat span").on("click",function(){
    });
});
```

在事件处理函数中编写代码，获得当前选中座位所在的排和编号，如图 5-8 所示。

```
$(".seat span").on("click",function(){
    //获得当前选中座位所在的排和编号
    var n = $(this).index();
    var row = parseInt(n/8) + 1;
    n = n + 1;
    //调试打印，调试后删除
    console.log(row,n);
});
```

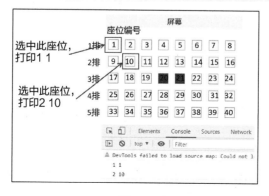

图 5-8

在事件处理函数中编写代码，对当前点击的座位进行判断。

当点击的座位可选时（非已售和已选中），选中点击的座位，并把座位信息添加到"电影信息"板块中；当点击的座位已选时，取消选中点击的座位，并把"电影信息"板块中的相关座位信息删除。

```
$(".seat span").on("click",function(){
    //此处省略上面的代码

    /*当点击的座位可选时（非已售和已选中）*/
    if(!$(this).hasClass("checked") && !$(this).hasClass("sold")){
        //选中点击的座位
        $(this).addClass("checked");
        //把座位信息添加到"电影信息"板块中
        $("<button></button>").attr("id","id-"+row+"-"+n).html(row+"排"+n+"座").
appendTo(".movieinfo");
    }
    /*当点击的座位已选时*/
    else if($(this).hasClass("checked")){
        //取消选中点击的座位
        $(this).removeClass("checked");
        //删除座位信息
        $("#id-"+row+"-"+n).remove();
    }
});
```

（3）运行效果如图 5-9 所示。

电影: 流浪地球

场次:

10:30 国语3D

11:30 国语3D

13:00 国语3D

15:30 国语3D

4排28座　4排29座

座位展示:

屏幕

图 5-9

5.4.5　步骤五：实现切换场次功能

（1）在 jQuery 文档就绪函数代码之前创建一个数组，用于存储各场次已售座位的数据。

```
<script>
//各场次已售座位的数据
var sessionData = [
    [19,20],
    [10,11,12,13,18,19,28,29],
    [19,20,26,27,28,29],
    [10,11,12,13,19,20],
]


$(function(){
    //此处省略部分代码
})
</script>
```

（2）在 jQuery 文档就绪函数中编写 jQuery 代码，为"场次"列表中所有的场次绑定 click 事件。

```
$(function(){
    //此处省略实现选择座位功能的代码

    //为"场次"列表中所有的场次绑定 click 事件
    $("li").on("click",function(){

    });
});
```

（3）在事件处理函数中编写 jQuery 代码。

- 选中当前点击的场次，并删除其他场次的选中效果。
- 删除"电影信息"板块中已选的座位信息。
- 获取座位区域元素，使用 jQuery UI 实现向右滑动的特效。
- 删除座位区域中所有座位的售出和选中样式。
- 在座位区域中标记当前点击场次所有已售出的座位。

```
$("li").on("click",function(){
    //1.选中当前点击的场次，并删除其他场次的选中效果
    $(this).addClass("checked");
    $("li").not($(this)).removeClass("checked");
    //2.删除"电影信息"板块中已选的座位信息
$("button").remove();
//3.座位区域向右滑动的特效（jQuery UI）
    $(".seat").hide().show("slide");
    //4.删除座位区域中所有座位的售出和选中样式
$(".seat span").removeClass("sold checked");
//5.标记当前点击场次所有已售出的座位
    var n = $(this).index();
```

```
$(".seat span").each(function(i){
    if(sessionData[n].indexOf(i) != -1){
        $(this).addClass("sold");
    }
});
});
```

（4）运行效果如图 5-10 所示。

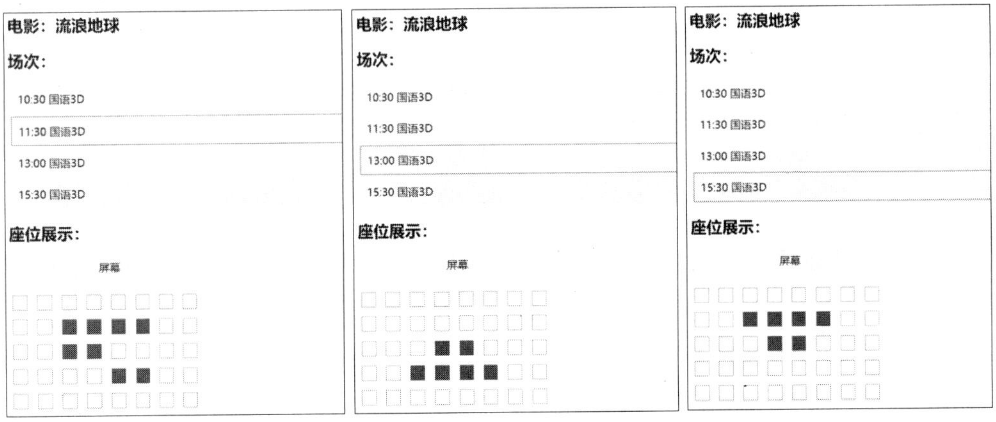

图 5-10

第6章
Bootstrap：互动问答页面

6.1 实验目标

（1）掌握在页面中引入 Bootstrap。

（2）掌握使用 Bootstrap 的布局搭建页面的基本结构。

（3）掌握使用 Bootstrap 的基本样式美化页面。

（4）掌握使用 Bootstrap 的组件进行快捷开发。

（5）能综合应用 Bootstrap 开发互动问答页面。

本章的知识地图如图 6-1 所示。

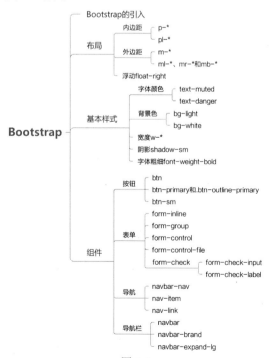

图 6-1

6.2　实验任务

开发互动问答页面，该页面包括页头和正文两个部分。

先用 Bootstrap 的导航栏组件制作页头，再用 Bootstrap 的表单制作页头的搜索表单。正文中的提问部分用 Bootstrap 的表单制作提问表单，在提问表单中用 Bootstrap 输入框组组件、按钮组件制作表单项。页面效果如图 6-2 所示。

图 6-2

6.3　设计思路

创建名称为 interactive 的新项目，该项目中包含的文件如表 6-1 所示。

表 6-1

类型	文件	说明
HTML 文件	index.html	提问页面 HTML 文件
CSS 文件	css/bootstrap.min.css	Bootstrap 的 CSS 文件
图片文件	img/logo.png	页面 Logo
	img/tips.png	提问标签文字图片

项目结构如图 6-3 所示。

图 6-3

（1）创建 index.html 文件，并引入 Bootstrap 样式文件。

- 在 Bootstrap 官方网站中下载 Bootstrap 4 的资源包 bootstrap.min.css。
- 将 bootstrap.min.css 文件保存到 interactive 项目的 css 文件夹中。
- 在 index.html 文件中引入 bootstrap.min.css 文件。

（2）设计页面整体结构。

- 使用语义化标签<header>和<article>搭建页面整体结构。
- 在<header>标签中编写页头，在<article>标签中编写提问表单。

（3）使用 Bootstrap 的导航栏组件设计页头。

使用 Bootstrap 中的 navbar 类和 navbar-expand-lg 类修饰导航栏的基本样式，使用 navbar-brand 类修饰 Logo 的样式，使用 navbar-nav 类修饰导航栏的样式。

页面的结构与布局如图 6-4 所示。

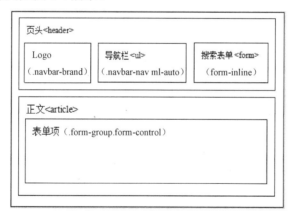

图 6-4

（4）使用 Bootstrap 的表单设计提问栏，提问栏中使用输入框组组件和按钮组件。

为正文部分的<article>标签添加边框较小阴影类 shadow-sm 和外边距自动居中类 m-auto。

提问栏标题的设计：使用 font-weight-bold 类将标题文字加粗，使用 mb-4 类将下外边距设置为 1.5rem（若 font-size 为 16px，则为 24px）。

form 表单设计包括以下几点。

- 为 form 元素添加 was-validated 类，在触发表单提交事件时检查表单输入的内容是否合法，若不合法，则阻止表单的提交并显示内容输入错误样式。
- 把<lable>标签和表单中的各种输入元素放在一个类名为 input-group 的<div>标签中，

以获取最佳间距。

- 通过为表单中所有的输入框添加 form-control 类来修饰输入框的样式。
- 使用 Bootstrap 中的 btn 类和 btn-primary 类修饰提交按钮的样式。

正文的结构与布局如图 6-5 所示。

图 6-5

6.4　实验实施（跟我做）

6.4.1　步骤一：引入 Bootstrap 样式文件

（1）下载 Bootstrap 资源包，将相应的文件保存到 interactive 项目的 css 文件夹中。

（2）通过<link>标签引入 Bootstrap 的 CSS 文件。

```
<!DOCTYPE html>
<html>
    <head>
        <meta charset="UTF-8">
        <!--引入Bootstrap样式文件-->
        <link rel="stylesheet" href="css/bootstrap.min.css ">
        <title>互动问答页面</title>
    </head>
    <body>
    </body>
</html>
```

6.4.2　步骤二：制作页头导航栏

（1）使用 Bootstrap 的 bg-light 类设置<body>元素的背景色为浅灰色。

```
<body class="bg-light">
</body>
```

（2）使用 Bootstrap 的导航栏组件（navbar 类）制作导航栏。

在<body>标签中使用语义化标签<header>和导航栏组件（navbar 类）制作导航栏。

在<header>标签中将边距设置为 1rem（若字号为 16px，则边距为 16px），添加边框较小阴影类 shadow-sm 和白色背景类 bg-white。

```
<header class="shadow-sm mb-3 bg-white">
    <nav class="navbar navbar-expand-lg">
        <a class="navbar-brand" href="#"><img src="img/logo.png" width="70%"/>
</a>
        <ul class="navbar-nav ml-auto">
            <li class="nav-item mr-1">
                <a class="nav-link" href="#">热门</a>
            </li>
            <li class="nav-item mr-1">
                <a class="nav-link" href="#">在线</a>
            </li>
            <li class="nav-item mr-5">
                <a class="nav-link">排行</a>
            </li>
        </ul>
        <form class="form-inline">
            <input class="form-control form-control-sm mr-2" type="search"
placeholder="请输入关键字">
            <button class="btn btn-outline-primary btn-sm" type="submit">搜索
</button>
        </form>
    </nav>
</header>
```

（3）页头导航栏的效果如图 6-6 所示。

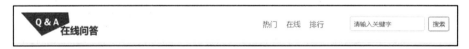

图 6-6

6.4.3　步骤三：制作提问栏

（1）制作提问栏外围盒子：使用<article>标签添加边框较小阴影类 shadow-sm、外边距自动居中类 m-auto 和白色背景类 bg-white。

```
<article class="w-75 p-5 bg-white shadow-sm m-auto">
    <!--提问栏内容-->
</article>
```

（2）制作提问栏标题：在<header>标签中使用 font-weight-bold 类将标题文字加粗，使用 mb-4 类将边距设置为 1.5rem（若 font-size 为 16px，则边距为 24px）。

```
<h3 class="font-weight-bold mb-4">
    <span class="mr-1"><img src="img/tips.png"/></span>提问
</h3>
```

（3）制作提问栏表单：运用 Bootstrap 的输入框组组件创建问题描述、问题补充和问题标签 3 个输入框，1 个添加图片的上传控件，以及 1 个可以勾选"匿名"的复选框。

把标签和组件放在一个 class 为 input-group 的<div>标签中，这是获取最佳间距所必需的操作。

通过在所有的文本标签<input>中添加 form-control 类来修饰输入框的样式。

```
<article class="w-75 p-5 bg-white shadow-sm m-auto">
    <!--提问栏标题（此处省略代码）-->
    <form class="was-validated">
        <div class="form-group">
            <label for="question" class="w-100">问题描述
                <small class="text-muted pl-2">(必填)</small>
                <span class="text-danger">*</span>
                <small class="text-muted float-right">请输入 40 字以内的描述内容
                </small>
            </label>
            <input type="text" class="form-control" maxlength="40" placeholder=
"一句话描述您的问题" required>
        </div>
        <div class="form-group">
            <label for="replenish" class="w-100">
                <small class="text-muted pl-2">问题补充说明：</small>
                <small class="text-muted float-right">请输入 300 字以内的文字描述内
容</small>
            </label>
            <textarea class="form-control" rows="5" maxlength="300"> </textarea>
        </div>
        <div class="form-group">
            <label for="exampleFormControlFile1">
                <small class="text-muted pl-2">添加图片</small>
            </label>
            <input type="file" class="form-control-file form-control-sm">
        </div>
        <div class="form-group">
            <label for="question" class="w-100">
                <small class="text-muted pl-2">问题标签</small>
                <small class="text-muted float-right">正确的标签能够获得更专业的问
答</small>
```

```
            <input type="text" class="form-control" placeholder="请输入问题
关键字">
        </label>
    </div>
    <div class="form-group form-check">
        <input type="checkbox" class="form-check-input">
        <label class="form-check-label" for="exampleCheck1">匿名</label>
    </div>
</form>
</article>
```

（4）运用 Bootstrap 的按钮组件创建提交按钮，并使用 Bootstrap 中的基本样式类修饰提交按钮样式。

- btn：设置按钮的默认背景色为白色。
- btn-primary：设置按钮的背景色为浅蓝色。

```
<article class="w-75 p-5 bg-white shadow-sm m-auto">
    <!--提问栏标题（此处省略代码）-->
    <form class="was-validated">
        <!--提问栏表单内容（此处省略代码）-->
        <button type="submit" class="btn btn-primary">提交</button>
    </form>
</article>
```

（5）提问栏的效果如图 6-7 所示。

图 6-7

6.4.4 步骤四：运行效果

页面的运行效果如图 6-8 所示。

图 6-8

第7章
Bootstrap：民宿网

7.1 实验目标

（1）能使用 Bootstrap 的布局和栅格系统搭建网页基本结构。

（2）能使用 Bootstrap 的基本样式美化网页。

（3）能使用 Bootstrap 的组件进行快捷开发。

（4）能分析响应式页面的结构和布局特性。

（5）能使用 Bootstrap 开发响应式页面。

（6）能综合应用 Bootstrap 开发民宿网。

本章的知识地图如图 7-1 所示。

7.2 实验任务

（1）制作民宿网首页，页头为导航栏，正文部分包括 Banner 大图、"特色民宿"板块和"亲子民宿"板块，页脚显示版权声明。

（2）民宿网首页需要同时适应 PC 端和移动端，所以采用响应式布局。

- PC 端。
  - ➢ onblur：当元素失去焦点时触发。
  - ➢ 页头的导航栏采用横向布局。
  - ➢ 3 张广告图轮播，图片下方有预订搜索栏。
  - ➢ "特色民宿"板块分为标题和图文 [采用左右结构，左侧为大图，右侧为列表（2 行 3 列）]。
  - ➢ "亲子民宿"板块分为标题和图文（1 行 4 列）。
  - ➢ 页面效果如图 7-2 所示。

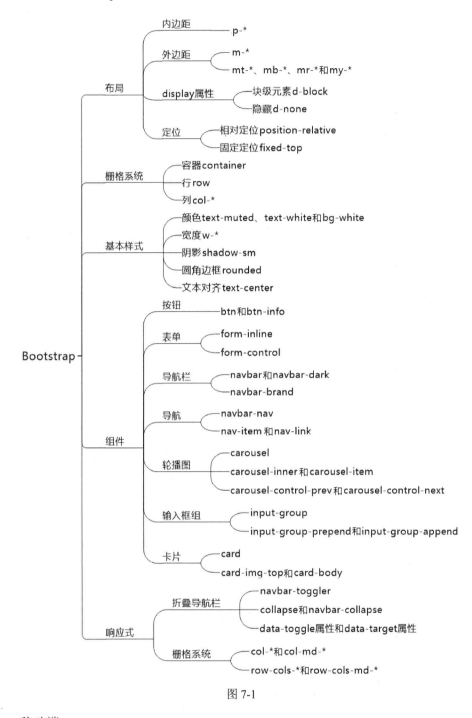

图 7-1

- 移动端。
  - ➢ 页面能够响应到移动端展示。
  - ➢ 导航栏采用横向布局。
  - ➢ 房源图文为一行显示一列。
  - ➢ 页面效果如图 7-3 所示。

图 7-2　　　　　　　　　　　　　　　　　　　图 7-3

7.3　设计思路

创建名称为 homestay 的新项目，该项目中包含的文件如表 7-1 所示。

表 7-1

类型	文件	说明
HTML 文件	index.html	民宿网首页 HTML 文件
CSS 文件	css/bootstrap.min.css	Bootstrap 的 CSS 文件
JavaScript 文件	js/bootstrap.min.js	Bootstrap 的 JavaScript 文件
	js/jquery.min.js	jQuery 库和 Bootstrap 依赖文件
图片文件	01.png～10.png	民宿封面
	banner1.png～banner3.png	轮播图
	logo.png	Logo

项目结构如图 7-4 所示。

（1）创建 index.html 文件，在该文件中引入 Bootstrap。

（2）使用语义化标签<header>、<section>和<footer>搭建页面主体结构。

- <header>标签中为 Logo、导航栏和搜索框。
- <section>标签中为轮播图、区域选择和民宿分类。

图 7-4

- <footer>标签中为页脚。

（3）PC 端和移动端均采用上下布局。

PC 端的结构与布局如图 7-5 所示，移动端的结构与布局如图 7-6 所示。

图 7-5

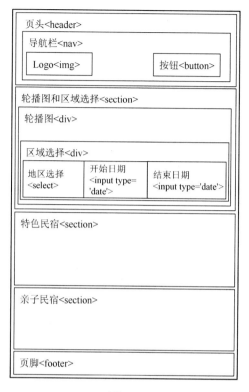

图 7-6

（4）使用 Bootstrap 的响应式导航栏组件设计页头。

- 使用 Bootstrap 中的 navbar 类和 navbar-expand-lg 类修饰导航栏的基本样式，使用 navbar-brand 类修饰 Logo 的样式，使用 navbar-nav 类修饰导航栏的样式。
- 使用 collapse 类和 navbar-collapse 类修饰折叠导航栏。
- PC 端的导航栏和网站标题在一行展示，如图 7-7 所示。

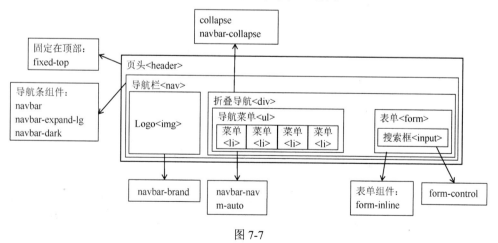

图 7-7

移动端采用折叠导航栏，如图 7-8 所示。

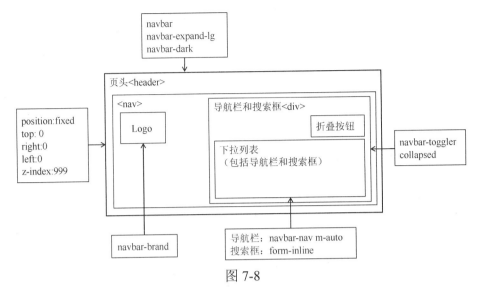

图 7-8

（5）使用 Bootstrap 的轮播组件实现图片轮播效果。

- 使用 Bootstrap 的 carousel 类创建一个表示轮播图组件的<div>，并设置 id 值为 carousel。

- 在轮播图组件的<div>中，使用 Bootstrap 的 carousel-inner 类创建一个放置轮播图的区域<div>。使用 Bootstrap 的 carousel-item 类和<img>标签创建多个轮播图，并使用 active 类设置默认播放的图片。

- 使用 Bootstrap 的 carousel-control-prev 类和 carousel-control-next 类分别创建"后退"按钮和"前进"按钮。

- 为轮播图组件的<div>添加 data-ride="carousel"属性，使其可以自动轮播图片。

- 为"后退"按钮和"前进"按钮分别添加 data-target="#carousel"属性和 data-slide="prev/next"属性，使其可以控制轮播图的后退和前进。

- 使用 Bootstrap 的 container 类创建一个表示"区域日期选择"部分的容器<div>。

- 在容器<div>中，使用 Bootstrap 的输入框组组件创建内容，包括使用 Bootstrap 的 custom-select 类创建选择区域下拉框，以及使用 type 类型为 date 的<input>标签创建开始日期和结束日期选择控件等。

"轮播图和区域选择"板块的结构与布局如图 7-9 所示。

（6）使用 Bootstrap 的栅格系统设计"特色民宿"板块。

- 使用 container 类创建容器<div>，在容器<div>中使用 row 类创建表示行的<div>。在 Bootstrap 栅格系统中，1 行默认分为 12 列。

- 在行中创建两个<div>，分别添加 col-md-4 类和 col-md-8 类、col-12 类。

- col-md-4 类表示当屏幕宽度大于或等于 768px 时,该<div>占栅格系统 12 列中的 4 列。

- col-md-8 类表示当屏幕宽度大于或等于 768px 时,该<div>占栅格系统 12 列中的 8 列。

- col-12 类表示当屏幕宽度小于 576px 时，该<div>占栅格系统的 1 行（12 列）。

- row-cols-*类用于定义一行中可放的列数,row-cols-md-3 类表示当屏幕宽度大于或等于 768px 时，1 行显示 3 列；row-cols-1 类表示当屏幕宽度小于 576px 时，1 行显示 1 列。

"特色民宿"板块的结构与布局如图 7-10 所示。

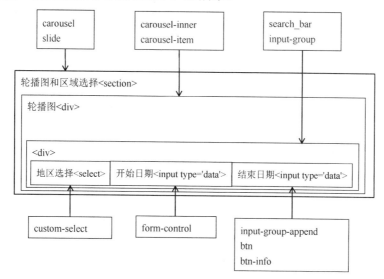

图 7-9

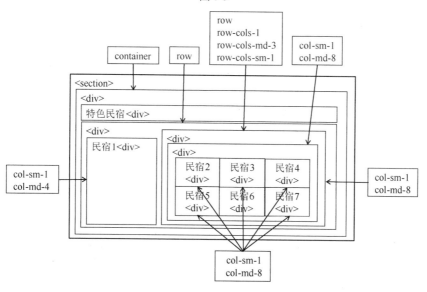

图 7-10

（7）使用 Bootstrap 的栅格系统设计"亲子民宿"板块。

- 使用 Bootstrap 的栅格系统添加类名分别为 container 和 row 的两个<div>标签。
- row-cols-md-4 类表示当屏幕宽度大于或等于 992px 时，把每行当作 4 等份处理，没有定义列数的行默认占 3（12/4）列。
- row-cols-sm-1 类表示当屏幕宽度大于或等于 768px 时，把每行当作 1 等份处理，没有定义列数的行默认占 12（12/1）列。

"亲子民宿" 板块的结构与布局如图 7-11 所示。

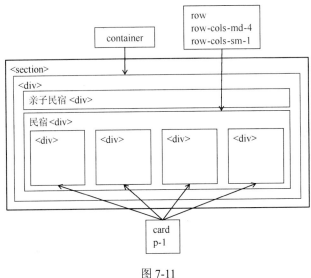

图 7-11

（8）页面响应到移动端。

使用 Bootstrap 中的 row 类，display 的 flex 弹性布局，以及 flex-wrap 的 wrap 换行属性，使民宿竖向排列。

移动端的结构与布局如图 7-12 所示。

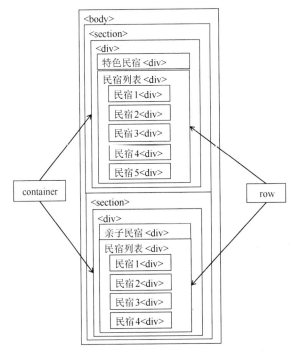

图 7-12

7.4 　实验实施（跟我做）

7.4.1 　步骤一：引入 Bootstrap 文件和布局视口

（1）在<head>标签中，通过<link>标签和<script>标签引入 Bootstrap 文件。

（2）在<head>标签中，通过<meta>标签引入布局视口。

- name 属性的值 viewport 表示视口的布局。
- 在 content 属性中，width=device-width 表示网页宽度为移动端屏幕的宽度，initial-scale=1 表示初始的缩放比例，shrink-to-fit=no 表示在 iOS 9 中能够让网页的宽度自动适应移动端屏幕的宽度。

```
<!DOCTYPE html>
<html>
    <head>
        <meta charset="UTF-8">
        <title>民宿网</title>
        <!--布局视口-->
        <meta name="viewport" content="width=device-width, initial-scale=1,
shrink-to-fit=no">
        <!--Bootstrap 文件-->
        <link rel="stylesheet" href="css/bootstrap.min.css"/>
        <script src="js/jquery.min.js"></script>
        <script src="js/bootstrap.min.js"></script>
    </head>
    <body>
    </body>
</html>
```

7.4.2 　步骤二：制作页头

使用 Bootstrap 的导航栏组件（navbar 类）制作响应式导航栏。

（1）在<header>标签中，创建响应式导航栏（navbar 类和 navbar-expand-lg 类）。

（2）设置导航栏组件中的 Logo（navbar-brand 类）。

（3）添加切换按钮（navbar-toggler 类）。如果是 PC 端页面，那么导航栏显示为一行；如果是移动端页面，那么显示为折叠导航栏（collapse 类和 navbar-collapse 类）。

（4）使用 form-inline 类和 form-control 类设置搜索框。

```
<!--页头-->
<header class="fixed-top">
<!--响应式导航栏-->
    <nav class="navbar navbar-expand-lg navbar-dark" style="background-color:
#2bad8f;">
        <a class="navbar-brand" href="#">
            <img src="img/logo.png" width="70%"/>
```

```
    </a>
    <button class="navbar-toggler" type="button" data-toggle="collapse"
data-target="#navmenu">
        <span class="navbar-toggler-icon"></span>
    </button>
    <div class="collapse navbar-collapse" id="navmenu">
        <!--导航菜单-->
        <ul class="navbar-nav mr-auto">
        <li class="nav-item active">
            <a class="nav-link" href="#">民宿</a>
        </li>
        <li class="nav-item">
            <a class="nav-link" href="#">故事</a>
        </li>
        <li class="nav-item">
            <a class="nav-link">当地民俗</a>
        </li>
        <li class="nav-item">
            <a class="nav-link">房型</a>
        </li>
        </ul>
        <form class="form-inline my-lg-0 my-2">
            <input class="form-control" type="search" placeholder="请输入搜
索关键字">
        </form>
    </div>
    </nav>
</header>
```

PC 端的运行效果如图 7-13 所示。

图 7-13

移动端的折叠效果如图 7-14 所示，展开效果如图 7-15 所示。

图 7-14

图 7-15

7.4.3　步骤三：制作"轮播图和区域选择"板块

（1）使用 Bootstrap 的轮播图组件（carousel 类和 slide 类）制作轮播图。

- 使用数据属性 data-ride="carousel"设置页面加载完成后自动进行轮播。
- 使用 carousel-inner 类控制轮播图的播放区。
- 使用 carousel-item 类指定每张轮播图的内容。
- 使用 carousel-control-prev 类添加左侧的按钮，点击会返回上一张。
- 使用 carousel-control-prev 类添加右侧的按钮，点击会切换到下一张。

```html
<!--页头-->
<header id="header" class="fixed-top">
    <!--此处省略响应式导航栏代码-->
</header>
<section class="banner" style="margin-top: 60px;">
    <!--轮播图-->
    <div id="carousel" class="carousel slide" data-ride="carousel">
        <div class="carousel-inner">
            <div class="carousel-item active">
                <img src="img/banner1.png" class="d-block w-100">
            </div>
            <div class="carousel-item">
                <img src="img/banner2.png" class="d-block w-100">
            </div>
            <div class="carousel-item">
                <img src="img/banner3.png" class="d-block w-100">
            </div>
        </div>
        <button class="carousel-control-prev" type="button" data-target=
"#carousel" data-slide="prev">
            <span class="carousel-control-prev-icon"></span>
        </button>
        <button class="carousel-control-next" type="button" data-target=
"#carousel" data-slide="next">
            <span class="carousel-control-next-icon"></span>
        </button>
    </div>
</section>
```

PC 端和移动端的运行效果如图 7-16 所示。

（2）使用 Bootstrap 的输入框组组件（input-group 类）制作"区域日期选择"部分。

- 使用 container 类创建一个日期选择板块容器，使用 position-relative 类设置定位方式为相对定位，并使用 mt-md-n5 类在 Banner 图的上方显示"区域日期选择"部分。
- 使用 shadow-sm 类和 rounded 类为"区域日期选择"部分添加阴影和圆角效果。

图 7-16

- 使用 input-group 类创建一个输入框组，并在输入框组中添加内容。
- 把 custom-select 类添加到<select>标签中，创建一个自定义选择菜单。
- 使用 input-group-prepend 类在选择菜单的前面添加文本信息，使用 input-group-text 类设置文本的样式。
- 设置<input>标签中的 type 为 date。创建两个日期选择器，并使用 input-group-append 类在日期选择器的后面添加一个"搜索"按钮。

```html
<section class="banner" style="margin-top: 60px;">
    <!--轮播图-->
        <!--此处省略轮播图代码-->
    <!--区域日期选择-->
    <div class="container position-relative mt-md-n5 mb-5 p-3 bg-white shadow-sm rounded">
        <div class="input-group mb-3">
            <div class="input-group-prepend">
                <label class="input-group-text" for="inputGroupSelect">选择地区</label>
            </div>
            <select class="custom-select" id="inputGroupSelect">
                <option selected>武汉</option>
                <option>上海</option>
                <option>北京</option>
                <option>南京</option>
                <option>深圳</option>
                <option>昆山</option>
                <option>无锡</option>
            </select>
            <input type="date" class="form-control">
            <input type="date" class="form-control">
            <div class="input-group-append">
                <button class="btn btn-info" type="button">搜索</button>
            </div>
        </div>
    </div>
</section>
```

（3）"区域日期选择"部分的运行效果。

- PC 端的运行效果如图 7-17 所示。

图 7-17

- 移动端的运行效果如图 7-18 所示。

图 7-18

7.4.4 步骤四：制作"特色民宿"板块和"亲子民宿"板块

（1）使用<section>标签制作"特色民宿"板块。

- 制作"特色民宿"板块的标题。

```html
<section class="banner" style="margin-top: 60px;">
    <!--此处省略轮播图和"区域日期选择"部分的代码-->
</section>
<!--特色民宿-->
<section>
    <div class="container">
        <!-- "特色民宿"板块的标题-->
        <div class="text-center">
            <h2 class="mt-2">特色民宿</h2>
            <h6 class="mb-2 text-muted">下一场雨，点一盏灯，独享美丽曼妙的静谧时光
</h6>
        </div>
    </div>
</section>
```

- 制作"特色民宿"板块的列表。

```html
<div class="container">
    <!-- "特色民宿"板块的标题-->
        <!--此处省略"特色民宿"板块的标题的代码-->
    <!-- "特色民宿"板块的列表-->
```

```
<div class="row">
    <div class="d-none d-md-block col-md-4">
        <div class="card">
            <img src="img/10.png" class="card-img-top">
            <div class="card-body">
                <h5 class="card-title">FULL HOUSE</h5>
                <p><small class="text-muted">5.0 分客栈·9 室 15 床·宜住 36 人
</small></p>
                <p class="card-text">有院子·室内私汤泡池·异域风情·卡拉 OK·家庭聚
会、公司团建！</p>
                <a href="#" class="btn btn-info">￥1000 <span>立即预订
</span></a>
            </div>
        </div>
    </div>
    <div class="col-12 col-md-8">
        <div class="row row-cols-1 row-cols-md-3">
            <div class="card p-1">
                <img src="img/03.png" class="card-img-top">
                <div class="card-body">
                    <h5 class="card-title">小资花园房</h5>
                    <p class="card-text"><small class="text-muted">4.9 分别
墅·3 室 4 床·宜住 9 人</small></p>
                    <p class="card-text"><small>小资花园房｜山海经主题雕塑 滑梯/
泳池 麻将 屋内欣赏美景</small></p>
                    <a href="#" class="btn btn-info">￥450 <span>立即预订
</span></a>
                </div>
            </div>
            <div class="card p-1">
                <img src="img/04.png" class="card-img-top">
                <div class="card-body">
                    <h5 class="card-title">设计师民宿</h5>
                    <p class="card-text"><small class="text-muted">5.0 分客
栈·5 室 8 床·宜住14 人</small></p>
                    <p class="card-text"><small>设计师民宿·温泉私汤·滑雪场·生日
轰趴·街机 KTV·亲子·团建聚会</small></p>
                    <a href="#" class="btn btn-info">￥850 <span>立即预订
</span></a>
                </div>
            </div>
            <div class="card p-1">
```

```html
            <img src="img/05.png" class="card-img-top">
            <div class="card-body">
                <h5 class="card-title">万平精品民宿</h5>
                <p class="card-text"><small class="text-muted">5.0 分其
他·6 室 6 床·宜住 15 人</small></p>
                <p class="card-text"><small>万平精品民宿•室内独立私汤•户外恒
温泳池•团建聚会别墅•冬季有地暖</small></p>
                <a href="#" class="btn btn-info">¥850 <span>立即预订
</span></a>
            </div>
        </div>
        <div class="card p-1">
            <img src="img/06.png" class="card-img-top">
            <div class="card-body">
                <h5 class="card-title">小资花园房</h5>
                <p><small class="text-muted">4.9 分别墅·3 室 4 床·宜住 9 人
</small></p>
                <p class="card-text"><small>小资花园房 | 山海经主题雕塑 滑梯/
泳池 麻将 屋内欣赏美景</small></p>
                <a href="#" class="btn btn-info">¥340 <span>立即预订
</span></a>
            </div>
        </div>
        <div class="card p-1">
            <img src="img/07.png" class="card-img-top">
            <div class="card-body">
                <h5 class="card-title">小资花园房</h5>
                <p class="text-muted"><small class="text-muted">4.9 分别
墅·3 室 4 床·宜住 9 人</small></p>
                <p class="card-text"><small>小资花园房 | 山海经主题雕塑 滑梯/
泳池 麻将 屋内欣赏美景</small></p>
                <a href="#" class="btn btn-info">¥498 <span>立即预订
</span></a>
            </div>
        </div>
        <div class="card p-1">
            <img src="img/05.png" class="card-img-top">
            <div class="card-body">
                <h5 class="card-title">小资花园房</h5>
                <p><small class="text-muted">4.9 分别墅·3 室 4 床·宜住 9 人
</small></p>
```

```
                    <p class="card-text"><small>小资花园房│山海经主题雕塑 滑梯/
泳池 麻将 屋内欣赏美景</small></p>
                            <a href="#" class="btn btn-info">￥200 <span>立即预订
</span></a>
                    </div>
                </div>
            </div>
        </div>
</div>
```

（2）使用<section>标签制作"亲子民宿"板块。

• 制作"亲子民宿"板块的标题。

```
<!--特色民宿-->
<section>
    <!--此处省略"特色民宿"板块相关的代码-->
</section>
<!--亲子民宿-->
<section>
    <div class="container">
        <!--"亲子民宿"板块的标题-->
        <div class="text-center">
            <h2 class="mt-2">亲子民宿</h2>
            <h6 class="mb-2 text-muted">独宿一帜，打造您的家庭旅馆</h6>
        </div>
    </div>
</section>
```

• 制作"亲子民宿"板块的列表。

```
<div class="container">
    <!--"亲子民宿"板块的标题-->
        <!--此处省略"亲子民宿"板块的标题的代码-->
    <!--"亲子民宿"板块的列表-->
    <div class="row row-cols-1 row-cols-md-4">
        <div class="card p-1">
            <img src="img/01.png" class="card-img-top">
            <div class="card-body">
                <h5 class="card-title">小资花园房</h5>
                <p class=""><small class="text-muted">4.9分别墅·3室 4床·宜住9
人</small></p>
                <p class="card-text"><small>小资花园房│山海经主题雕塑 滑梯/泳池 麻
将 屋内欣赏美景</small></p>
                <a href="#" class="btn btn-info">￥950 <span>立即预订</span>
</a>
```

```
            </div>
        </div>
        <div class="card p-1">
            <img src="img/02.png" class="card-img-top">
            <div class="card-body">
                <h5 class="card-title">设计师民宿</h5>
                <p class="card-text"><small class="text-muted">5.0 分客栈·5 室 8
床·宜住 14 人</small></p>
                <p class="card-text"><small>设计师民宿·温泉私汤·滑雪场·生日轰趴求婚
拍摄·麻将街机 KTV·亲子·团建聚会</small></p>
                <a href="#" class="btn btn-info">¥850 <span>立即预订</span>
</a>
            </div>
        </div>
        <div class="card p-1">
            <img src="img/08.png" class="card-img-top">
            <div class="card-body">
                <h5 class="card-title">万平精品民宿</h5>
                <p class="card-text"><small class="text-muted">5.0 分其他·6 室 6
床·宜住 15 人</small></p>
                <p class="card-text"> <small>万平精品民宿·室内独立私汤·户外恒温泳池·
团建聚会别墅·设计师民宿·冬季有地暖</small></p>
                <a href="#" class="btn btn-info">¥999 <span>立即预订</span>
</a>
            </div>
        </div>
        <div class="card p-1">
            <img src="img/09.png" class="card-img-top">
            <div class="card-body">
                <h5 class="card-title">小资花园房</h5>
                <p class="card-text"><small class="text-muted">4.9 分别墅·3 室 4
床·宜住 9 人</small></p>
                <p class="card-text"><small>小资花园房｜山海经主题雕塑 滑梯/泳池 麻
将 屋内欣赏美景</small></p>
                <a href="#" class="btn btn-info">¥897 <span>立即预订</span>
</a>
            </div>
        </div>
    </div>
</div>
```

（3）"特色民宿"板块和"亲子民宿"板块的运行效果。

• PC 端的运行效果如图 7-19 所示。

● 移动端的运行效果如图 7-20 所示。

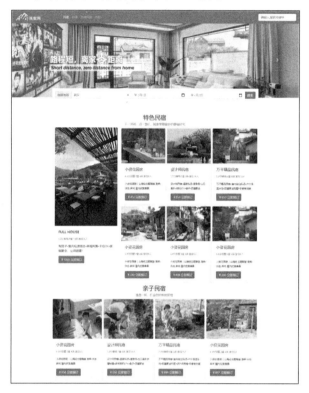

图 7-19　　　　　　　　　　　　　　　　　　　图 7-20

7.4.5　步骤五：制作页脚

（1）在"亲子民宿"板块下面添加<footer>标签，用来创建页脚。使用 mt-md-3 类使页脚在 PC 端有上外边距，并设置页脚的字体和背景色。

（2）在<footer>标签中添加<p>标签编写页脚的文字内容，使用 text-center 类使文字水平居中对齐，并设置内边距和外边距。

```
<!--亲子民宿-->
    <!--此处省略"亲子民宿"板块相关的代码-->
<!--页脚-->
<footer class="mt-md-3 text-white" style="background-color: #2bad8f;" >
    <p class="text-center m-0 p-4">
    © 2022 XXXX, Inc. All rights reserved. 条款 · 隐私政策 · 网站地图 · 全国旅游投
诉渠道 12301
    </p>
</footer>
```

（3）页脚的运行效果。

● PC 端的运行效果如图 7-21 所示。

图 7-21

- 移动端的运行效果如图 7-22 所示。

图 7-22

第8章

Bootstrap：电影网站

8.1　实验目标

（1）掌握 Bootstrap 的下载和导入的方法。

（2）掌握 Bootstrap 的栅格系统的使用方法。

（3）掌握 Bootstrap 的辅助类的使用方法。

（4）掌握 Bootstrap 的组件的使用方法。

（5）综合应用 Bootstrap 开发电影网站。

本章的知识地图如图 8-1 所示。

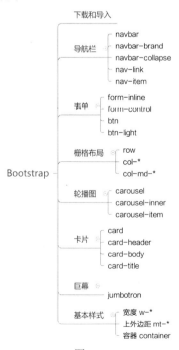

图 8-1

8.2　实验任务

（1）创建一个电影网站的首页，这个首页由页头、轮播图、电影分类、电影列表、VIP影院、排行榜及页脚组成。首页的页面效果如图 8-2 所示。

（2）页面需要兼容移动端，移动端首页的页面效果如图 8-3 所示。

图 8-2

图 8-3

8.3　设计思路

创建名称为 film 的新项目，该项目中包含的文件如表 8-1 所示。

表 8-1

序号	文件	说明
1	index.html	电影网站的首页 HTML 文件
2	css/bootstrap.css	Bootstrap 样式文件
3	css/bootstrap_icons.css	图标样式文件
4	css/font	图标文件
5	js/jQuery.js	JavaScript 库文件
6	js/bootstrap.js	Bootstrap 的 JavaScript 文件
7	img	网站图片资源文件

电影网站首页的布局如图 8-4 所示。

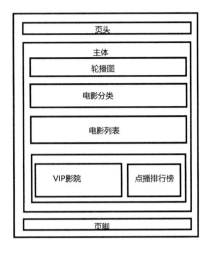

图 8-4

8.4 实验实施（跟我做）

8.4.1 步骤一：项目准备

（1）项目结构如图 8-5 所示。

图 8-5

（2）配置视图。

开发移动端项目不仅需要配置视口（viewport），还需要设置视口初始缩放比例及可缩放比例的范围，但是禁止用户手动缩放。

```
<meta name="viewport" content="width=device-width,initial-scale=1,minimum-
scale=1,maximum-scale=1,user-scalable=no"/>
```

（3）下载并引入 CSS 文件和 JavaScript 文件。

下载对应的 CSS 文件和 JavaScript 文件，并将这两个文件分别放到 css 文件夹和 js 文件夹中。通过<link>标签引入 Bootstrap 的 CSS 文件，通过<script>标签引入 Bootstrap 的

JavaScript 文件。由于 Bootstrap 是基于 jQuery 开发的，因此在引入 JavaScript 文件时需要注意引入顺序，先引入 jquery.js 文件再引入 bootstrap.js 文件。

```
<link rel="stylesheet" href="css/bootstrap.css"/>
<link rel="stylesheet" href="css/bootstrap-icons.css"/>
<script src="js/jQuery_3.6.0.js" charset="utf-8"></script>
<script src="js/bootstrap.js" charset="utf-8"></script>
```

8.4.2　步骤二：制作页头

导航条通过修改 Bootstrap 提供的组件与图标来完成，并且在 Bootstrap 项目中可以使用辅助类设置间隙。例如，"m-"和"p-"分别用于调整容器的外边距和内边距，并且可指定方向，"mt-"表示上外边距，"ml-"表示左外边距。其中，页头包括左侧网页名、表单搜索框、右侧内容（开通会员、播放记录、登录注册）3 个部分。

```
<nav class="navbar navbar-expand-lg bg-dark">
 <!--文字设置为白色-->
 <a class="navbar-brand ml-md-5 mr-md-5 text-white" href="#">电影网</a>
 <button class="navbar-toggler" style="border-color: #fff;" type="button"
data-toggle="collapse" data-target="#navbarSupportedContent" aria-controls=
"navbarSupportedContent" aria-expanded="false" aria-label="Toggle navigation">
   <span class="bi bi-justify text-white"></span>
 </button>
 <div class="collapse navbar-collapse" id="navbarSupportedContent">
   <form class="form-inline ml-md-auto mr-md-auto my-md-2 my-lg-0 w-75 w-
xs-100">
     <input class="form-control mr-sm-2 w-md-50 w-75" type="search"
placeholder="系列故事电影" aria-label="Search">
     <button class="btn btn-light my-2 my-sm-0 bi bi-search" type="submit">
</button>
   </form>
   <ul class="navbar-nav mr-right">
    <li class="nav-item">
     <a class="nav-link text-white text-nowrap" href="#"><i class="bi bi-
gem"></i>  开通会员</a>
    </li>
    <li class="nav-item">
     <a class="nav-link text-white text-nowrap" href="#"><i class="bi bi-
play-circle"></i>  播放记录</a>
    </li>
    <li class="nav-item">
     <span class=""></span>
     <a class="nav-link text-white text-nowrap" href="#"><i class="bi bi-
person-fill"></i>  登录/注册</a>
```

```
    </li>
  </ul>
  </div>
</nav>
```

8.4.3　步骤三：布局页面主体

页面主体的布局可以根据需求通过 Bootstrap 提供的栅格系统实现。"轮播图"板块、"电影分类"板块和"电影列表"板块可独占一行，即在栅格系统中占 12 列（col-md-12）。"VIP 影院"板块与"点播排行榜"板块分别占 8 列（col-md-8）与 4 列（col-md-4）。可以通过辅助类调整各个板块之间的距离。

```
<div class="container">
    <div class="row">
        <!--轮播图-->
    </div>
    <div class="row mt-2">
        <!--电影分类-->
    </div>
    <div class="row mt-2 p-md-3">
        <!--电影列表-->
    </div>
    <div class="row mt-2">
        <div class="col-md-8 col-xs-12">
            <!--VIP 影院-->
        </div>
        <div class="col-md-4 col-xs-12">
            <!--点播排行榜-->
        </div>
    </div>
</div>
```

8.4.4　步骤四：制作"轮播图"板块

轮播图可根据需求选择 Bootstrap 相应的轮播图组件实现。使用 col-12 类，使轮播图组件单独占一行（占 12 列）。轮播图显示两张图片，第一张图片需要添加 active 类使其默认显示，第二张图片在轮播时会以滑动方式显示出来。

```
<!--轮播图-->
<div class="col-12">
    <div id="carouselExampleSlidesOnly" class="carousel slide" data-ride=
"carousel">
        <div class="carousel-inner">
            <div class="carousel-item active">
```

```
            <img src="./img/swiper1.jpg" class="d-block w-100">
        </div>
        <div class="carousel-item">
            <img src="./img/swiper2.jpg" class="d-block w-100">
        </div>
    </div>
    </div>
</div>
```

8.4.5　步骤五：制作"电影分类"板块

"电影分类"板块通过卡片组件与导航组合实现，通过为父元素添加 mt-2 类来展示与顶部的距离。其中的"按热播排行"可以通过辅助类 d-none 与 d-block 控制容器的显示与隐藏，PC 端分为 4 列显示。标题使用带有 card-header 类的<div>标签嵌套<span>标签，并设置<span>标签的类名为 text-warning、font-weight-bold 显示对应的样式。通过<ul>标签设置 nav 类显示对应的分类信息。

```
<div class="col-4 d-none d-md-block">
    <div class="card">
        <div class="card-header">
            <span class="text-warning font-weight-bold">按热播排行</span>
        </div>
        <div class="card-body p-1">
            <ul class="nav" style="font-size: 0.8rem;">
                <li class="nav-item">
                    <a class="nav-link text-secondary" href="#">本周最火</a>
                </li>
                <li class="nav-item">
                    <a class="nav-link text-secondary" href="#">历史最火</a>
                </li>
                <li class="nav-item">
                    <a class="nav-link text-secondary" href="#">最新上映</a>
                </li>
                <li class="nav-item">
                    <a class="nav-link text-secondary" href="#">评分最高</a>
                </li>
                <li class="nav-item">
                    <a class="nav-link text-secondary" href="#">女性专场</a>
                </li>
                <li class="nav-item">
                    <a class="nav-link text-secondary" href="#">罪案题材</a>
                </li>
                <li class="nav-item">
```

```
            <a class="nav-link text-danger" href="#">纪录片题材</a>
        </li>
    </ul>
</div>
</div>
</div>
</div>
<div class="col-4">
    <div class="card d-none d-md-block">
        <div class="card-header">
            <span class="text-success font-weight-bold">按类型</span>
        </div>
        <div class="card-body p-1">
            <ul class="nav" style="font-size: 0.8rem;">
                <li class="nav-item">
                    <a class="nav-link text-secondary" href="#">爱情</a>
                </li>
                <li class="nav-item">
                    <a class="nav-link text-secondary" href="#">动作</a>
                </li>
                <li class="nav-item">
                    <a class="nav-link text-secondary" href="#">喜剧</a>
                </li>
                <li class="nav-item">
                    <a class="nav-link text-secondary" href="#">惊悚</a>
                </li>
                <li class="nav-item">
                    <a class="nav-link text-secondary" href="#">恐怖</a>
                </li>
                <li class="nav-item">
                    <a class="nav-link text-secondary" href="#">悬疑</a>
                </li>
                <li class="nav-item">
                    <a class="nav-link  text-secondary" href="#">科幻</a>
                </li>
                <li class="nav-item">
                    <a class="nav-link text-secondary" href="#">奇幻</a>
                </li>
                <li class="nav-item">
                    <a class="nav-link text-secondary" href="#">历史</a>
                </li>
                <li class="nav-item">
                    <a class="nav-link text-secondary" href="#">灾难</a>
```

```
        </li>
        <li class="nav-item">
            <a class="nav-link text-secondary" href="#">经典</a>
        </li>
        <li class="nav-item">
            <a class="nav-link text-primary" href="#">更多</a>
        </li>
    </ul>
    </div>
  </div>
</div>
<div class="col-4">
    <div class="card d-none d-md-block">
        <div class="card-header">
            <span class="text-primary font-weight-bold">按地区</span>
        </div>
        <div class="card-body p-1">
            <ul class="nav" style="font-size: 0.8rem;">
                <li class="nav-item">
                    <a class="nav-link text-secondary text-secondary" href=
"#">内地</a>
                </li>
                <li class="nav-item">
                    <a class="nav-link text-secondary" href="#">欧美</a>
                </li>
                <li class="nav-item">
                    <a class="nav-link text-secondary" href="#">日韩</a>
                </li>
            </ul>
        </div>
    </div>
</div>
```

8.4.6　步骤六：制作"电影列表"板块

　　"电影列表"板块由于需要兼容 PC 端与移动端，因此可以通过栅格系统展现 PC 端与移动端的不同布局。在 PC 端电影图片与介绍可以垂直排列，在移动端则可以改为水平排列。每部电影的内容显示电影图片、电影标题、电影简介和评分。

```
<div class="col-md-2 p-md-0">
    <div class="card">
        <div class="row">
            <img src="./img/card1.jpg" class="col-5 col-md-12 card-img-top">
```

```html
                <div class="card-body col-7 col-md-12">
                    <h5 class="card-title font-weight-bold">纪录片电影一</h5>
                    <p class="card-text text-truncate">内地大型风景纪录片</p>
                    <p class="card-text"><small class="text-muted">评分：<span
class="text-danger font-weight-bold font-italic">9.0</span></small></p>
                </div>
            </div>
        </div>
    </div>
    <div class="col-md-2 p-md-0">
        <div class="card">
            <div class="row">
                <img src="./img/card2.jpg" class="col-5 col-md-12 card-img-top">
                <div class="card-body col-7 col-md-12">
                    <h5 class="card-title font-weight-bold">纪录片电影二</h5>
                    <p class="card-text text-truncate">内地大型风景纪录片</p>
                    <p class="card-text"><small class="text-muted">评分：<span
class="text-danger font-weight-bold font-italic">9.0</span></small></p>
                </div>
            </div>
        </div>
    </div>
    <div class="col-md-2 p-md-0">
        <div class="card">
            <div class="row">
                <img src="./img/card3.jpg" class="col-5 col-md-12 card-img-top">
                <div class="card-body col-7 col-md-12">
                    <h5 class="card-title font-weight-bold">纪录片电影三</h5>
                    <p class="card-text text-truncate">内地大型风景纪录片</p>
                    <p class="card-text"><small class="text-muted">评分：<span
class="text-danger font-weight-bold font-italic">9.0</span></small></p>
                </div>
            </div>
        </div>
    </div>
    <div class="col-md-2 p-md-0">
        <div class="card">
            <div class="row">
                <img src="./img/card4.jpg" class="col-5 col-md-12 card-img-top">
                <div class="card-body col-7 col-md-12">
                    <h5 class="card-title font-weight-bold">纪录片电影四</h5>
                    <p class="card-text text-truncate">内地大型风景纪录片</p>
```

```
        <p class="card-text"><small class="text-muted">评分：<span
class="text-danger font-weight-bold font-italic">9.0</span></small></p>
        </div>
      </div>
    </div>
</div>
<div class="col-md-2 p-md-0">
    <div class="card">
      <div class="row">
        <img src="./img/card5.jpg" class=" col-5 col-md-12 card-img-top">
        <div class="card-body col-7 col-md-12">
          <h5 class="card-title font-weight-bold">纪录片电影五</h5>
          <p class="card-text text-truncate">内地大型风景纪录片</p>
          <p class="card-text"><small class="text-muted">评分：<span
class="text-danger font-weight-bold font-italic">9.0</span></small></p>
        </div>
      </div>
    </div>
</div>
<div class="col-md-2 p-md-0">
    <div class="card">
      <div class="row">
        <img src="./img/card6.jpg" class="col-5 col-md-12 card-img-top">
        <div class="card-body col-7 col-md-12">
          <h5 class="card-title font-weight-bold">纪录片电影六</h5>
          <p class="card-text text-truncate">内地大型风景纪录片</p>
          <p class="card-text"><small class="text-muted">评分：<span
class="text-danger font-weight-bold font-italic">9.0</span></small></p>
        </div>
      </div>
    </div>
</div>
```

8.4.7　步骤七：制作"VIP 影院"板块

"VIP 影院"板块可以通过辅助类 d-flex 实现弹性布局。左侧显示"VIP 影院"标题，右侧显示"更多"超链接。下面通过 12 栅格系统进行布局，分为 3 列，每列显示电影图片、电影标题、电影简介和评分。

```
<div class="card">
    <div class="card-header">
      <span class="text-info font-weight-bold font-italic" style="font-
size: 1.5rem;">
```

```
            VIP 影院
        </span>
        <span class="float-right text-primary" style="font-size: 1.2rem;">更
多<i class="bi bi-chevron-double-right"></i></span>
    </div>
    <div class="card-body">
        <div class="d-flex justify-content-between">
            <div class="card">
                <img src="./img/card7.jpg" class="card-img-top">
                <div class="card-body">
                    <h5 class="card-title font-weight-bold">VIP 纪录片一</h5>
                    <p class="card-text text-truncate">中国古代史</p>
                    <p class="card-text"><small class="text-muted">评分：<span
class="text-danger font-weight-bold font-italic">9.0</span></small></p>
                </div>
            </div>
            <div class="card">
                <img src="./img/card8.jpg" class="card-img-top">
                <div class="card-body">
                    <h5 class="card-title font-weight-bold">VIP 纪录片二</h5>
                    <p class="card-text text-truncate">湿地纪录片</p>
                    <p class="card-text"><small class="text-muted">评分：<span
class="text-danger font-weight-bold font-italic">9.0</span></small></p>
                </div>
            </div>
            <div class="card">
                <img src="./img/card9.jpg" class="card-img-top">
                <div class="card-body">
                    <h5 class="card-title font-weight-bold">VIP 纪录片三</h5>
                    <p class="card-text text-truncate">海上纪录片</p>
                    <p class="card-text"><small class="text-muted">评分：<span
class="text-danger font-weight-bold font-italic">9.0</span></small></p>
                </div>
            </div>
        </div>
    </div>
</div>
```

8.4.8 步骤八：制作"点播排行榜"板块

"点播排行榜"板块可以通过在卡片组件中添加列表组件来实现，排位数可以通过徽章组件来完成。通过 card-header 类显示嵌套<span>标签设置对应类名 text-info font-weight-bold font-italic 来实现"点播排行榜"样式。在类名为 card-body 的标签中通过无序列表显示对应排行榜的内容。

```html
<div class="card">
    <div class="card-header">
        <span class="text-info font-weight-bold font-italic" style="font-size: 1.5rem;">
            点播排行榜
        </span>
    </div>
    <div class="card-body">
        <ul class="list-group list-group-flush">
            <li class="list-group-item"><span class="badge badge-danger">1
</span>    纪录片一</li>
            <li class="list-group-item"><span class="badge badge-danger">2
</span>    纪录片二</li>
            <li class="list-group-item"><span class="badge badge-danger">3
</span>    爱情电影</li>
            <li class="list-group-item"><span class="badge badge-secondary">4
</span>    系列故事电影</li>
            <li class="list-group-item"><span class="badge badge-secondary">5
</span>    系列故事电影二</li>
            <li class="list-group-item"><span class="badge badge-secondary">6
</span>    中国近代史</li>
            <li class="list-group-item"><span class="badge badge-secondary">7
</span>    中国古代史</li>
            <li class="list-group-item"><span class="badge badge-secondary">8
</span>    大型历史纪录片</li>
        </ul>
    </div>
</div>
```

8.4.9　步骤九：制作页脚

页脚可以通过巨幕组件来实现，内容根据需求添加，可以通过辅助类改变字体样式。通过语义化标签<footer>和 jumbotron 类可以为页脚添加更多的内边距。

```html
<!--页脚-->
<footer class="jumbotron jumbotron-fluid mt-5">
    <div class="container">
        <div class="text-center text-decoration-none">
            <a href="#">关于我们</a>|
            <a href="#">网站地图</a>|
            <a href="#">诚聘英才</a>|
```

```
            <a href="#">版权声明</a>|
            <a href="#">联系我们</a>|
            <a href="#">友情链接</a>
        </div>
        <div class="text-center">
            xx 电影频道官方网站
        </div>
    </div>
</footer>
```

第 9 章

Bootstrap：后台管理系统

9.1 实验目标

（1）掌握 Bootstrap 的下载方法和导入方法。

（2）掌握 Bootstrap 的栅格系统的使用方法。

（3）掌握 Bootstrap 的辅助类的使用方法。

（4）掌握 Bootstrap 的组件的使用方法。

（5）综合应用 Bootstrap 开发门户网站的后台管理系统的首页。

本章的知识地图如图 9-1 所示。

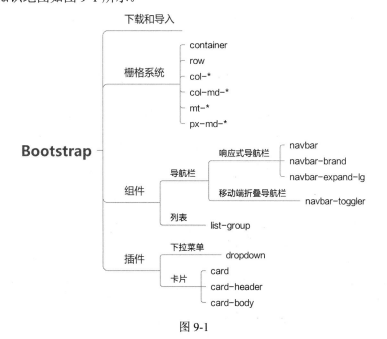

图 9-1

9.2 实验任务

创建后台管理系统的首页，这个首页由导航栏、"警告框"板块、"网站数据统计"板块、"网站热帖"板块、"今日访客统计"板块、"服务器状态"板块、"团队留言板"板块及页脚组成。首页的页面效果如图 9-2 所示。

图 9-2

9.3 设计思路

创建名称为 manage 的新项目，该项目中包含的文件如表 9-1 所示。

表 9-1

序号	文件	说明
1	index.html	首页的 HTML 文件

续表

序号	文件	说明
2	css/bootstrap.css	Bootstrap 样式文件
3	css/bootstrap_icons.css	图标样式文件
4	css/font	图标文件
5	js/jQuery.js	jQuery.js 文件
6	js/bootstrap.js	Bootstrap 的 JavaScript 文件
7	js/echarts.js	数据可视化图表插件
8	img	网站图片资源文件

首页的布局如图 9-3 所示。

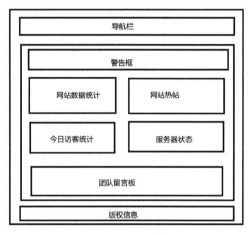

图 9-3

9.4 实验实施（跟我做）

9.4.1 步骤一：项目准备

（1）使用 HBuilder X 创建新项目 manage，项目结构如图 9-4 所示。

图 9-4

（2）配置视图。

开发移动端项目不仅需要配置视口，还需要设置视口的初始缩放比例和可缩放比例的范围，但是禁止用户手动缩放。

```
<meta name="viewport" content="width=device-width,initial-scale=1,minimum-scale=1,maximum-scale=1,user-scalable=no"/>
```

（3）下载并引入 CSS 文件和 JavaScript 文件。

通过<link>标签引入 Bootstrap 相应的 CSS 文件；通过<script>标签引入 jQuery 文件和 Bootstrap 文件，由于 Bootstrap 是基于 jQuery 开发的，因此在引入 JavaScript 文件时需要注意引入的顺序，应该先引入 jquery.js 文件后引入 bootstrap.js 文件。

```
<link rel="stylesheet" href="css/bootstrap.css"/>
<link rel="stylesheet" href="css/bootstrap-icons.css"/>
<script src="js/jQuery_3.6.0.js" charset="utf-8"></script>
<script src="js/bootstrap.js" charset="utf-8"></script>
<script src="js/echarts.js" charset="utf-8"></script>
```

9.4.2 步骤二：制作导航栏

导航栏通过修改 Bootstrap 提供的组件来实现，并且根据项目需求修改组件结构完成布局。其中，图标部分可以使用 bootstrap-icons 图标，使用该图标有多种方式，如将图标文件下载到本地后引入、使用 CDN 加速引入，以及将图片下载到本地等。下面采用的是通过本地 CSS 文件引入的方式。

```
<nav class="navbar navbar-expand-lg navbar-light bg-light px-md-5">
    <a class="navbar-brand" href="#">后台管理系统</a>
    <button class="navbar-toggler" type="button" data-toggle="collapse" data-target="#navbarNavDropdown" aria-controls="navbarNavDropdown"
     aria-expanded="false" aria-label="Toggle navigation">
        <span class="navbar-toggler-icon"></span>
    </button>
    <div class="collapse navbar-collapse d-md-flex justify-content-between" id="navbarNavDropdown">
        <ul class="navbar-nav">
            <li class="nav-item active">
                <a class="nav-link" href="#"><i class="bi bi-house-door-fill"></i> 后台管理</a>
            </li>
            <li class="nav-item">
                <a class="nav-link" href="#"><i class="bi bi-person-fill"></i> 用户管理</a>
            </li>
            <li class="nav-item">
```

```
                <a class="nav-link" href="#"><i class="bi bi-journal-text">
</i> 内容管理</a>
            </li>
            <li class="nav-item">
                <a class="nav-link" href="#"><i class="bi bi-tags-fill"></i>
 标签管理</a>
            </li>
        </ul>
        <ul class="navbar-nav">
            <li class="nav-item dropdown">
                <a class="nav-link dropdown-toggle" href="#" id="navbarDropdown
MenuLink" role="button" data-toggle="dropdown"
                    aria-expanded="false">
                    Admin
                </a>
                <div class="dropdown-menu" aria-labelledby="navbarDropdown
MenuLink">
                    <a class="dropdown-item" href="#">前台首页</a>
                    <a class="dropdown-item" href="#">个人主页</a>
                    <a class="dropdown-item" href="#">个人设置</a>
                    <a class="dropdown-item" href="#">账户中心</a>
                    <a class="dropdown-item" href="#">我的收藏</a>
                </div>
            </li>
            <li class="nav-item">
                <a class="nav-link" href="#"><i class="bi bi-power"></i>退出</a>
            </li>
        </ul>
    </div>
</nav>
```

9.4.3 步骤三：布局页面主体

页面主体布局可以根据需求通过 Bootstrap 提供的栅格系统实现。从整体上来说，可以将页面分为 3 个部分，分别为导航栏、内容区域及版权信息。内容区域又包含"警告框"板块、"网站数据统计"板块、"网站热帖"板块、"今日访客统计"板块、"服务器状态"板块和"团队留言板"板块。由于部分板块的内容较少，因此可以两个板块占一行，即每个板块占 6 列。

```
<!--内容区域-->
<div class="container">
    <div class="row">
        <div class="col-12">
```

```
        <!--警告框-->
    </div>
    <div class="col-12 col-md-6 mt-3">
        <!--网站数据统计-->
    </div>
    <div class="col-12 col-md-6 mt-3">
        <!--网站热帖-->
    </div>
    <div class="col-12 col-md-6 mt-3">
        <!--今日访客统计-->
    </div>
    <div class="col-12 col-md-6 mt-3">
        <!--服务器状态-->
    </div>
    <div class="col-12 mt-3">
        <!--团队留言板-->
    </div>
    </div>
</div>
```

9.4.4 步骤四：制作"警告框"板块

```
<!--警告框-->
<div class="alert alert-danger alert-dismissible fade show" role="alert">
    <button type="button" class="close" data-dismiss="alert" aria-label=
"Close">
        <span aria-hidden="true">&times;</span>
    </button>
    <h4>网站程序有漏洞，急需修复！</h4>
    <p>当前版本程序（V1.22）存在严重的安全问题，容易被攻击，请立即修复！</p>
    <p>
        <button type="button" class="btn btn-danger">立即修复</button>
        <button type="button" data-dismiss="alert" class="btn btn-light">稍候
处理</button>
    </p>
</div>
```

"警告框"板块可以通过 Bootstrap 提供的警告框组件搭配按钮组件实现，在警告框组件中，可以通过为按钮添加 data-dismiss="alert"属性来实现用户点击按钮时隐藏警告框的效果。

9.4.5 步骤五：制作"网站数据统计"板块

"网站数据统计"板块可以通过卡片组件实现，内容可以通过<table>标签搭配 Bootstrap

提供的辅助类完成。下面为卡片主体设置高度，单位可以使用 rem。与作为绝对单位的 px 不同，rem 是 CSS3 新增的一个相对单位，这个单位集相对大小和绝对大小的优点于一身。使用 rem 既可以做到只修改根元素就成比例地调整所有文本的字号，又可以避免字号逐层复合地发生连锁反应。

```html
<!--网站数据统计-->
<div class="card shadow rounded">
    <h5 class="card-header">网站数据统计</h5>
    <div class="card-body" style="height: 18.75rem;">
        <table class="table">
            <tr>
                <th>统计项目</th>
                <th>今日</th>
                <th>昨日</th>
            </tr>
            <tr>
                <td>注册会员</td>
                <td>300</td>
                <td>11400</td>
            </tr>
            <tr>
                <td>登录会员</td>
                <td>200</td>
                <td>400</td>
            </tr>
            <tr>
                <td>今日发帖</td>
                <td>200</td>
                <td>400</td>
            </tr>
            <tr>
                <td>转载次数</td>
                <td>200</td>
                <td>400</td>
            </tr>
        </table>
    </div>
</div>
```

9.4.6　步骤六：制作"网站热帖"板块

"网站热帖"板块可以通过卡片组件与列表组件组合实现。从整体上来说，"网站热帖"板块包括两部分：第一部分显示标题，通过<h5>标签添加 card-header 类实现；第二部分显示热帖列表，并以序列布局，父级使用<div>标签添加 card-body 类，通过列表组件实现内容布局。

```
<!--网站热帖-->
<div class="card shadow  rounded">
    <h5 class="card-header">网站热帖</h5>
    <div class="card-body" style="height: 18.75rem;">
        <ul class="list-group">
            <li class="list-group-item d-flex justify-content-between text-
primary"><span class="text-truncate"><i class="bi bi-journal-text"></i>
 泛 Mooc 职业教育，效果和就业为王</span><span>2021/08/06</span></li>
            <li class="list-group-item d-flex justify-content-between text-
primary"><span class="text-truncate"><i class="bi bi-journal-text"></i>
 泛 Mooc 职业教育，效果和就业为王</span><span>2021/08/06</span></li>
            <li class="list-group-item d-flex justify-content-between text-
primary"><span class="text-truncate"><i class="bi bi-journal-text"></i>
 泛 Mooc 职业教育，效果和就业为王</span><span>2021/08/06</span></li>
            <li class="list-group-item d-flex justify-content-between text-
primary"><span class="text-truncate"><i class="bi bi-journal-text"></i>
 泛 Mooc 职业教育，效果和就业为王</span><span>2021/08/06</span></li>
            <li class="list-group-item d-flex justify-content-between text-
primary"><span class="text-truncate"><i class="bi bi-journal-text"></i>
 泛 Mooc 职业教育，效果和就业为王</span><span>2021/08/06</span></li>
        </ul>
    </div>
</div>
```

9.4.7　步骤七：制作"今日访客统计"板块

在"今日访客统计"板块中可以用 ECharts 图表实现数据可视化图表的制作。在页面文件中添加<img>标签设置对应样式，并以卡片的形式进行布局，添加 shadow 类可以使卡片出现阴影效果。"今日访客统计"板块由两部分组成，分别为标题内容和图表图像显示内容。

```
<!--今日访客统计-->
<div class="card shadow  rounded">
    <h5 class="card-header">今日访客统计</h5>
    <div class="card-body" style="height: 18.75rem;">
        <!--图表-->
        <img src="./img/echarts.png" style="width: 90%;height: 80%;margin: 10%
5%;">
    </div>
</div>
```

9.4.8　步骤八：制作"服务器状态"板块

　　"服务器状态"板块可以使用卡片组件搭配进度条组件实现，整体布局由卡片组件完成。从整体上来看，"服务器状态"板块包括两部分，分别为头部和内容列表。其中，头部使用<h5>标签添加 card-header 类设置样式；内容列表通过<div>标签添加 card-body 类，采用内容布局，使用<div>标签添加 py-1 类来设置 padding-bottom 和 padding-top 的值，通过进度条组件显示列表百分比，每个进度条除了颜色不一样，其余部分都会设置 progress-bar progress-bar-striped 类。根据属性 aria-valuenow 对应的值显示不同长度的进度条。

```
<!--服务器状态-->
<div class="card shadow rounded">
    <h5 class="card-header">服务器状态</h5>
    <div class="card-body" style="height: 18.75rem;">
        <div class="py-1">
            <p class="">内存使用率：40%</p>
            <div class="progress">
                <div class="progress-bar progress-bar-striped" role="progressbar"
style="width: 40%" aria-valuenow="40"
                    aria-valuemin="0" aria-valuemax="100"></div>
            </div>
        </div>
        <div class="py-1">
            <p class="">数据库使用率：20%</p>
            <div class="progress">
                <div class="progress-bar progress-bar-striped bg-success" role=
"progressbar" style="width: 20%" aria-valuenow="20"
                    aria-valuemin="0" aria-valuemax="100"></div>
            </div>
        </div>
        <div class="py-1">
            <p class="">磁盘：60%</p>
            <div class="progress">
                <div class="progress-bar progress-bar-striped bg-info" role=
"progressbar" style="width: 60%" aria-valuenow="60"
                    aria-valuemin="0" aria-valuemax="100"></div>
            </div>
        </div>
        <div class="py-1">
            <p class="">内存使用率：80%</p>
            <div class="progress">
                <div class="progress-bar progress-bar-striped bg-warning" role=
"progressbar" style="width: 80%" aria-valuenow="80"
                    aria-valuemin="0" aria-valuemax="100"></div>
```

```
        </div>
      </div>
    </div>
</div>
```

9.4.9　步骤九：制作"团队留言板"板块

"团队留言板"板块分为左右两部分。在 PC 端，左侧通过栅格布局，占 7 列，右侧占 5 列；在移动端，左、右两侧各占 12 列，变为上下布局。左侧的留言对话区域使用媒体对象组件实现，每个列表内容显示留言的用户头像、用户名和留言内容，回复的评论者布局为右侧对齐显示（左边显示用户名和回复内容，右边显示评论者头像）；右侧由上、下两部分组成，上面由表单内容（包括文本域和"提交"按钮）组成；下面的"团队联系手册"通过卡片组件实现，分为标题和联系人列表（联系人列表通过列表组件实现）。

```html
<!--团队留言板-->
<div class="card shadow  rounded">
    <h5 class="card-header">团队留言板</h5>
    <div class="card-body">
       <div class="row">
          <div class="col-md-7 col-12">
             <div class="media bg-light m-1 rounded p-2">
                <img src="./img/admin.jpg" class="mx-3 align-self-center
rounded-circle" alt="...">
                <div class="media-body">
                   <h5 class="mt-0">派大星</h5>
                   <p>技术大哥，请把网站程序升级一下哈，现在的系统有漏洞，安全起见！</p>
                </div>
             </div>
             <div class="media bg-light m 1 rounded p-2">
                <div class="media-body">
                   <h5 class="mt-0 text-right">海绵宝宝</h5>
                   <p class="text-right">收到，凌晨 2 点准时升级！</p>
                </div>
                <img src="./img/admin1.jpg" class="mx-3 align-self-center
rounded-circle">
             </div>
             <div class="media bg-light m-1 rounded p-2">
                <div class="media-body">
                   <h5 class="mt-0 text-right">海绵宝宝</h5>
                   <p class="text-right">你先在站点发布一下通知哈！</p>
                </div>
```

```
            <img src="./img/admin1.jpg" class="mx-3 align-self-center
rounded-circle">
        </div>
        <div class="media bg-light m-1 rounded p-2">
            <img src="./img/admin.jpg" class="mx-3 align-self-center
rounded-circle" alt="...">
            <div class="media-body">
                <h5 class="mt-0">派大星</h5>
                <p>好嘞。</p>
            </div>
        </div>
        <div class="media bg-light m-1 rounded p-2">
            <img src="./img/admin.jpg" class="mx-3 align-self-center
rounded-circle">
            <div class="media-body">
                <h5 class="mt-0">派大星</h5>
                <p>没问题。</p>
            </div>
        </div>
    </div>
    <div class="col-md-5 col-12">
        <form>
            <div class="form-group">
                <label for="exampleFormControlTextarea1">输入留言内容
</label>
                <textarea class="form-control"
id="exampleFormControlTextarea1" rows="4"></textarea>
                <button type="submit" class="btn btn-primary my-2">提交
</button>
            </div>
        </form>
        <div class="card ">
            <div class="card-header">
                团队联系手册
            </div>
            <div class="card-body">
                <ul class="list-group">
                    <li class="list-group-item"><span>站长（李小龙）：</span>
<span>13134848615</span></li>
                    <li class="list-group-item"><span>技术（大牛哥）：</span>
<span>13456127694</span></li>
```

```
                    <li class="list-group-item"><span>推广（张二哥）：</span>
<span>13457815482</span></li>
                    <li class="list-group-item"><span>客服（王女士）：</span>
<span>13134567782</span></li>
                </ul>
            </div>
        </div>
      </div>
    </div>
</div>
```

设置公共图片的样式。

```
<style type="text/css">
img {
    width: 4.0625rem;
    height: 4.0625rem;
}
</style>
```

9.4.10 步骤十：添加版权信息

添加版权信息，并设置文字居中显示。

```
<footer>
    <div class="container my-4">
        <p class="text-center">© Copyright 2010-2030 xxxx 在线教育 深 ICP 备
xxxxxxx 号 版权所有</p>
    </div>
</footer>
```

第 10 章

AJAX+PHP：JavaScript 手册

10.1　实验目标

（1）能熟练使用 AJAX 中的 JSON 数据格式与 PHP Web 网站后端进行数据交互，能使用 PHP 编程。

（2）能使用 AJAX 完成异步刷新和异步获取数据。

（3）能使用 XMLHttpRequest 完成 AJAX 异步操作。

（4）综合运用 Web 前后端数据交互技术开发 JavaScript 手册的页面。

本章的知识地图如图 10-1 所示。

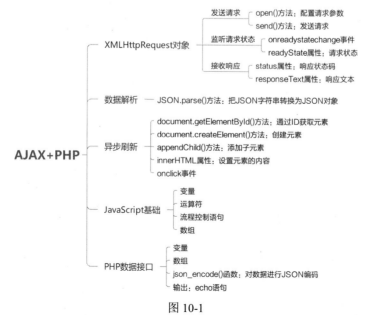

图 10-1

10.2　实验任务

制作 JavaScript 手册的页面。

（1）页面内容分为两部分：左侧为章节目录列表，右侧为每个章节对应的内容。

（2）当访问 JavaScript 手册的页面时，使用 AJAX 技术从服务端异步获取 JavaScript 手册所有章节的内容，并将其显示到章节目录列表中，如图 10-2 所示。

图 10-2

（3）为子章节绑定 click 事件，当点击子章节时，右侧对应的内容部分会随之更新。如图 10-3 所示。

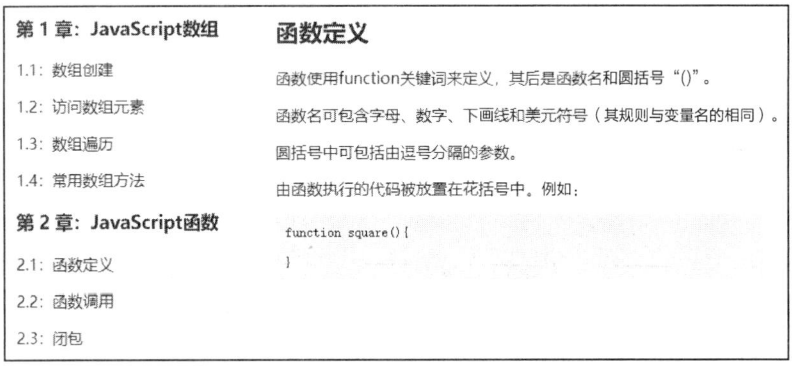

图 10-3

10.3　设计思路

创建名称为 jsManual 的新项目。

（1）创建 JSON 格式的 PHP 数据接口。

在 jsManual 项目的 PHP 文件中设计 JavaScript 手册的数据，使用 JSON 数据格式进行数据交互。

- 创建 json_string 数组变量，用于存储 JavaScript 手册的数据。

- 使用 json_encode()函数对 json_string 数组变量进行 JSON 编码。
- 使用 echo 命令输出 JSON 数据。

（2）设计 JavaScript 手册的页面，页面结构和布局如图 10-4 所示。

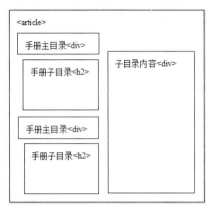

图 10-4

（3）使用 XMLHttpRequest 对象发送 AJAX 异步请求访问 PHP 数据接口，获取 JSON 格式的 JavaScript 手册数据。

- 创建 XMLHttpRequest 对象，使用 open()方法设置请求类型、请求路径和请求方式。
- 使用 send()方法发起请求。
- 为 onreadystatechange 事件绑定事件处理函数，监听请求状态。
- 使用 responseText 属性获取返回的数据，使用 JSON.parse()方法进行 JSON 数据解析。

（4）通过 JavaScript 操作 DOM，实现动态构建手册目录和内容等一系列操作。

使用 AJAX 和 PHP 网站后端进行数据交互的流程如图 10-5 所示。

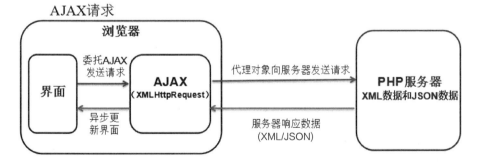

图 10-5

10.4　实验实施（跟我做）

10.4.1　步骤一：创建项目和文件

（1）创建项目，项目名称为 jsManual。

（2）创建文件，jsManual 项目中包含的文件如表 10-1 所示。

表 10-1

类型	文件	说明
HTML 文件	index.html	JavaScript 手册首页的 HTML 文件
JavaScript 文件	index.js	JavaScript 手册首页的 JavaScript 文件
PHP 文件	ajaxJSON.php	返回 JSON 格式的 JavaScript 手册

项目结构如图 10-6 所示。

图 10-6

10.4.2　步骤二：实现 JSON 格式的数据接口

在 ajaxJSON.php 文件中编写 JSON 格式的 JavaScript 手册数据。

（1）创建 json_string 数组变量，采用硬编码方式进行初始化。

（2）使用 json_encode()函数对 json_string 数组变量进行 JSON 编码。

（3）使用 echo 命令输出 JSON 格式的数据。

```php
<?php
//自定义章节目录数据（数组格式）
$json_string = array(
    array(
        "mainName" => "第 1 章：JavaScript 数组",
        "childs" => array(
            array("childName" => "1.1：数组创建", "childContent" => "<h2>数组创建</h2><p>使用数组直接量是创建数组最简单的方法，在方括号中将数组元素用逗号隔开即可。示例如下：</p><code>var cars = ['比亚迪', '小鹏', '蔚来'];</code>"),
            array("childName" => "1.2：访问数组元素", "childContent" => "<h2>访问数组元素</h2><p>可以通过索引号（下标号）来访问数组中的某个元素。例如：</p><code>cars[0];</code>"),
            array("childName" => "1.3：数组遍历", "childContent" => "<h2>数组遍历</h2><p>使用 for 循环是遍历数组元素最常见的方法，也可以使用 for/in 循环遍历数组。</p>"),
            array("childName" => "1.4：常用数组方法", "childContent" => "<h2>常用数组方法</h2><p>向数组添加新元素的最佳方法是使用 push()方法：</p><code>cars.push('小米汽车');</code><p>将数组倒序，原数组改变:</p><code>cars.reverse();</code>")
        )
    ),
    array(
        "mainName" => "第 2 章：JavaScript 函数",
```

```
        "childs" => array(
            array("childName" => "2.1：函数定义", "childContent" => "<h2>函数定
义</h2><p>函数使用 function 关键词来定义，其后是函数名和圆括号"()"。</p><p>函数名可包
含字母、数字、下画线和美元符号（其规则与变量名的相同）。</p><p>圆括号中可包括由逗号分隔的参
数。</p> <p>由函数执行的代码被放置在花括号中。例如：</p><code>function
square(){<br> <br>}</code>"),
            array("childName" => "2.2：函数调用", "childContent" => "<h2>函数调
用</h2><p>定义一个函数并不会自动执行它。定义函数仅仅是赋予函数以名称并明确函数被调用时该
做些什么。调用函数才会以给定的参数真正执行这些动作。例如，一旦定义了函数 square()，就可以
按如下方式调用它：</p><code>square(5);</code>"),
            array("childName" => "2.3：闭包", "childContent" => "<h2>闭包</h2>
<p>函数的执行依赖变量作用域，此作用域是在函数定义时决定的，而不是在函数调用时决定的。</p>")
        )
    ),
);
//返回值
echo json_encode($json_string);
```

10.4.3　步骤三：制作 HTML 页面

（1）在 index.html 文件的<body>标签中，编写手册的目录和内容等。

（2）在 index.html 文件的<head>标签中，添加<style>标签，并编写页面的 CSS 样式
代码。

```
<!DOCTYPE html>
<html>
    <head>
        <meta charset="utf-8"/>
        <title>JavaScript 手册</title>
        <style>
        /*JavaScript 手册样式*/
        .manual{display: flex; }
        /*手册目录样式*/
        #main_manual{margin:0 60px;}
        /*手册内容样式*/
        #aside_content{width: 500px;}
        /*示例代码样式*/
        #aside_content code{display: block; padding: 10px; background-color:
#f2f1f1; }
        </style>
    </head>
    <body>
        <article class="manual">
```

```
        <!--JavaScript 手册目录-->
        <div id="main_manual"></div>
        <!--JavaScript 手册目录章节对应内容-->
        <div id="aside_content"></div>
    </article>
  </body>
</html>
```

10.4.4　步骤四：使用 AJAX 请求数据接口

（1）在 index.html 文件的</body>标签中，使用<script>标签引入 index.js 文件。

```
<body>
    <!--此处省略前面的代码-->
    <!--引入 JavaScript 文件-->
    <script src="index.js"></script>
</body>
```

（2）编辑 index.js 文件，使用 AJAX 请求 ajaxJSON.php 数据接口。

- 创建 XMLHttpRequest 对象，并保存到变量 xmlhttp 中。
- 使用 open()方法设置请求参数，3 个参数依次为请求类型（GET）、请求路径（ajaxJSON.php）和是否异步请求（true）。
- 使用 send()方法发起请求。
- 为 onreadystatechange 属性绑定处理函数，监听请求的状态，当请求的状态发生变化时会调用该处理函数。
- 在处理函数中，通过请求状态 readyState 和响应状态码 status 判断请求是否成功。

```
/*发送 AJAX 请求 ajaxJSON.php 数据接口*/
var xmlhttp = new XMLHttpRequest();
xmlhttp.open("GET", "ajaxJSON.php", true);
xmlhttp.send();
xmlhttp.onreadystatechange = function() {
    if (xmlhttp.readyState == 4 && xmlhttp.status == 200) {
        /*在这里构建目录和内容*/
    }
}
```

10.4.5　步骤五：构建 JavaScript 手册内容

（1）当请求成功后，获取 JSON 格式的 JavaScript 手册内容，并初始化目录列表索引 index 和目录详细内容 data。

```
if (xmlhttp.readyState == 4 && xmlhttp.status == 200) {
    //解析 JSON 格式的 JavaScript 手册数据，将 JSON 字符串转换为对象
    var books = JSON.parse(xmlhttp.responseText);
    var index = 0;        //初始化目录列表索引
```

```
var data = [];          //初始化目录详细内容
}
```

（2）循环遍历 JavaScript 手册主目录数据，构建手册主目录。

- 使用 getElementById()方法获取页面上的 JavaScript 手册目录标签。
- 使用 for 循环遍历 JavaScript 手册主目录数据。
- 每循环一次，就使用 createElement()方法创建一个<h3>标签，作为主目录节点。
- 获取主目录标题文本，并把标题文本放入<h3>标签中。
- 使用 appendChild()方法把<h3>标签添加到 JavaScript 手册目录标签中。

```
if (xmlhttp.readyState == 4 && xmlhttp.status == 200) {
    //此处省略上面的代码
    //获取 JavaScript 手册目录标签
    var main_manual = document.getElementById('main_manual');
    //循环遍历 JavaScript 手册主目录数据
    for(var i = 0; i < books.length; i++){
        //创建主目录节点
        var main_ele = document.createElement('h3');
        //把 JavaScript 手册主目录标题文本放入<h3>标签中
        main_ele.innerHTML = books[i].mainName;
        // 在 JavaScript 手册目录标签中，新增主目录节点<h3>标签
        main_manual.appendChild(main_ele);
    }
}
```

构建的 JavaScript 手册主目录的运行效果如图 10-7 所示。

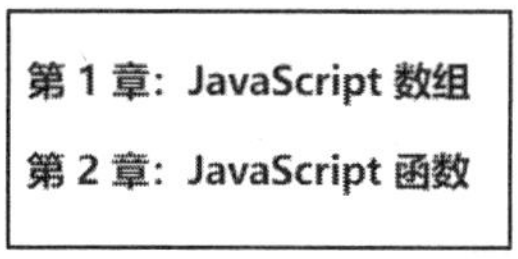

第 1 章: JavaScript 数组

第 2 章: JavaScript 函数

图 10-7

（3）循环遍历 JavaScript 手册子目录数据，构建手册子目录。

- 获取 JavaScript 手册子目录数据。
- 循环遍历 JavaScript 手册子目录数据。
- 每循环一次，就使用 createElement()方法创建一个<p>标签作为子目录节点。
- 获取子目录标题文本，并把标题文本放入<p>标签中。
- 使用 appendChild()方法把<p>标签添加到 JavaScript 手册目录标签中。

```
//循环遍历 JavaScript 手册主目录数据
for(var i = 0; i < books.length; i++){
    //此处省略上面的代码
    //获取 JavaScript 手册子目录数据
    var child_list= books[i].childs;
    //循环遍历 JavaScript 手册子目录数据
```

```
for (var j in child_list){
    //创建子目录节点
    var p_child = document.createElement('p');
    //把 JavaScript 手册子目录标题文本放入<p>标签中
    p_child.innerHTML = child_list[j].childName;
    //在 JavaScript 手册目录标签中新增子目录节点
    main_manual.appendChild(p_child);
    }
}
```

构建的 JavaScript 手册子目录的运行效果如图 10-8 所示。

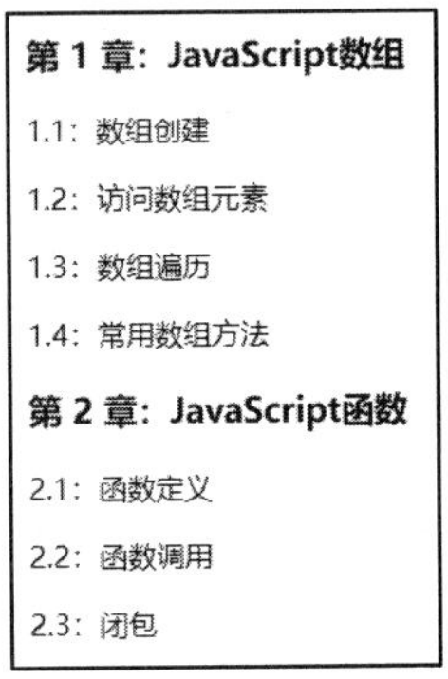

第 1 章：JavaScript数组

1.1: 数组创建

1.2: 访问数组元素

1.3: 数组遍历

1.4: 常用数组方法

第 2 章：JavaScript函数

2.1: 函数定义

2.2: 函数调用

2.3: 闭包

图 10-8

（4）为手册子目录绑定 click 事件，点击时在页面右侧显示对应的内容。

- 把所有子目录的内容添加到数组变量 data 中。
- 为所有子目录节点<p>标签添加 id 属性，属性值对应数组变量 data 的索引值。
- 为所有子目录节点绑定 click 事件，点击时在页面右侧显示当前点击的子目录对应的内容。

```
//循环遍历 JavaScript 手册子目录数据
for (var j in child_list){
    //此处省略上面的代码
    //判断子目录是否有内容
    if (child_list[j].childContent) {
        //把子目录的内容添加到数组变量 data 中
        data.push(child_list[j].childContent);
        //为子目录节点<p>标签添加 id 属性，属性值对应数组变量 data 的索引值
        p_child.id = index++;
        //为子目录节点绑定 click 事件
        p_child.onclick = function(){
            //当点击子目录时，页面右侧的内容部分显示子目录相应的内容
            document.getElementById("aside_content").innerHTML = data[this.id];
        }
    }
}
```

运行效果如图 10-9 所示。

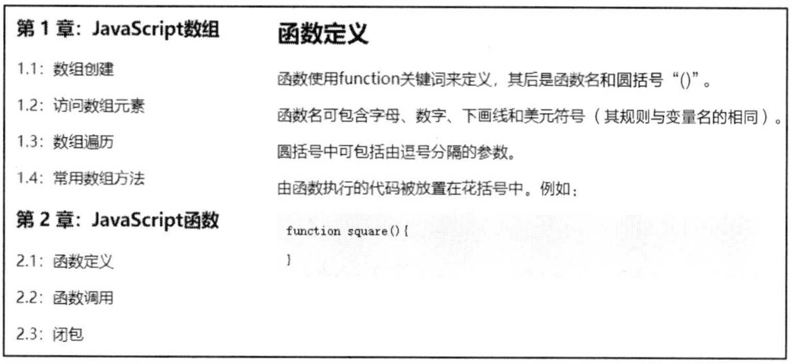

第 1 章：JavaScript数组

1.1：数组创建

1.2：访问数组元素

1.3：数组遍历

1.4：常用数组方法

第 2 章：JavaScript函数

2.1：函数定义

2.2：函数调用

2.3：闭包

函数定义

函数使用function关键词来定义，其后是函数名和圆括号"()"。

函数名可包含字母、数字、下画线和美元符号（其规则与变量名的相同）。

圆括号中可包括由逗号分隔的参数。

由函数执行的代码被放置在花括号中。例如：

```
function square(){

}
```

图 10-9

第 11 章
AJAX+PHP：用户注册模块

11.1 实验目标

（1）掌握 jQuery 的下载方法和引用方法。

（2）掌握 jQuery 的基本使用方法。

（3）掌握使用 jQuery 操作 DOM 的方法。

（4）掌握使用 jQuery 实现 AJAX 交互的方法，并开发用户注册模块。

本章的知识地图如图 11-1 所示。

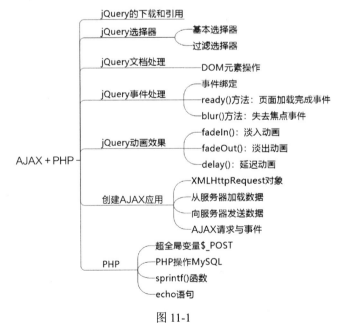

图 11-1

11.2　实验任务

jQuery 是一个轻量级的 AJAX 框架，对 XMLHttpRequest 对象进行了良好的封装，提供了一套完整的 AJAX 功能，极大地简化了 AJAX 应用开发过程。下面结合 Web 前端开发中常用的用户注册模块来讨论如何使用 jQuery 框架实现 AJAX 应用，并以简洁的方式实现 AJAX 异步请求，同时通过网站前后端交互实现用户名即时验证和表单数据检测等功能。

（1）创建 MySQL 数据库。

（2）创建用户注册页面。

（3）通过 PHP 检查用户。

（4）通过 jQuery 实现前后端交互。

11.3　设计思路

首先在注册页面文件 register.php 中使用<script>标签引入相应的 JavaScript 库文件。然后通过 jQuery 注册一个事件处理程序，即当焦点离开文本框 username 时执行的 blur 事件处理程序，通过它向服务器上的 PHP 页面文件 checkuser.php 提交用户名和密码，并将响应的信息显示在 id 为 msg1 的 span 元素中。

11.4　实验实施（跟我做）

11.4.1　步骤一：创建后台数据库

将 MySQL 作为后台数据库服务器。为了存储用户信息，可以在 MySQL 服务器上创建一个 web 数据库，并在其中添加一个 users 表，为此可以运行 MySQL 命令行窗口输入并执行以下 SQL 语句。

```
CREATE DATABASE web;
USE web;
DROP TABLE IF EXISTS users;
CREATE TABLE users(
  username varchar(10) NOT NULL,
  password varchar(12) NOT NULL,
  PRIMARY KEY(username)
);
```

运行结果如图 11-2 所示。

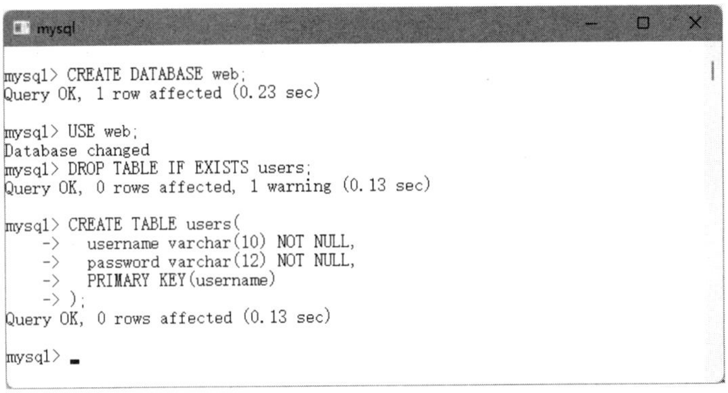

图 11-2

11.4.2　步骤二：创建用户注册页面

创建一个 PHP 页面文件并将其命名为 register.php。该页面的功能是注册新用户。在输入用户名的过程中，一旦光标离开相应的文本框，便通过 jQuery 脚本请求服务器上的验证用户页面文件 checkuser.php，并即时显示所输入的用户名是否可用。如果在提示用户名不可用的情况下仍然提交表单数据，那么通过 PHP 服务器代码进行处理。

1．创建注册表单

在 register.php 页面文件中创建一个注册表单。

```
<!DOCTYPE html>
<html>
<head>
<meta charset="utf-8">
<title>注册新用户</title>
<style>
fieldset {
    width: 26em;
}
legend {
    margin-left: 5em;
}
label {
    display: inline-block;
    width: 4em;
    text-align: right;
}
input[type=submit] {
    margin-left: 5em;
    width: 6em;
}
```

```
.success {
    color: green;
}
.failure {
    color: red;
}
</style>
</head>

<body>
<fieldset>
    <legend><strong>注册新用户</strong></legend>
    <form method="POST" name="form1" id="form1">
        <p>
            <label>用户名: </label>
            <input type="text" name="username" id="username" required>
            <span id="msg1"></span></p>
        <p>
            <label>密码: </label>
            <input type="password" name="password" id="password" required>
            <span id="msg2"></span></p>
        <p>
            <input type="submit" value="注册">
        </p>
        <p id="msg"><?php echo $msg; ?></p>
    </form>
</fieldset>
<script>
    $("#msg").fadeIn().delay(3000).fadeOut();
</script>
</body>
</html>
```

其中，id 为 msg1 和 msg2 的两个 span 元素用于显示验证文本信息；id 为 msg 的 p 元素用于显示注册操作的结果；在末尾的 JavaScript 脚本块中，通过调用 jQuery 的相关方法可以实现操作信息的淡入/淡出效果。该页面的静态显示效果如图 11-3 所示。

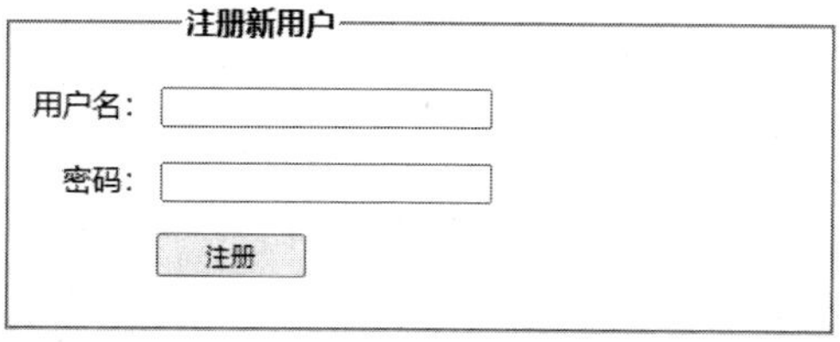

图 11-3

2. 通过 PHP 后端代码验证和创建用户

当用户提交注册表单时，数据将提交到当前页面中。在 register.php 文件的开头先编写 PHP 代码，用于创建数据库连接，再查询提交的用户名在 users 表中是否存在，对新用户名进行验证。若在 users 表中已存在用户名，则显示出错信息并结束运行；若在 users 表中不存在用户名，则使用所提交的数据添加一个新用户。

```php
<?php
$msg = '';
if ( $_POST ) {
    $username = $_POST[ 'username' ];
    $password = $_POST[ 'password' ];
    try {
        //创建数据库连接
        $link = new mysqli( "localhost", "root", "123456", "web" );
    } catch ( mysqli_sql_exception $e ) {     //捕获并处理异常
        die( $e->getMessage() );              //显示错误信息并退出
    }
    $sql = sprintf( "SELECT * FROM users WHERE username='%s'", $username );
    $link->query( $sql );
    if ( $link->affected_rows ) {
        $msg = sprintf( '<span class="failure">用户名%s 已被占用，注册失败。',
$username );
    } else {
        $sql = sprintf( "INSERT INTO users (username, password) VALUES ('%s',
'%s')",
        $username, $password );
        $link->query( $sql );
        if ( $link->affected_rows == 1 ) {
            $msg = '<span class="success">新用户注册成功。</span>';
        }
    }
}
```

对注册页面进行测试，运行效果如图 11-4 和图 11-5 所示。

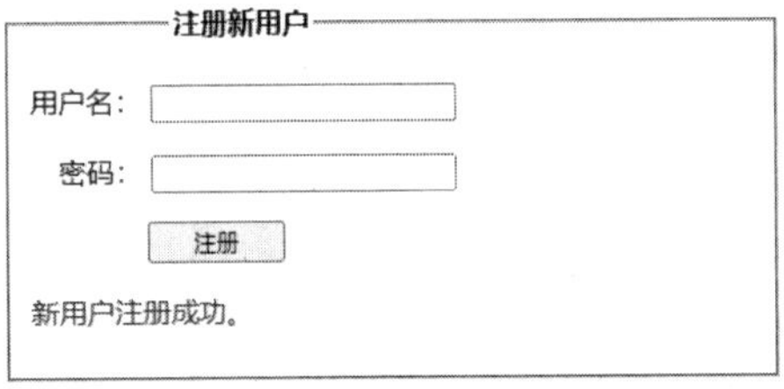

图 11-4

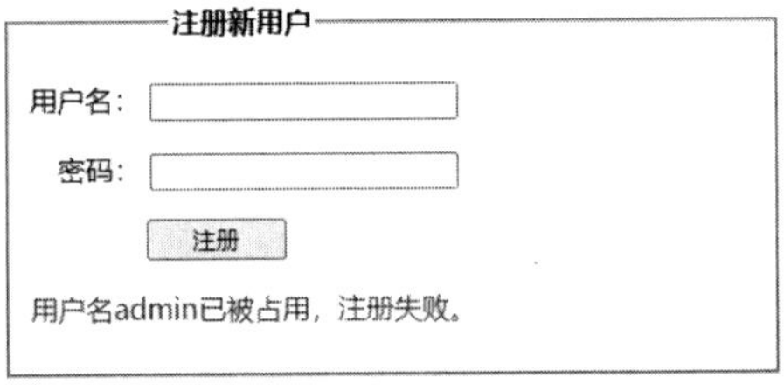

图 11-5

3．通过 jQuery 实现 AJAX 异步请求

为了引用 jQuery 库，首先需要在 register.php 文件的开头使用<script>标签引入相应的 JavaScript 库文件。

```
<head>
<meta charset="utf-8">
<title>注册新用户</title>
<script src="jquery-3.6.0.js"></script>
<!--省略部分代码-->
</head>
```

然后通过 jQuery 脚本注册一个事件处理程序，即当焦点离开文本框 username 时执行的 blur 事件处理程序，通过它向服务器上的 PHP 页面文件 checkuser.php 提交用户名和密码，并将响应的信息显示在 id 为 msg1 的 span 元素中。

```
<script src="jquery-3.6.0.js"></script>
<script>
$(document).ready( function() {

  //注册文本框的blur事件处理程序
  $( "#username" ).blur( function() {
    $( "#msg1" ).load( "checkuser.php", { username:
$("#username").val() } );
  });
});
</script>
```

这里通过对 span 元素 msg1 对应的 DOM 对象调用 jQuery load()方法，实现从服务器上加载 PHP 页面文件 checkuser.php。由于传入的附加参数是以映射形式指定的，因此会向服务器异步发送一个 POST 请求。

如果想要通过普通的 JavaScript 脚本来实现同样的功能，那么需要编写大量的代码，从创建跨浏览器的 XHR 对象到初始化请求，从发送异步请求、接收服务器响应到更新页面，都需要自己编程来实现，整个过程颇为麻烦。

11.4.3　步骤三：通过 PHP 代码检查用户

为了在光标离开"用户名"文本框时检查所输入的用户名，可以通过 jQuery 脚本加载服务器上的 checkuser.php 文件。在该文件中连接到后台数据库并创建一个记录集，根据记录集是否为空向客户端返回不同的信息。

checkuser.php 文件中的源代码如下。

```
<?php
$username = $_POST[ 'username' ];
try {
    $link = new mysqli( "localhost", "root", "123456", "web" );
```

```
} catch ( mysqli_sql_exception $e ) {    //捕获并处理异常
    die( $e->getMessage() );              //显示错误信息并退出
}

$sql = sprintf( "SELECT * FROM users WHERE username='%s'", $username );
$link->query( $sql );
if ( $link->affected_rows == 0 ) {
    echo sprintf( "<font color=blue>用户名%s 可用</font>", $username );
} else {
    echo sprintf( "<font color=red>用户名%s 不可用</font>", $username );
}
?>
```

在 register.php 文件中通过 jQuery 脚本实现 AJAX 异步请求，并通过 PHP 后端代码检查用户名，即可对提交的用户名进行验证。运行效果如图 11-6 和图 11-7 所示。

图 11-6 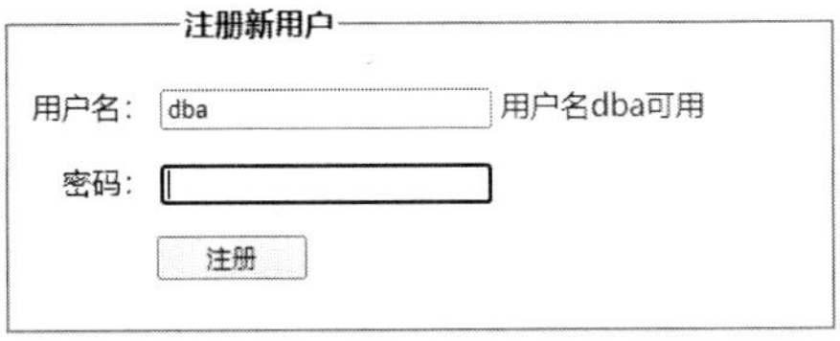   图 11-7

上面通过引入 jQuery 框架大大简化了 AJAX 应用开发的过程，既实现了用户名的即时验证，又实现了表单数据的检测。虽然在服务端使用了 PHP 技术，但上述方法同样适应于 ASP 和 JSP 等其他服务端技术。

第 12 章
RESTful API：RSS 订阅

12.1　实验目标

（1）理解 RESTful API 设计规范，并且可以调用 API。

（2）能熟练使用 AJAX 中的 XML 和 JSON 数据格式与网站后端进行数据交互。

（3）能使用 AJAX 完成异步刷新和异步获取数据。

（4）能使用 XMLHttpRequest 或 jQuery 完成 AJAX 异步操作。

（5）综合运用 RESTful API 设计规范、网站前后端交互技术，实现 RSS 订阅功能。

本章的知识地图如图 12-1 所示。

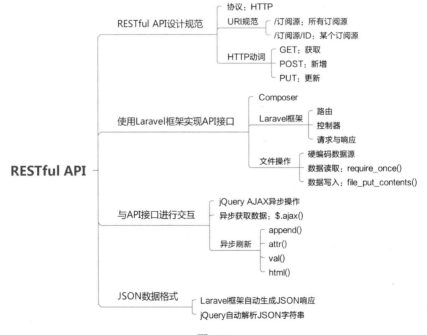

图 12-1

12.2　实验任务

实现简单的 RSS 订阅功能。

1）订阅源列表

以 GET 方式请求服务端的订阅源接口，获取所有订阅源数据并显示在页面中，如图 12-2 所示。

图 12-2

2）添加订阅源

在页面中新增添加订阅源表单。当在表单中输入要添加的订阅源名称和地址并点击"提交"按钮后，将以 POST 方式请求服务端的添加订阅源接口，并发送相关数据；当添加成功后，新增加的订阅源会被添加到订阅源列表中，如图 12-3 所示。

图 12-3

3）添加/取消订阅

在订阅源列表中点击任意订阅源，将以 PUT 方式请求服务端的添加/取消订阅接口，并改变该订阅源的订阅状态。当订阅源状态改变后，该订阅源右侧的状态标识文字会被修改，如图 12-4 所示。

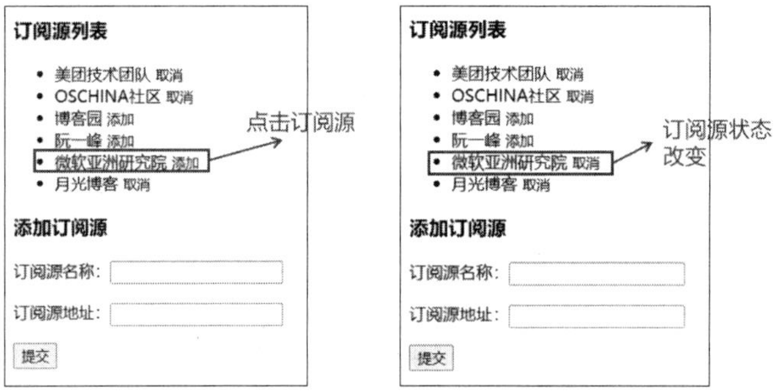

图 12-4

12.3　设计思路

1. 创建项目

使用 Composer 创建 Laravel 项目，项目名称为 rss。

2. 设计文件

rss 项目中包含的文件如表 12-1 所示。

表 12-1

文件	说明
routes/web.php	路由文件，定义页面和接口的请求 URI
resources/views/index.blade.php	RSS 订阅页面
public/jquery.min.js	jQuery 文件
app/Http/Controllers/RssController.php	控制器文件，用来实现订阅源的相关接口
app/Models/Source.php	数据源文件，用来存储订阅源数据

3. 设计接口

1）获取订阅源接口

（1）请求 URI：/subscribe，请求方式为 GET。

（2）响应数据。

```
[
    0: {
        name: "美团技术团队",
        url: "https://tech.meituan.com/feed/",
        status: true
    },
    1: {
        name: "OSCHINA 社区",
        url: "https://www.oschina.net/news/rss",
        status: true
    }
    ......
]
```

2）添加订阅源接口

（1）请求 URI：/subscribe，请求方式为 POST。

（2）请求参数如表 12-2 所示。

表 12-2

参数名	参数类型	说明
name	字符串	订阅源名称
url	字符串	订阅源地址
_token	字符串	Laravel 框架的 CSRF 令牌

（3）响应数据。

```
{
    "error": 0,
    "message": "RSS 订阅源添加成功"
}
```

3）添加/取消订阅接口

（1）请求 URI：/subscribe/订阅源 ID，请求方式为 PUT。

（2）响应数据。

```
{
    message: "添加"
}
```

或者使用如下形式。

```
{
    message: "取消"
}
```

4. 设计数据源

在 Source.php 文件中，硬编码订阅源数据如下所示。

```php
<?php return array (
  0 =>
  array (
    'name' => '美团技术团队',
    'url' => 'https://tech.meituan.com/feed/',
    'status' => true,
  ),
  1 =>
  array (
    'name' => 'OSCHINA 社区',
    'url' => 'https://www.oschina.net/news/rss',
    'status' => true,
  ),
  2 =>
  array (
    'name' => '博客园',
    'url' => 'https://feed.cnblogs.com/blog/sitehome/rss',
    'status' => false,
  ),
  3 =>
  array (
    'name' => '阮一峰',
    'url' => 'http://www.ruanyifeng.com/blog/atom.xml',
```

```
        'status' => false,
    ),
  4 =>
  array (
    'name' => '微软亚洲研究院',
    'url' => 'http://blog.sina.com.cn/rss/1286528122.xml',
    'status' => true,
  )
);
```

5．设计接口的 PHP 实现

（1）RSS 订阅控制器：RssController。

（2）sourceList()方法：用来获取订阅源接口。

接收请求，从 Source.php 文件中读取订阅源数据，以 JSON 方式编码并响应数据。

（3）sourceAdd()方法：用来添加订阅源接口。

接收请求数据，从 Source.php 文件中读取订阅源数据，把接收的请求数据添加到订阅源数据中，并写入 Source.php 文件中，同时响应订阅源添加成功的状态信息。

（4）sourceUpdate()方法：用来添加/取消订阅接口。

接收订阅源 ID，从 Source.php 文件中读取订阅源数据，更新订阅源数据中当前订阅源 ID 对应订阅源的状态，并写入 Source.php 文件中，同时响应修改后的订阅源状态信息。

6．设计 RSS 订阅页面

（1）RSS 订阅页面包括两个部分，分别为订阅源列表和添加订阅源表单，如图 12-5 所示。

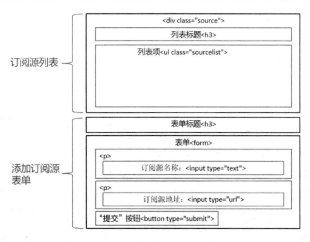

图 12-5

（2）加载页面后，使用 jQuery 的$.ajax()方法以 GET 方式请求获取订阅源接口。当获取所有订阅源数据后，遍历数据并添加到订阅源列表中。

（3）为"添加订阅源表单"绑定 submit 事件。当提交表单时，使用 jQuery 的$.ajax()方法，以 POST 方式请求添加订阅源接口并发送数据。当接口返回操作成功状态后，把新增的订阅源添加到订阅源列表中。

（4）为订阅列表中所有的订阅源绑定 click 事件。当点击任意订阅源时，使用 jQuery 的$.ajax()方法，以 PUT 方式请求添加/取消订阅接口；接口返回订阅源修改后的状态文字，并将返回的状态文字作为该订阅源的状态标识。

12.4　实验实施（跟我做）

12.4.1　步骤一：创建项目

1）下载和安装 Composer

- Composer 是 PHP 的包管理工具，用来管理 PHP 项目的相关依赖包。可以在 Composer 的官方网站上下载安装包，并通过下载的安装包安装 Composer，如图 12-6 所示。

图 12-6

- 安装完成后，在命令行窗口中输入"composer"命令，若出现如图 12-7 所示的界面，则表示 Composer 安装成功。

图 12-7

注意：在安装 Composer 之前，计算机上必须安装 PHP 开发环境（可访问 Apache Friends 官方网站下载并安装 PHP 开发环境 XAMPP）。

- 由于在默认情况下执行 composer 命令会到国外的 Composer 官方镜像源获取需要安装的软件包，因此访问速度相对比较慢。这里需要在命令行窗口中输入以下命令，将 Composer 的镜像源修改为阿里巴巴提供的国内 Composer 全量镜像。

```
composer config -g repo.packagist composer https://mirrors.aliyun.com/
composer/
```

2）使用 Composer 创建项目

- 在命令行窗口中输入 "cd D:\xampp\htdocs"，切换到 XAMPP 的网站根目录 htdocs。
- 在命令行窗口中输入以下两种命令形式的任意一种。

第一种形式如下（下载 Laravel 的最新版本）。

```
composer create-project laravel/laravel --prefer-dist rss
```

第二种形式如下（下载 Laravel 的指定版本）。

```
composer create-project laravel/laravel --prefer-dist rss 8.*
```

- 使用 Composer 创建一个 Laravel 项目，项目名称为 rss，如图 12-8 所示。

图 12-8

- 项目创建成功后，在 XAMPP 的网站根目录 htdocs 下可以看到 rss 项目。rss 项目的结构如图 12-9 所示。

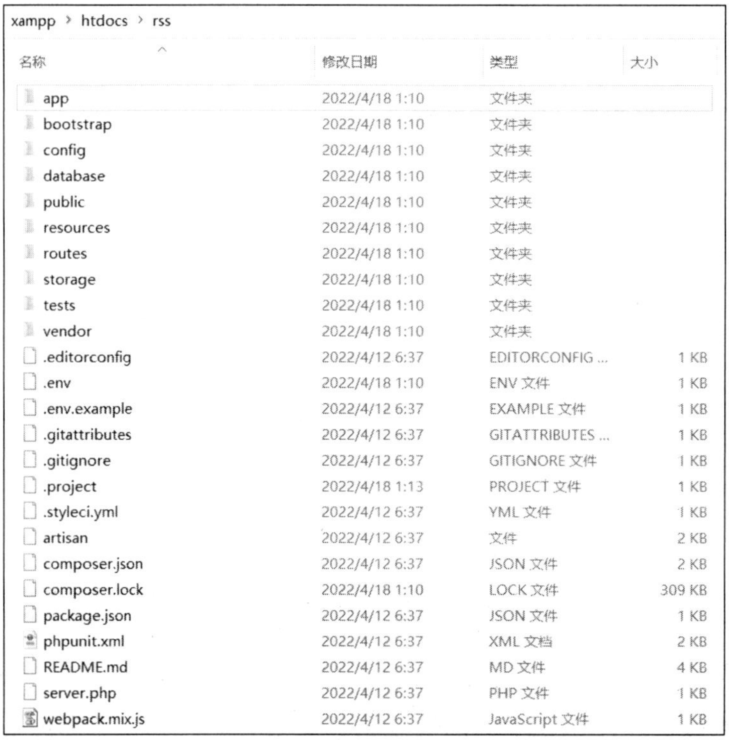

xampp › htdocs › rss			
名称	修改日期	类型	大小
app	2022/4/18 1:10	文件夹	
bootstrap	2022/4/18 1:10	文件夹	
config	2022/4/18 1:10	文件夹	
database	2022/4/18 1:10	文件夹	
public	2022/4/18 1:10	文件夹	
resources	2022/4/18 1:10	文件夹	
routes	2022/4/18 1:10	文件夹	
storage	2022/4/18 1:10	文件夹	
tests	2022/4/18 1:10	文件夹	
vendor	2022/4/18 1:10	文件夹	
.editorconfig	2022/4/12 6:37	EDITORCONFIG ...	1 KB
.env	2022/4/18 1:10	ENV 文件	1 KB
.env.example	2022/4/12 6:37	EXAMPLE 文件	1 KB
.gitattributes	2022/4/12 6:37	GITATTRIBUTES ...	1 KB
.gitignore	2022/4/12 6:37	GITIGNORE 文件	1 KB
.project	2022/4/18 1:13	PROJECT 文件	1 KB
.styleci.yml	2022/4/12 6:37	YML 文件	1 KB
artisan	2022/4/12 6:37	文件	2 KB
composer.json	2022/4/12 6:37	JSON 文件	2 KB
composer.lock	2022/4/18 1:10	LOCK 文件	309 KB
package.json	2022/4/12 6:37	JSON 文件	1 KB
phpunit.xml	2022/4/12 6:37	XML 文档	2 KB
README.md	2022/4/12 6:37	MD 文件	4 KB
server.php	2022/4/12 6:37	PHP 文件	1 KB
webpack.mix.js	2022/4/12 6:37	JavaScript 文件	1 KB

图 12-9

3）配置虚拟主机

- 打开 "XAMPP 安装目录/apache/conf/extra" 之下的 httpd-vhosts.conf 文件，在该文件中添加项目的虚拟主机配置。

```
<VirtualHost *:8080>
    DocumentRoot "D:\xampp\htdocs\rss\public"
    ServerName localhost
    <Directory "D:\xampp\htdocs\rss\public">
    AllowOverride All
    Require all granted
    </Directory>
</VirtualHost>
```

- 打开 "XAMPP 安装目录/apache/conf" 之下的 httpd.conf 文件，在该文件中添加项目的端口号配置。

```
Listen 8080
```

- 双击 "xampp-control.exe" 程序启动 XAMPP 控制面板，点击 "Start" 按钮启动 XAMPP 的 Apache Web 服务器，如图 12-10 所示。

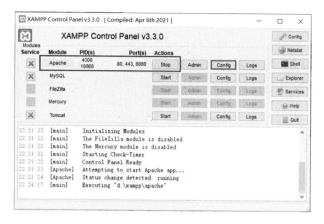

图 12-10

- 在浏览器的地址栏中输入"http://127.0.0.1:8080"，若出现如图 12-11 所示的页面，则表示项目已运行成功。

图 12-11

12.4.2　步骤二：实现订阅源列表

1）创建服务端的获取订阅源接口

- 编辑 rss 项目的 routes/web.php 路由配置文件，添加获取的订阅源接口路由。

```
use App\Http\Controllers\RssController;
//获取订阅源接口路由
Route::get('/subscribe', [RssController::class,'sourceList']);
```

- 在 rss 项目的 app/Models 目录下，创建数据源文件 Source.php 并添加数据。

```php
<?php
return array (
  0 => array (
    'name' => '美团技术团队',
    'url' => 'https://tech.meituan.com/feed/',
    'status' => true,
```

```
    ),
    1 => array (
      'name' => 'OSCHINA 社区',
      'url' => 'https://www.oschina.net/news/rss',
      'status' => true,
    ),
    2 => array (
      'name' => '博客园',
      'url' => 'https://feed.cnblogs.com/blog/sitehome/rss',
      'status' => false,
    ),
    3 => array (
      'name' => '阮一峰',
      'url' => 'http://www.ruanyifeng.com/blog/atom.xml',
      'status' => false,
    ),
    4 => array (
      'name' => '微软亚洲研究院',
      'url' => 'http://blog.sina.com.cn/rss/1286528122.xml',
      'status' => false,
    ),
);
```

- 在命令行窗口中使用 cd 命令切换到 rss 项目的根目录下，并输入"php artisan make: controller RssController"命令，创建 RssController 控制器文件，如图 12-12 所示。

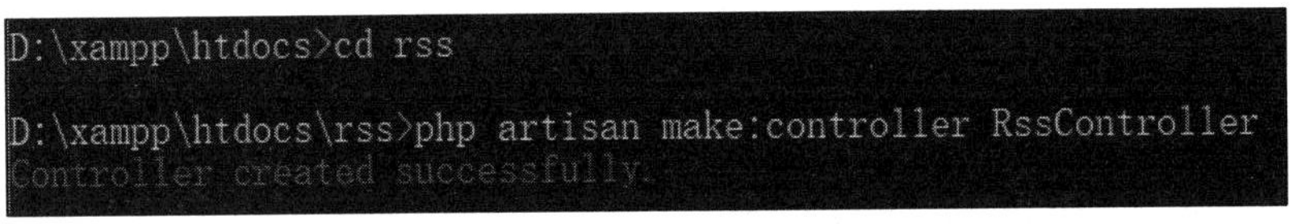

```
D:\xampp\htdocs>cd rss

D:\xampp\htdocs\rss>php artisan make:controller RssController
Controller created successfully.
```

图 12-12

- 编辑 rss 项目的控制器文件 app/Http/Controllers/RssController.php，添加获取所有订阅源的方法 sourceList()。

```
class RssController extends Controller
{
    /*获取所有订阅源*/
    public function sourceList(){
        //加载所有订阅源数据
        $source = require_once(app_path().'/Models/Source.php');
        //输出所有订阅源数据
        return $source;
    }
}
```

- 在浏览器的地址栏中输入"http://127.0.0.1:8080/subscribe"，成功获取所有订阅源数据，如图 12-13 所示。

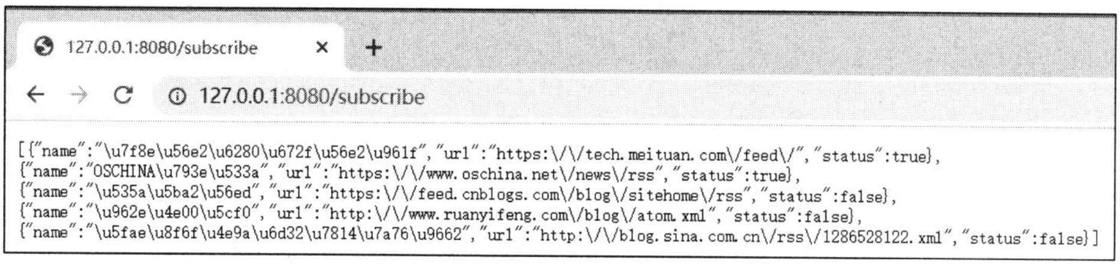

图 12-13

2）创建 RSS 订阅首页

- 编辑 rss 项目的 routes/web.php 路由配置文件，添加 RSS 订阅首页路由。

```
use App\Http\Controllers\RssController;
//首页
Route::get('/', [RssController::class,'index']);
//获取订阅源
Route::get('/subscribe', [RssController::class,'sourceList']);
```

注意：需要删除 Laravel 框架默认自带的首页路由代码。

- 编辑 rss 项目的控制器文件 app/Http/Controllers/RssController.php，添加显示首页的方法 index()。

```
class RssController extends Controller
{
    /*首页*/
    public function index(){
        //加载首页模板文件并显示
        return view('index');
    }
    /*获取所有订阅源（省略代码）*/
}
```

- 在 rss 项目的 resources/views 目录下创建首页页面文件 index.html，改为 index.blade.php，并在文件中添加如下 HTML 代码。

```
<!DOCTYPE html>
<html>
    <head>
        <meta charset="UTF-8">
        <title>RSS 订阅</title>
    </head>
    <body>
        <!--订阅源列表-->
        <div class="source">
            <h3>订阅源列表</h3>
```

```
        <ul class="sourcelist">
        </ul>
    </div>
</body>
</html>
```

- 在浏览器的地址栏中输入"http://127.0.0.1:8080"，查看 RSS 订阅首页，运行效果如图 12-14 所示。

图 12-14

3）显示订阅源列表

- 访问 jQuery 官方网站，下载 jQuery。
- 把下载的 jQuery 保存到 rss 项目的 public 目录下。
- 编辑 rss 项目的首页页面文件 resources/views/index.html，引入 jQuery 并使用 jQuery 发送 AJAX 请求，访问服务端的获取订阅源接口。

```
<head>
    <meta charset="UTF-8">
    <title>RSS 订阅</title>
    <script src="jquery.min.js"></script>
    <script>
    $(function(){
        //发送 AJAX 请求，访问服务端的获取订阅源接口
        $.ajax({
          "url": '/subscribe',
          "type": 'get',
          "dataType": 'json',
          "success": function(data){
          }
        });
    })
    </script>
</head>
```

- 获取订阅源数据，对其进行解析并显示到页面中。

```
"success": function(data){
    //获取订阅源数据，对其进行解析并显示到页面中
    for(var i in data){
        var source = $("<li>"+data[i].name+" </li>");
        source.attr("id",i);
```

```
    if(data[i].status){
        source.append("<small>取消</small>");
    }else{
        source.append("<small>添加</small>");
    }
    $(".sourcelist").append(source);
}
}
```

- 在浏览器中刷新 RSS 订阅首页，运行效果如图 12-15 所示。

图 12-15

12.4.3　步骤三：实现添加订阅源

1）新增添加订阅源表单

- 编辑 rss 项目的首页页面文件 resources/views/index.html，在该文件中新增添加订阅源表单。

```
<body>
    <!--订阅源列表（此处代码省略）-->
    <!--添加订阅源表单-->
    <h3>添加订阅源</h3>
    <form action="/subscribe" method="post">
        <input type="hidden" name="_token" value="{{ csrf_token() }}"/>
        <p>
            订阅源名称：<input type="text" name="name" required />
        </p>
        <p>
            订阅源地址：<input type="url" name="url" required />
        </p>
        <button type="submit">提交</button>
    </form>
</body>
```

- 运行效果如图 12-16 所示。

图 12-16

2）创建添加订阅源接口

- 编辑 rss 项目的路由配置文件 routes/web.php，新增添加订阅源接口路由。

```
//添加订阅源
Route::post('/subscribe', [RssController::class,'sourceAdd']);
```

- 编辑 rss 项目的控制器文件 app/Http/Controllers/RssController.php，新增添加订阅源的方法 sourceAdd()。

```php
class RssController extends Controller
{
    /*首页（省略代码）*/
    /*获取所有订阅源（省略代码）*/
    /*添加订阅源*/
    public function sourceAdd(Request $request){
        //获取用户输入的订阅源名称和地址
        $name = $request->input("name");
        $url = $request->input("url");
        //加载所有订阅源数据
        $source = require_once(app_path().'/Models/Source.php');
        //新增添加的订阅源数据
        $source[] = [
            'name' => $name,
            'url' => $url,
            'status' => true
        ];
        //把修改后的订阅源数据保存到文件中
        $source = '<?php return '.var_export($source,true).';';
        file_put_contents(app_path().'/Models/Source.php',$source);
        //输出添加订阅源操作成功的状态信息
        return [
            'error' => 0,
            'message' => "RSS 订阅源添加成功"
```

```
        ];
    }
}
```

　　3）请求添加订阅源接口

- 编辑 rss 项目的首页页面文件 resources/views/index.html，为"添加订阅源表单"绑定 submit 事件，当提交表单时发送 AJAX 请求，访问添加订阅源接口并发送数据。

```
<script>
$(function(){
    //发送 AJAX 请求，访问服务端的获取订阅源接口（省略代码）
    //为"添加订阅源表单"绑定 submit 事件
    $("form").on("submit",function(){
        //发送 AJAX 请求，访问添加订阅源接口并发送数据
        $.ajax({
            'url': '/subscribe',
            'type': 'post',
            'data': $('form').serialize(),
            'dataType': 'json',
            'success': function(data){
            }
        });
        //阻止表单默认提交
        return false;
    });
})
</script>
```

- 成功添加订阅源接口后，在订阅源列表中新增订阅源，并清空订阅源表单中输入的内容。

```
'success': function(data){
    if(!data.error){
        //在订阅源列表中新增订阅源
        var name = $('input[name="name"]').val();
        var source = $("<li>"+name+" <small>取消</small></li>");
        source.attr("id",$('.sourcelist').children().length);
        $(".sourcelist").append(source);
        //清空订阅源表单中输入的内容
        $('input[name="name"]').val("");
        $('input[name="url"]').val("");
    }
}
```

- 在 RSS 订阅首页的添加订阅源表单中输入订阅源信息并点击"提交"按钮，运行效果如图 12-17 所示。

图 12-17

12.4.4　步骤四：实现添加/取消订阅

1）创建添加/取消订阅接口
- 编辑 rss 项目的路由配置文件 routes/web.php，新增添加/取消订阅接口路由。

```
//添加/取消订阅
Route::put('/subscribe/{id}',[RssController::class,'sourceUpdate']);
```

- 编辑 rss 项目的控制器文件 app/Http/Controllers/RssController.php，新增添加/取消订阅的方法 sourceUpdate()。

```
/*添加订阅源（省略代码）*/
/*添加/取消订阅*/
public function sourceUpdate($id){
    //加载所有订阅源数据
    $source = require_once(app_path().'/Models/Source.php');
    //修改当前订阅源的订阅状态
    $source[$id]['status'] = !$source[$id]['status'];
    $msg = $source[$id]['status'] ? '取消' : '添加';
    //把修改后的订阅源数据保存到文件中
    $source = '<?php return '.var_export($source,true).';';
    file_put_contents(app_path().'/Models/Source.php',$source);
    //输出订阅状态信息
    return [ 'message' => $msg ];
}
```

2）请求添加/取消订阅接口
- 编辑 rss 项目的首页页面文件 resources/views/index.html，为"订阅源列表中的所有订阅源"绑定 click 事件，当点击任意订阅源时发送 AJAX 请求，访问添加/取消订阅接口。
- 当添加/取消订阅接口成功响应后，改变该订阅源的状态文字标识。

```
//为"添加订阅源表单"绑定submit事件（省略代码）
//为"订阅源列表中的所有订阅源"绑定click事件
```

```
$(".sourcelist").on("click","li",function(){
    var li = $(this);
    //发送 AJAX 请求，访问添加/取消订阅接口
    $.ajax({
      "url": '/subscribe/'+li.attr('id'),
      "type": 'put',
      "headers": {"X-CSRF-Token": $("input:hidden").val()},
      "dataType": "json",
      "success": function(data){
          //改变订阅源页面显示状态
          li.find("small").html(data.message);
      }
    })
});
```

- 在 RSS 订阅首页的订阅源列表中点击任意订阅源，该订阅源的状态会改变，运行效果如图 12-18 所示。

图 12-18

第 13 章

MySQL：驾考宝典

13.1　实验目标

（1）能安装 MySQL。

（2）能启动 MySQL 服务并登录 MySQL。

（3）能使用 SQL 语句创建、修改和删除数据库。

（4）能使用 SQL 语句创建表、复制表结构、删除表、设置约束、设置自增型字段、修改表、修改字段、修改约束条件和修改表名。

（5）能使用 SQL 语句插入、修改和删除数据。

（6）能使用 SQL 语句查询数据。

（7）能正确备份和恢复数据库。

（8）综合应用 MySQL 实现驾考宝典数据库的操作和管理。

本章的知识地图如图 13-1 所示。

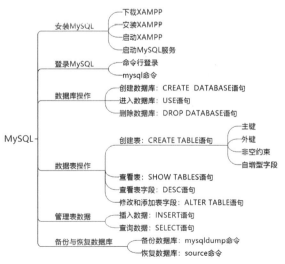

图 13-1

13.2　实验任务

驾考宝典数据库用于对驾考宝典 App 相关的数据进行存储和管理。驾考宝典数据库中包含题目表、用户表和成绩表。由于一个用户可以参加多次模拟考试，因此用户与成绩之间是一对多的关系。

本章主要介绍驾考宝典数据库的如下操作。

（1）在 MySQL 中创建驾考宝典数据库 driving_test_guide。

（2）创建题目表（t_question）、用户表（t_user）和成绩表（t_score）。

（3）对用户表（t_user）和成绩表（t_score）执行修改操作。

- 在用户表（t_user）中增加用户昵称（nickname）字段，数据类型为 varchar，默认值为 ''。
- 修改成绩表（t_score）中的"分数"字段名，将 score 改为 point。

（4）分别在题目表（t_question）、用户表（t_user）和成绩表（t_score）中插入多条数据。

（5）备份驾考宝典数据库 driving_test_guide，生成包含所有表的结构和数据的 SQL 脚本文件 driving_test_guide.sql。

（6）删除驾考宝典数据库 driving_test_guide，并使用 SQL 脚本文件 driving_test_guide.sql 恢复数据库。

13.3　设计思路

完成 MySQL 的下载、安装和登录，以及驾考宝典数据库的创建、数据表的创建与修改、表数据的插入与查询、数据库的备份与恢复等操作。

1. 驾考宝典数据库

驾考宝典数据库的名称为 driving_test_guide，其中包含 3 张表，分别为题目表（t_question）、用户表（t_user）和成绩表（t_score）。由于用户与成绩之间是一对多的关系，因此数据库关系如图 13-2 所示。

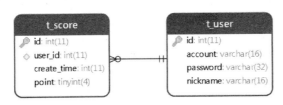

图 13-2

2. 题目表（t_question）

题目表（t_question）详细的表结构如表 13-1 所示。

表 13-1

名称	字段名	数据类型	备注
题号	id	int(11)	主键，自增，每次增量为 1；不能为空
题干	stem	varchar(50)	不能为空
题目选项	option	varchar(60)	不能为空，数据格式如下。 • 选项 1|选项 2|选项 3|选项 4。 • 选项 1|选项 2
题目答案	answer	tinyint(4)	0 表示选项 1。 1 表示选项 2。 2 表示选项 3。 3 表示选项 4

3．用户表（t_user）

用户表（t_user）详细的表结构如表 13-2 所示。

表 13-2

名称	字段名	数据类型	备注
用户编号	id	int(11)	主键，自增，每次增量为 1；不能为空
用户账户	account	varchar(16)	不能为空
用户密码	password	varchar(32)	不能为空
用户昵称	nickname	varchar(16)	不能为空，默认值为''

4．成绩表（t_score）

成绩表（t_score）详细的表结构如表 13-3 所示。

表 13-3

名称	字段名	数据类型	备注
考试编号	id	int(11)	主键，自增，每次增量为 1；不能为空
用户编号	user_id	int(11)	外键，参照用户表（t_user）的"用户编号"字段；不能为空
考试时间	create_time	int(11)	不能为空，数据格式为 10 位时间戳
考试分数	point	tinyint(4)	不能为空

13.4　实验实施（跟我做）

13.4.1　步骤一：下载 XAMPP 和启动 MySQL

1）下载 XAMPP

XAMPP 是一个易于安装的 PHP 开发环境，其中包含 MySQL 和 MariaDB。访问 XAMPP 的官方网站，下载 XAMPP 安装包，如图 13-3 所示。XAMPP 当前支持的操作系统包括 Windows、Linux 和 OS X。

图 13-3

2）启动 MySQL

XAMPP 安装完成后，可以通过 XAMPP 控制面板来启动 MySQL，如图 13-4 所示。

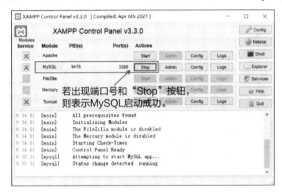

图 13-4

13.4.2　步骤二：登录 MySQL

（1）点击 XAMPP 控制面板中的"Shell"按钮打开 Windows 命令提示符窗口，如图 13-5 所示。

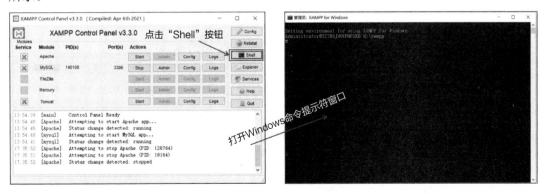

图 13-5

（2）输入"mysql -uroot -p"命令并按 Enter 键，这时会提示输入密码。由于 MySQL 的默认密码为空，因此这里只需按 Enter 键即可登录成功，进入 MySQL 命令模式，如图 13-6 所示。

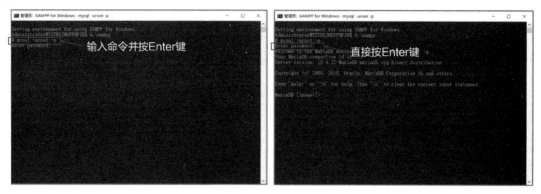

图 13-6

13.4.3 步骤三：创建数据库

（1）输入以下 SQL 语句，创建驾考宝典数据库 driving_test_guide。

```
CREATE DATABASE driving_test_guide;
```

执行结果如图 13-7 所示。

```
MariaDB [(none)]> CREATE DATABASE driving_test_guide;
Query OK, 1 row affected (0.018 sec)

MariaDB [(none)]> _
```

图 13-7

（2）输入以下 SQL 语句，进入上面创建的驾考宝典数据库 driving_test_guide。

```
USE driving_test_guide;
```

执行结果如图 13-8 所示。

```
MariaDB [(none)]> USE driving_test_guide;
Database changed
MariaDB [driving_test_guide]>
```

图 13-8

13.4.4 步骤四：创建表

（1）输入以下 SQL 语句，在当前数据库中创建题目表（t_question）。

```
CREATE TABLE `t_question` (
  `id` int(11) NOT NULL AUTO_INCREMENT,
  `stem` varchar(50) NOT NULL,
  `option` varchar(60) NOT NULL,
  `answer` tinyint(4) NOT NULL,
  PRIMARY KEY (`id`)
```

```
) DEFAULT CHARSET=utf8;
```

执行结果如图 13-9 所示。

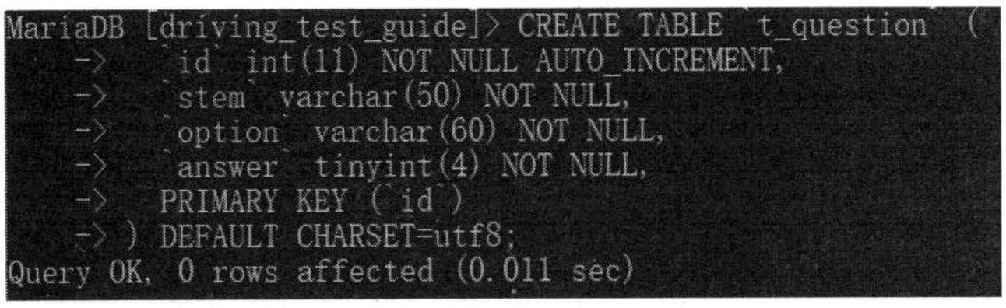

图 13-9

（2）输入以下 SQL 语句，在当前数据库中创建用户表（t_user）。

```
CREATE TABLE `t_user` (
  `id` int(11) NOT NULL AUTO_INCREMENT,
  `account` varchar(16) NOT NULL,
  `password` varchar(32) NOT NULL,
  PRIMARY KEY (`id`)
) DEFAULT CHARSET=utf8;
```

执行结果如图 13-10 所示。

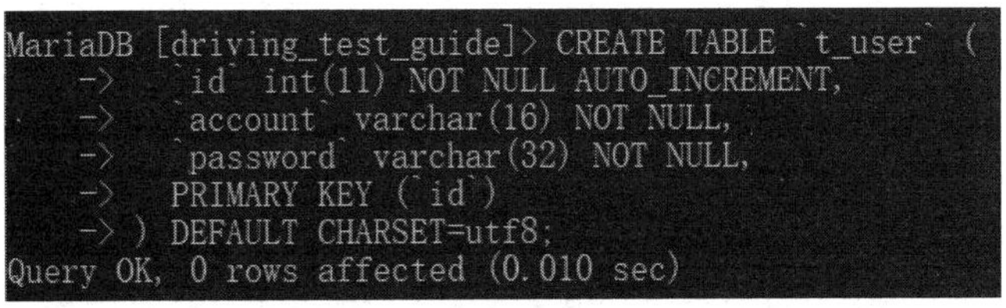

图 13-10

（3）输入以下 SQL 语句，在当前数据库中创建成绩表（t_score）。

```
CREATE TABLE `t_score` (
  `id` int(11) NOT NULL AUTO_INCREMENT,
  `user_id` int(11) NOT NULL,
  `create_time` int(11) NOT NULL,
  `score` tinyint(4) NOT NULL,
  PRIMARY KEY (`id`),
  CONSTRAINT `fk_userid` FOREIGN KEY (`user_id`) REFERENCES `t_user` (`id`)
)DEFAULT CHARSET=utf8;
```

执行结果如图 13-11 所示。

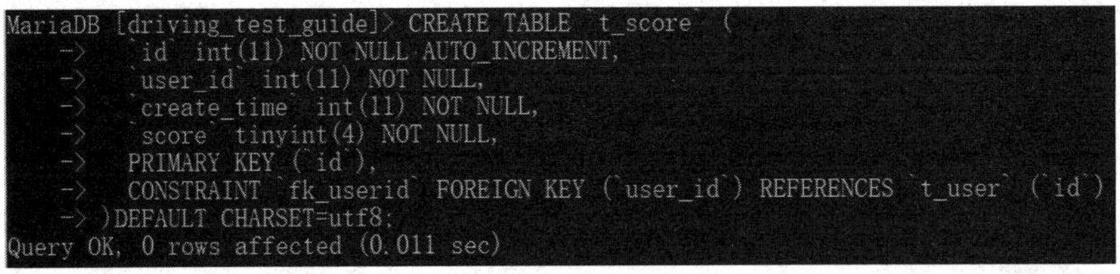

图 13-11

（4）输入 SQL 语句"show tables;"，可以查看当前数据库中所有表的名称，如图 13-12 所示。

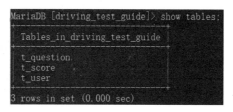

图 13-12

13.4.5 步骤五：表的操作

（1）输入 SQL 语句"desc 表名;"，可以查看要查询的表的表结构，如图 13-13 所示。

图 13-13

（2）在用户表（t_user）中增加"用户昵称"字段 nickname，数据类型为 varchar，默认值为''。

```
ALTER TABLE t_user ADD nickname varchar(16) not NULL DEFAULT '';
```

执行结果如图 13-14 所示。

图 13-14

（3）修改成绩表（t_score）中的“分数”字段名，将字段名由 score 改为 point。

```
ALTER TABLE t_score CHANGE score point tinyint(4) NOT NULL;
```

执行结果如图 13-15 所示。

```
MariaDB [driving_test_guide]> ALTER TABLE t_score CHANGE score point tinyint(4) NOT NULL;
Query OK, 0 rows affected (0.115 sec)
Records: 0  Duplicates: 0  Warnings: 0

MariaDB [driving_test_guide]> desc t_score;
+-------------+------------+------+-----+---------+----------------+
| Field       | Type       | Null | Key | Default | Extra          |
+-------------+------------+------+-----+---------+----------------+
| id          | int(11)    | NO   | PRI | NULL    | auto_increment |
| user_id     | int(11)    | NO   | MUL | NULL    |                |
| create_time | int(11)    | NO   |     | NULL    |                |
| point       | tinyint(4) | NO   |     | NULL    |                |
+-------------+------------+------+-----+---------+----------------+
4 rows in set (0.005 sec)
```

图 13-15

13.4.6 步骤六：管理表数据

（1）分别在题目表（t_question）、用户表（t_user）和成绩表（t_score）中插入一条数据。

```
set names gbk;
INSERT INTO `t_question`(`stem`,`option`,`answer`) VALUES('行车中发动机突然熄火如何处置？','挂空挡滑行|紧急制动停车|关闭点火开关|缓慢减速停车',3);
INSERT INTO `t_user`(`account`,`password`,`nickname`)
VALUES('user1','123456','用户 1');
INSERT INTO `t_score`(`user_id`,`create_time`,`point`)
VALUES(1,1646638729,60);
```

执行结果如图 13-16 所示。

```
MariaDB [driving_test_guide]> set names gbk;
Query OK, 0 rows affected (0.000 sec)

MariaDB [driving_test_guide]> INSERT INTO `t_question`(stem,option,answer) VALUES('行车中发动机突然熄火如何处置？','挂空挡滑行|紧急制动停车|关闭点火开关|缓慢减速停车',3);
Query OK, 1 row affected (0.002 sec)

MariaDB [driving_test_guide]> INSERT INTO `t_user`(account,password,nickname) VALUES('user1','123456','用户1');
Query OK, 1 row affected (0.001 sec)

MariaDB [driving_test_guide]> INSERT INTO `t_score`(user_id,create_time,point) VALUES(1,1646638729,60);
Query OK, 1 row affected (0.002 sec)
```

图 13-16

（2）分别在题目表（t_question）、用户表（t_user）和成绩表（t_score）中插入多条数据。

```
INSERT INTO `t_question`(`stem`,`option`,`answer`) VALUES('在车速较高可能与前方机动车发生碰撞时，驾驶人应当采取先制动减速，后转向避让的措施。','正确|错误',0),('夜间临时停车时，只要有路灯就可以不开危险报警闪光灯。','正确|错误',1),('行车中发动机突然熄火后不能启动时，及时靠边停车检查熄火原因。','正确|错误',0),('驾驶机动车遇乘客干扰驾驶时，以下做法错误的是什么?','只要自己没做错，可据理力争|安全停车后，及时报警|在保证安全的条件下，立刻靠边停车|保持心态平和，不与乘客发生争吵',0);
```

```
INSERT INTO `t_user`(`account`,`password`,`nickname`) VALUES('user2','666666',
'用户2'),('user3','888888','用户3');
INSERT INTO `t_score`(`user_id`,`create_time`,`point`) VALUES(1,1646638810,
40),(2,1646639339,100);
```

执行结果如图 13-17 所示。

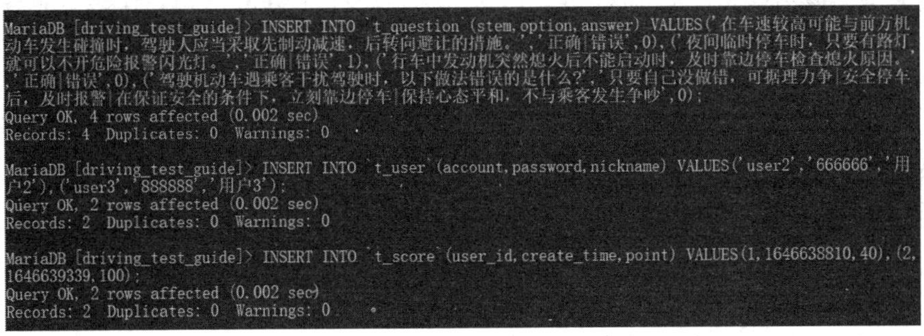

图 13-17

（3）使用 SELECT 语句查看题目表（t_question）、用户表（t_user）和成绩表（t_score）中的数据，如图 13-18 和图 13-19 所示。

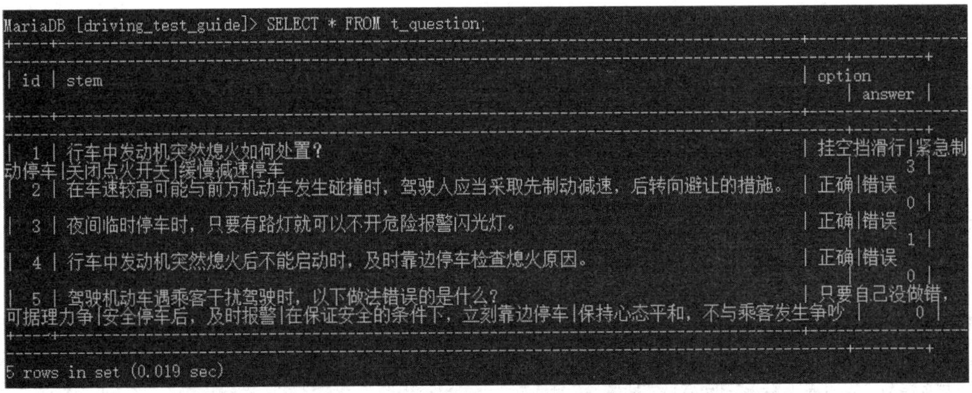

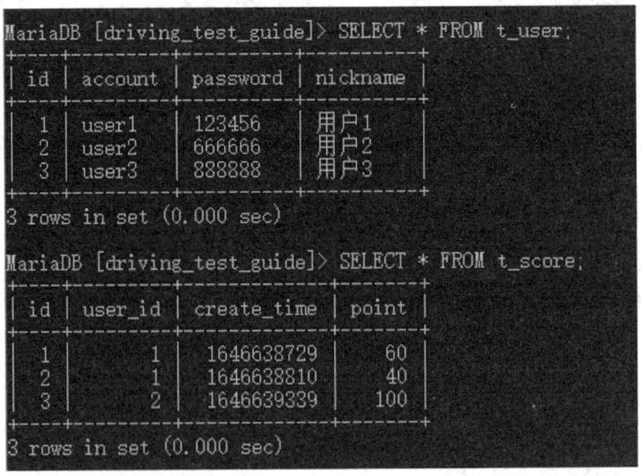

图 13-18

图 13-19

13.4.7　步骤七：备份与恢复数据库

1）备份数据库

首先输入"exit"命令退出 MySQL 登录状态，然后输入如下代码。

```
mysqldump -uroot -p driving_test_guide > D:/driving_test_guide.sql
```

将驾考宝典数据库 driving_test_guide 的表结构和数据导入数据库脚本文件 D:/driving_test_guide.sql 中，如图 13-20 所示。

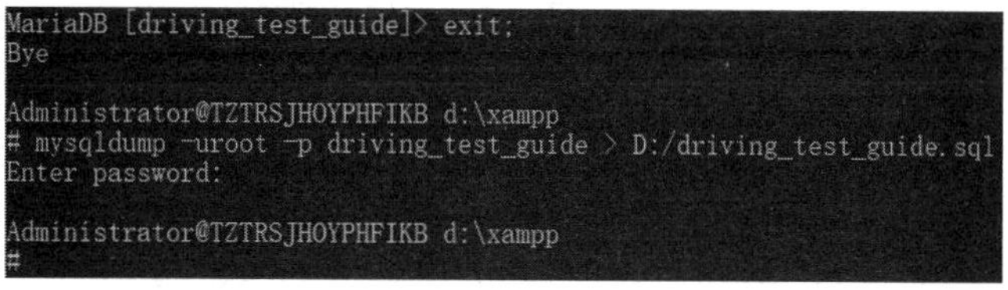

图 13-20

2）删除数据库

首先输入"mysql -uroot -p"命令登录 MySQL，然后输入如下代码。

```
DROP DATABASE driving_test_guide;
```

将驾考宝典数据库 driving_test_guide 删除，如图 13-21 所示。

图 13-21

3）恢复数据库

首先需要创建驾考宝典数据库 driving_test_guide，然后进入该数据库并使用 source 命令把脚本文件 driving_test_guide.sql 包含的表结构和数据导入数据库中。

```
CREATE DATABASE driving_test_guide;
USE driving_test_guide;
source D:/driving_test_guide.sql
```

执行结果如图 13-22 所示。

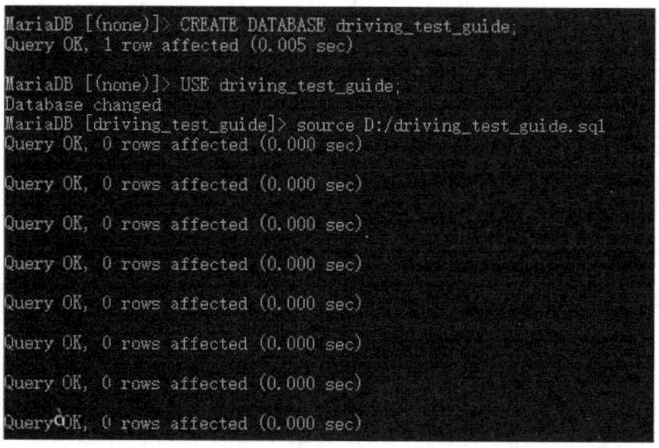

图 13-22

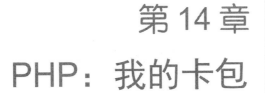

第 14 章
PHP：我的卡包

14.1 实验目标

（1）能搭建和配置 PHP 开发环境。

（2）能使用 PHP 的基本语法、数据类型、变量与常量、运算符、输入/输出、流程控制语句、函数、数组等编写脚本程序。

（3）能使用 PHP 的类和对象、构造方法、魔术方法、继承、抽象类等编写可复用的程序。

（4）综合应用 PHP 面向对象编程开发"我的卡包"。

本章的知识地图如图 14-1 所示。

14.2 实验任务

使用 PHP 面向对象编程，实现"我的卡包"的功能。

（1）创建一个银行卡抽象类，包含卡片类型和卡号属性、存款和取款抽象方法。

（2）创建一个储蓄卡类，储蓄卡类继承银行卡抽象类；在储蓄卡类中新增一个账户余额属性和构造方法，并实现存款和取款抽象方法。

（3）创建一个信用卡类，信用卡类继承银行卡抽象类；在信用卡类中新增一个额度属性和构造方法，并实现存款（还款）和取款（消费）抽象方法。

（4）创建一个脚本文件，根据用户选择的卡片类型创建对应的储蓄卡类/信用卡类的实例对象，并保存到卡包数组中，同时可以使用实例对象的相关方法。

执行结果如图 14-2 所示。

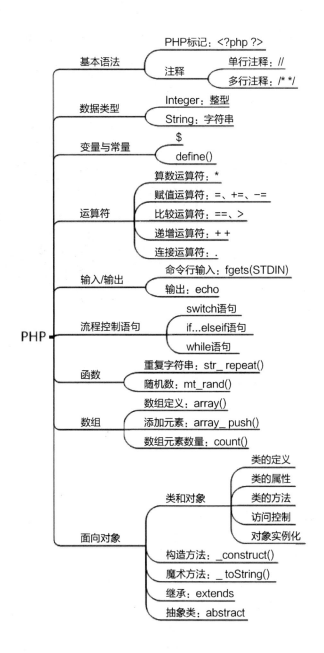

图 14-1

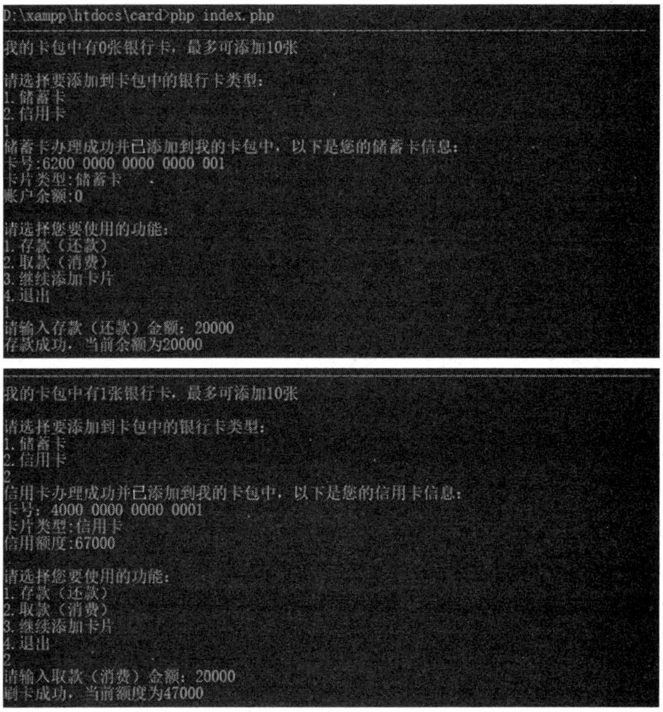

图 14-2

14.3 设计思路

1. 项目名称

创建的项目的名称为 card。

2. 文件设计

card 项目中包含的文件如表 14-1 所示。

表 14-1

类型	文件	说明
PHP 文件	Card.php	银行卡抽象类文件
	DebitCard.php	储蓄卡类文件
	CreditCard.php	信用卡类文件
	index.php	程序运行脚本文件

3. 类设计

（1）银行卡抽象类 Card：包含卡片类型 type 和卡号 cid 属性，以及存款 deposit()抽象方法和取款 withdrawal()抽象方法。

（2）储蓄卡类 DebitCard：继承银行卡抽象类 Card。储蓄卡类 DebitCard 中新增了账户余额 balance 属性、构造方法__construct()和魔术方法__toString()，并且实现了存款抽象方法和取款抽象方法。

（3）信用卡类 CreditCard：继承银行卡抽象类 Card。信用卡类 CreditCard 中新增了额度 creditline 属性、构造方法__construct()和魔术方法__toString()，并且实现了存款（还款）抽象方法和取款（消费）抽象方法。

类的设计如图 14-3 所示。

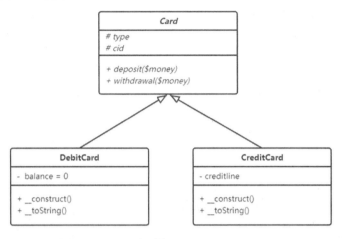

图 14-3

4．程序入口脚本文件

定义一个空数组 cardbag 表示卡包，使用 count()函数查询卡包数组中的元素个数。当元素个数小于 10 时，可以执行如下操作。

（1）使用 echo 在控制台中输入提示文字，提示用户输入数字"1"或"2"可添加对应的银行卡。

（2）使用 fgets(STDIN)函数获取用户在控制台中输入的数字。

（3）使用 switch 语句，根据用户输入的数字，实例化对应类型银行卡类的实例对象，并使用 array_push()函数把银行卡实例对象保存到卡包数组中。

（4）使用 echo 在控制台中输入提示文字，提示用户输入数字"1"或"2"使用银行卡的相应功能。

（5）使用 fgets(STDIN)函数获取用户输入的数字。

（6）使用 if...else 语句，根据用户输入的数字执行不同的操作。

- 当输入数字"1"时，调用银行卡实例对象的 deposit()方法。
- 当输入数字"2"时，调用银行卡实例对象的 withdrawal()方法。

14.4 实验实施（跟我做）

14.4.1 步骤一：创建项目和文件

（1）创建的新项目的名称为 card。

（2）在 card 项目中创建如下文件。

- Card.php：银行卡抽象类文件。
- CreditCard.php：信用卡类文件。
- DebitCard.php：储蓄卡类文件。
- index.php：程序运行脚本文件。

项目结构如图 14-4 所示。

图 14-4

14.4.2 步骤二：创建银行卡抽象类

（1）编辑 Card.php 文件，编写代码创建一个银行卡抽象类 Card。

（2）在银行卡抽象类 Card 中，添加卡片类型和卡号属性，并设置访问权限。

（3）在银行卡抽象类 Card 中，添加存款 deposit($money)抽象方法和取款 withdrawal ($money)抽象方法。

（4）在 Card.php 文件中，使用 define()方法定义两个卡片类型常量。

代码如下。

```php
<?php
/*
 *银行卡抽象类
 */
abstract class Card{
    protected $type;        //卡片类型属性
    protected $cid;         //卡号属性

    //存款抽象方法
    abstract function deposit($money);
    //取款抽象方法
    abstract function withdrawal($money);
}

//卡片类型常量
define("TYPE_DEBIT","储蓄卡");
define("TYPE_CREDIT","信用卡");
```

14.4.3 步骤三：创建储蓄卡类

（1）编辑 DebitCard.php 文件，编写代码创建一个储蓄卡类 DebitCard，储蓄卡类 DebitCard 继承银行卡抽象类 Card。

（2）在储蓄卡类 DebitCard 中，新增账户余额属性，并设置初始值为 0。

（3）在储蓄卡类 DebitCard 中，实现存款 deposit($money)抽象方法和取款 withdrawal ($money)抽象方法。

代码如下。

```php
<?php
require_once "Card.php";

/*
 *储蓄卡类
 */
class DebitCard extends Card {
    private $balance = 0; //账户余额属性

    //存款抽象方法
    public function deposit($money) {
        $this->balance += $money;
        echo "存款成功, 当前余额为".$this->balance."\n";
    }

    //取款抽象方法
    public function withdrawal($money) {
        /*当账户余额为 0 或取款金额大于账户余额时, 取款失败; 当取款金额小于账户余额时, 取
款成功*/
        if ($this->balance == 0){
            echo "取款失败, 当前余额为".$this->balance."\n";
        }else if($money > $this->balance){
            echo "余额不足, 当前余额为".$this->balance."\n";
        }else{
            $this->balance -= $money;
            echo "取款成功, 当前余额为".$this->balance."\n";
        }
    }
}
```

（4）在储蓄卡类 DebitCard 中，新增起始卡号静态属性和构造方法，构造方法用于初始化储蓄卡类 DebitCard 实例对象的卡片类型和卡号属性。

（5）在储蓄卡类 DebitCard 中，新增__toString()魔术方法，用于打印储蓄卡类 DebitCard 实例对象的信息。

代码如下。

```php
class DebitCard extends Card {
    private $balance = 0;  //账户余额属性
    private static $CID_NUMBER = '6200 0000 0000 0000 000';  //起始卡号静态属性

    //构造方法
    function __construct() {
        //初始化卡片类型和卡号
        $this->type = TYPE_DEBIT;
        self::$CID_NUMBER++;
        $this->cid = self::$CID_NUMBER;
    }

    //存款抽象方法
    public function deposit($money) {
        此处省略部分代码
    }

    //取款抽象方法
    public function withdrawal($money) {
        //此处省略部分代码
    }

    //获取储蓄卡信息的魔术方法
    public function __toString(){
        return "卡号:".$this->cid.
            "\n 卡片类型:".$this->type.
            "\n 账户余额:".$this->balance."\n";
    }
}
```

14.4.4　步骤四：创建信用卡类

（1）编辑 CreditCard.php 文件，编写代码创建信用卡类 CreditCard。信用卡类 CreditCard 继承自银行卡抽象类 Card。

（2）在信用卡类 CreditCard 中，新增信用额度属性。

（3）在信用卡类 CreditCard 中，实现还款 deposit($money)抽象方法和消费 withdrawal ($money)抽象方法。

代码如下。

```php
<?php
require_once "Card.php";
```

```
/*
 *信用卡类
 */
class CreditCard extends Card {

    private $creditline; //信用额度属性

    //还款抽象方法
    public function deposit($money) {
        $this->creditline += $money;
        echo "还款成功, 当前额度为".$this->creditline."\n";
    }

    //消费抽象方法
    public function withdrawal($money) {
        /*若刷卡消费金额大于剩余额度, 则刷卡消费失败; 若刷卡消费金额小于剩余额度, 则刷卡消
费成功*/
        if($money > $this->creditline){
            echo "额度不足, 当前额度为".$this->creditline."\n";
        }else{
            $this->creditline -= $money;
            echo "刷卡成功, 当前额度为".$this->creditline."\n";
        }
    }
}
```

（4）在信用卡类 CreditCard 中，新增起始卡号静态属性和构造方法，构造方法用于初始化信用卡类 CreditCard 实例对象的卡片类型、卡号和信用额度属性，信用额度属性的值随机生成（取值范围为 3000～100000）。

（5）在信用卡类 CreditCard 中，新增__toString()魔术方法，用于打印信用卡类 CreditCard 实例对象的信息。

代码如下。

```
class CreditCard extends Card {

    private $creditline; //信用额度属性
    private static $CID_NUMBER = '4000 0000 0000 0000'; //起始卡号静态属性

    //构造方法
    function __construct() {
        //初始化卡片类型和卡号
```

```php
        $this->type = TYPE_CREDIT;
        self::$CID_NUMBER++;
        $this->cid = self::$CID_NUMBER;
        //初始化信用额度（3000~100000）
        $this->creditline = mt_rand(3, 100) * 1000;
    }


    //还款抽象方法
    public function deposit($money) {
        此处省略部分代码
    }


    //消费抽象方法
    public function withdrawal($money) {
        //此处省略部分代码
    }


    //获取信用卡信息的魔术方法
    public function __toString(){
        return "卡号: ".$this->cid.
            "\n 卡片类型:".$this->type.
            "\n 信用额度:".$this->creditline."\n";
    }
}
```

14.4.5　步骤五：创建脚本文件

（1）编辑 index.php 文件，定义一个卡包数组，并输出卡包数组中的银行卡数目。

```php
<?php
//卡包数组，最多保存 10 张银行卡
$cardbag = array();
//显示卡包中银行卡的数目
echo str_repeat("-",80);
echo "\n 我的卡包中有".count($cardbag)."张银行卡，最多可添加 10 张\n\n";
```

（2）使用 fgets(STDIN)函数从控制台获取用户要添加到卡包中的银行卡类型。

```php
//从控制台获取用户要添加到卡包中的银行卡类型
echo <<<END
请选择要添加到卡包中的银行卡类型:
1.储蓄卡
2.信用卡\n
END;
$type = fgets(STDIN);
```

（3）根据用户输入的银行卡类型，创建对应的银行卡实例对象并添加到卡包数组中。

```php
//根据银行卡类型，创建对应的银行卡实例对象并添加到卡包中
switch($type){
    case 1:
        require_once("DebitCard.php");
        $card = new DebitCard();
        echo "储蓄卡办理成功并已添加到我的卡包中，以下是您的储蓄卡信息：\n",$card;
        break;
    case 2:
        require_once("CreditCard.php");
        $card = new CreditCard();
        echo "信用卡办理成功并已添加到我的卡包中，以下是您的信用卡信息：\n",$card;
        break;
    default:
        exit("选择的银行卡类型有误，只支持储蓄卡和信用卡！\n");
}
array_push($cardbag,$card);
```

（4）获取用户要使用的功能，并调用银行卡实例对象的对应的方法实现此功能。

```php
//获取用户要使用的功能
echo <<<END
\n 请选择您要使用的功能：
1.存款（还款）
2.取款（消费）\n
END;
$op = fgets(STDIN);
//调用对应的方法实现用户要使用的功能
if($op == 1){
    echo "请输入存款（还款）金额：";
    $money = fgets(STDIN);
    $card->deposit($money);
}else if($op == 2){
    echo "请输入取款（消费）金额：";
    $money = fgets(STDIN);
    $card->withdrawal($money);
}
```

（5）添加一个 while 循环，当卡包中的银行卡不足 10 张时，可以继续向卡包中添加银行卡，并增加退出功能。

```php
<?php
//卡包数组，最多保存 10 张银行卡
$cardbag = array();
```

```php
while(count($cardbag) < 10){
    //显示卡包中银行卡的数目
    echo str_repeat("-",80);
    echo "\n我的卡包中有".count($cardbag)."张银行卡，最多可添加 10 张\n\n";

    //从控制台获取用户要添加到卡包中的银行卡类型
    echo <<<END
请选择要添加到卡包中的银行卡类型：
1.储蓄卡
2.信用卡\n
END;
    $type = fgets(STDIN);

    //根据银行卡类型，创建对应的银行卡实例对象并添加到卡包中
    switch($type){
        case 1:
            require_once("DebitCard.php");
            $card = new DebitCard();
            echo "储蓄卡办理成功并已添加到我的卡包中，以下是您的储蓄卡信息：\n",$card;
            break;
        case 2:
            require_once("CreditCard.php");
            $card = new CreditCard();
            echo "信用卡办理成功并已添加到我的卡包中，以下是您的信用卡信息：\n",$card;
            break;
        default:
            exit("选择的银行卡类型有误，只支持储蓄卡和信用卡！\n");
    }
    array_push($cardbag,$card);

    //获取用户要使用的功能
    echo <<<END
\n请选择您要使用的功能：
1.存款（还款）
2.取款（消费）
3.继续添加银行卡
4.退出\n
END;
    $op = fgets(STDIN);
    //调用对应的方法实现用户要使用的功能
```

```php
if($op == 1){
    echo "请输入存款（还款）金额：";
    $money = fgets(STDIN);
    $card->deposit($money);
}else if($op == 2){
    echo "请输入取款（消费）金额：";
    $money = fgets(STDIN);
    $card->withdrawal($money);
}else if($op == 3){
    continue;
}else{
    break;
}
}
```

14.4.6　步骤六：运行脚本文件

1）下载和安装 XAMPP

XAMPP 是一个易于安装的 PHP 开发环境，其中包含 Apache、MySQL/MariaDB 和 PHP。访问 XAMPP 官方网站，下载 XAMPP 安装包。XAMPP 当前支持的操作系统包括 Windows、Linux 和 OS X。安装完成后，可以通过 XAMPP 控制面板来启动 Apache 和 MySQL，如图 14-5 所示。

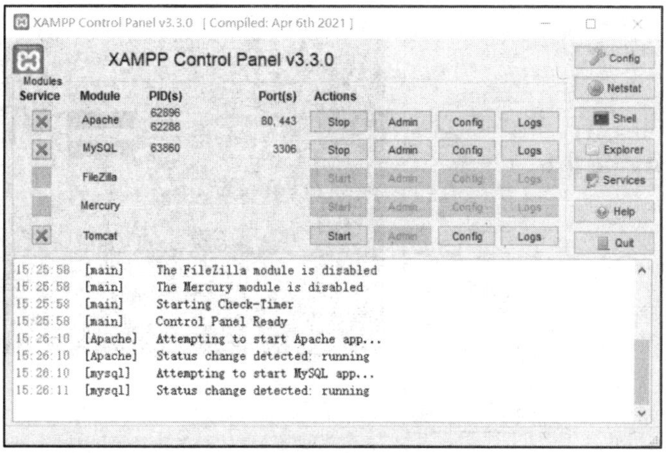

图 14-5

2）配置 PATH 环境变量

安装完成后，XAMPP 安装目录中就已经包含 PHP，如图 14-6 所示。

php 目录下包含 php.exe 文件。需要把 php.exe 文件所在的目录配置到系统的 Path 环境变量中，配置完成后即可在控制台命令行窗口中运行 php 命令，如图 14-7 所示。

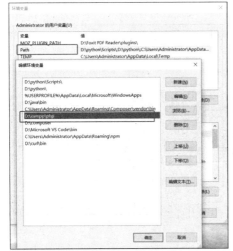

图 14-6

图 14-7

3）运行 index.php 文件

在控制台命令行窗口中输入"cd"命令，切换到当前项目所在目录下。例如，card 项目在 E 盘中，因此，输入"cd E:\card"，如图 14-8 所示。

输入"php index.php"，通过 php.exe 文件运行 index.php 文件，如图 14-9 所示。

图 14-8

图 14-9

第 15 章
PHP：在线购票

（1）能在网页中嵌入 PHP 脚本代码。

（2）能使用 PHP 进行页面跳转。

（3）能使用 PHP 超级全局变量进行网页编程。

（4）能使用 PHP 操作 Session 和 Cookie。

（5）综合应用 PHP 的 Web 编程技术实现在线购票功能。

本章的知识地图如图 15-1 所示。

图 15-1

15.2　实验任务

使用 PHP 实现简单的在线购票功能。

（1）"车次列表"页面中的每个车次都包含出发站、出发时间、到达站、到达时间和一个"预定"按钮，如图 15-2 所示，点击"预定"按钮可以预定该车次并进入"添加乘客"页面。

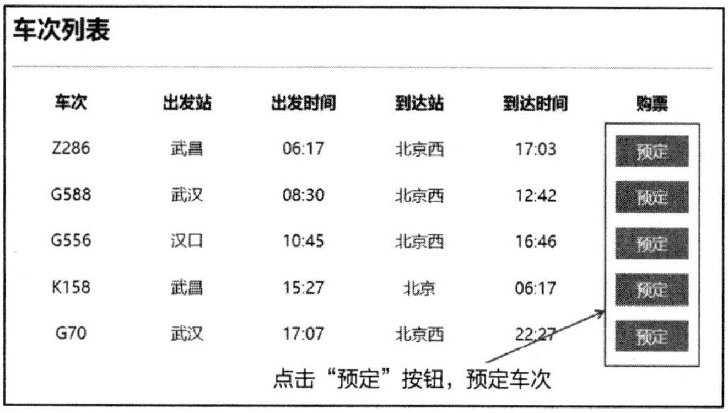

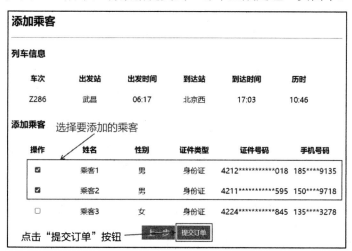

图 15-2

（2）在"添加乘客"页面中显示当前预定的车次信息，选择要添加的乘客并点击"提交订单"按钮，如图 15-3 所示，将数据提交到"订单生成处理"页面中。

图 15-3

（3）在"订单生成处理"页面中获取提交的数据，根据选择的车次和乘客数量计算车票总价，生成订单后跳转到"订单信息"页面。

（4）在"订单信息"页面中，显示的是订单编号、订票日期，以及预定的车次信息、乘客信息、车票数量与总票价，如图 15-4 所示。

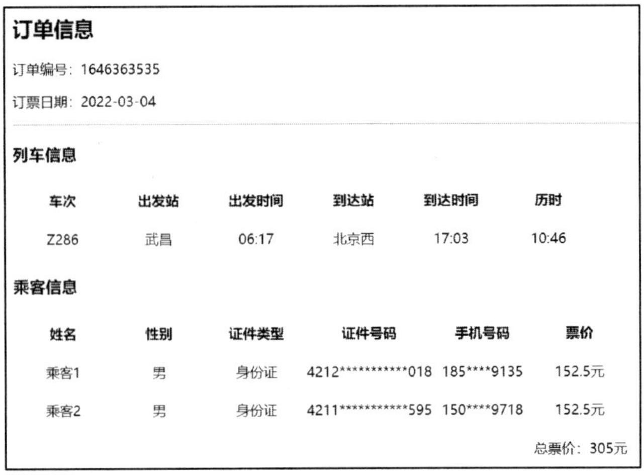

订单信息

订单编号：1646363535

订票日期：2022-03-04

列车信息

车次	出发站	出发时间	到达站	到达时间	历时
Z286	武昌	06:17	北京西	17:03	10:46

乘客信息

姓名	性别	证件类型	证件号码	手机号码	票价
乘客1	男	身份证	4212**********018	185****9135	152.5元
乘客2	男	身份证	4211**********595	150****9718	152.5元

总票价：305元

图 15-4

15.3 设计思路

1．项目名称

在线购票项目的名称为 ticket。

2．文件设计

ticket 项目中包含的文件如表 15-1 所示。

表 15-1

类型	文件	说明
PHP 文件	index.php	"车次列表"页面文件
	cart.php	"添加乘客"页面文件
	order.php	"订单生成处理"页面文件
	orderInfo.php	"订单信息"页面文件
	data.php	公共数据文件
CSS 文件	css/style.css	公共样式文件

3．公共数据文件 data.php

在文件中定义两个二维数组，硬编码保存所有车次数据和所有可添加的乘客数据。

```php
//所有车次数据
$traindata = array(
    "车次 1 编号" => array("出发站","出发时间","到达站","到达时间","历时","票价"),
    "车次 2 编号" => array("出发站","出发时间","到达站","到达时间","历时","票价"),
    ......
    ......
    "车次 N 编号" => array("出发站","出发时间","到达站","到达时间","历时","票价"),
```

```
);

//所有可添加的乘客数据
$passenger = [
    ["name"=>"乘客1","sex"=>"男",'idtype'=>'身份证','idno'=>'身份证号码','phone'=>
'手机号码'],
    ["name"=>"乘客2","sex"=>"女",'idtype'=>'身份证','idno'=>'身份证号码','phone'=>
'手机号码'],
    ......
    ......
    ["name"=>"乘客N","sex"=>"女",'idtype'=>'身份证','idno'=>'身份证号码',
'phone'=>'手机号码']
];
```

4."车次列表"页面文件 index.php

（1）使用 require_once 加载公共数据文件，获取所有车次数据。

（2）使用 foreach 语句遍历车次数据，循环显示所有车次信息。

（3）每个车次都有一个"预定"按钮，点击"预定"按钮即可跳转到"添加乘客"页面，并传入当前点击车次的编号。

5."添加乘客"页面文件 cart.php

（1）使用 require_once 加载公共数据文件，获取所有车次数据和可添加的乘客数据。

（2）使用超全局变量$_GET 获取当前预定的车次编号，并根据车次编号从所有车次数据中获取当前预定的车次信息。

（3）使用 session_start()函数启动 Session，从 Session 中创建一个订单，并保存当前预定的车次的编号、信息和票价。

（4）在页面中显示当前预定的车次的详细信息、所有可以添加的乘客和一个"提交订单"按钮。

（5）点击"提交订单"按钮，以 POST 方式将添加的乘客数据提交到"订单生成处理"页面中。

6."订单生成处理"页面文件 order.php

（1）使用超全局变量$_POST 获取当前添加的乘客编号。

（2）使用 require_once 加载公共数据文件，获取所有可添加的乘客数据，并根据乘客编号获取当前添加的乘客的详细信息。

（3）使用 session_start()函数启动 Session，从 Session 中获取当前预定车次的票价，并根据添加的乘客数量计算总票价。

（4）把添加的乘客的详细信息、总票价保存到 Session 的订单中，并生成订单编号和订票日期，使用 header()函数跳转到"订单信息"页面。

7."订单信息"页面文件 orderInfo.php

（1）使用 session_start()函数启动 Session，获取 Session 中的订单数据。

（2）在"订单信息"页面中显示订单编号、订票日期，以及预订的车次信息、乘客信息与总票价。

15.4   实验实施（跟我做）

15.4.1   步骤一：制作"车次列表"页面

1. 创建项目

创建一个新项目，项目名称为 ticket。

2. 创建公共数据文件 data.php

（1）在 ticket 项目下创建公共数据文件 data.php。

（2）在公共数据文件 data.php 中编写代码，创建两个二维数组，分别表示所有车次数据和所有可添加的乘客数据。

```php
<?php
//所有车次数据
$traindata = array(
    "Z286" => array("武昌","06:17","北京西","17:03","10:46","152.5"),
    "G588" => array("武汉","08:30","北京西","12:42","04:12","520.5"),
    "G556" => array("汉口","10:45","北京西","16:46","06:01","522.0"),
    "K158" => array("武昌","15:27","北京","06:17","14:50","152.5"),
    "G70" => array("武汉","17:07","北京西","22:27","05:20","520.5"),
);

//所有可添加的乘客数据
$passenger = [
    ["name"=>"乘客1","sex"=>"男",'idtype'=>'身份证','idno'=>'4212**********018',
'phone'=>'185****9135'],
    ["name"=>"乘客2","sex"=>"男",'idtype'=>'身份证','idno'=>'4211**********595',
'phone'=>'150****9718'],
    ["name"=>"乘客3","sex"=>"女",'idtype'=>'身份证','idno'=>'4224**********845',
'phone'=>'135****3278']
];
```

3. 创建"车次列表"页面文件 index.php

（1）在 ticket 项目下创建"车次列表"页面文件 index.php，并编写页面内容。

```php
<!DOCTYPE html>
<html>
```

```
<head>
    <meta charset="utf-8">
    <title>车次列表</title>
</head>
<body>
    <h2>车次列表</h2>
    <hr/>
    <table>
        <tr>
            <th>车次</th>
            <th>出发站</th>
            <th>出发时间</th>
            <th>到达站</th>
            <th>到达时间</th>
            <th>购票</th>
        </tr>
    </table>
</body>
</html>
```

（2）在"车次列表"页面文件 index.php 中加载公共数据文件 data.php，并获取所有车次数据。

（3）循环遍历所有车次数据，在页面中显示所有车次信息。

```
<table>
    <tr>此处省略上面的代码</tr>
    <?php
        //加载公共数据文件，获取所有车次数据
        require_once("data.php");
        //显示所有车次信息
        foreach($traindata as $id => $info){ ?>
    <tr>
        <td><?php echo $id; ?></td>
        <td><?php echo $info[0]; ?></td>
        <td><?php echo $info[1]; ?></td>
        <td><?php echo $info[2]; ?></td>
        <td><?php echo $info[3]; ?></td>
        <td><a href="cart.php?id=<?php echo $id; ?>" class="btn">预定</a></td>
    </tr>
    <?php } ?>
</table>
```

4. 创建公共样式文件 style.css

（1）在 ticket 项目下创建 css 目录，并在 css 目录下创建公共样式文件 style.css。公共样式文件 style.css 中的代码如下。

```
a{text-decoration: none;}

/*表格样式*/
table{
    text-align: center;
    line-height: 40px;
}
th{
width: 110px;
}

/*按钮样式*/
.btn{
    display: inline-block;
    line-height: 30px;
    width: 72px;
    background: #208fff;
    color: #fff;
    border: none;
    cursor: pointer;
    padding:0;
    vertical-align: middle;
}

/*错误提示样式*/
.error{ color: red; }
```

（2）在"车次列表"页面文件 index.php 中引入公共样式文件 style.css。

```
<link rel="stylesheet" href="css/style.css"/>
```

（3）页面效果如图 15-5 所示。

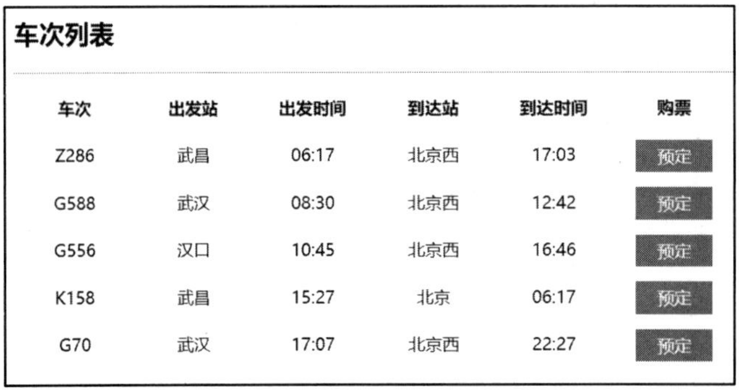

车次列表					
车次	**出发站**	**出发时间**	**到达站**	**到达时间**	**购票**
Z286	武昌	06:17	北京西	17:03	预定
G588	武汉	08:30	北京西	12:42	预定
G556	汉口	10:45	北京西	16:46	预定
K158	武昌	15:27	北京	06:17	预定
G70	武汉	17:07	北京西	22:27	预定

图 15-5

15.4.2　步骤二：制作"添加乘客"页面

（1）在 ticket 项目下创建"添加乘客"页面文件 cart.php。

```html
<!DOCTYPE html>
<html>
    <head>
        <meta charset="utf-8">
        <title>添加乘客</title>
        <link rel="stylesheet" href="css/style.css"/>
    </head>
    <body>
    </body>
</html>
```

（2）通过加载公共数据文件获取所有车次数据和乘客数据，并根据预定车次的 id 获取预定的车次信息。

（3）初始化 Session，在 Session 中创建一个订单，并在订单中存储预定的车次信息。

```php
<body>
    <?php
        //加载公共数据文件，获取所有车次和乘客数据
        require_once("data.php");
        //启动 Session
        session_start();
        //获取预定的车次信息
        $id = $_GET['id'];
        $info = $traindata[$id];
        //在 Session 中创建订单，并在订单中存储预定的车次信息
        $_SESSION['order']['trainid'] = $id;
        $_SESSION['order']['traininfo'] = $info;
        $_SESSION['order']['price'] = $info[5];
    ?>
</body>
```

（4）在页面中显示当前预定的车次信息。

```html
<h2>添加乘客</h2>
<hr/>
<h3>列车信息</h3>
<table>
    <tr>
        <th>车次</th>
        <th>出发站</th>
        <th>出发时间</th>
        <th>到达站</th>
        <th>到达时间</th>
```

```
        <th>历时</th>
    </tr>
    <tr>
        <td><?php echo $id; ?></td>
        <td><?php echo $info[0]; ?></td>
        <td><?php echo $info[1]; ?></td>
        <td><?php echo $info[2]; ?></td>
        <td><?php echo $info[3]; ?></td>
        <td><?php echo $info[4]; ?></td>
    </tr>
</table>
```

（5）在页面中显示所有可添加的乘客信息。

```
<h3>添加乘客</h3>
    <form action="order.php" method="post">
    <table>
        <tr>
            <th>操作</th>
            <th>姓名</th>
            <th>性别</th>
            <th>证件类型</th>
            <th>证件号码</th>
            <th>手机号码</th>
        </tr>
        <?php
            foreach($passenger as $id => $info){ ?>
        <tr>
            <td>
            <input type="checkbox" name="pids[]" value="<?php echo $id ?>">
            </td>
            <td><?php echo $info['name']; ?></td>
            <td><?php echo $info['sex']; ?></td>
            <td><?php echo $info['idtype']; ?></td>
            <td><?php echo $info['idno']; ?></td>
            <td><?php echo $info['phone']; ?></td>
        </tr>
        <?php } ?>
        <tr>
            <td colspan="6">
                <a href="index.php" class="btn">上一步</a>
                <input type="submit" value="提交订单" class="btn"/>
            </td>
```

```
    </tr>
  </table>
</form>
```

（6）页面效果如图 15-6 所示。

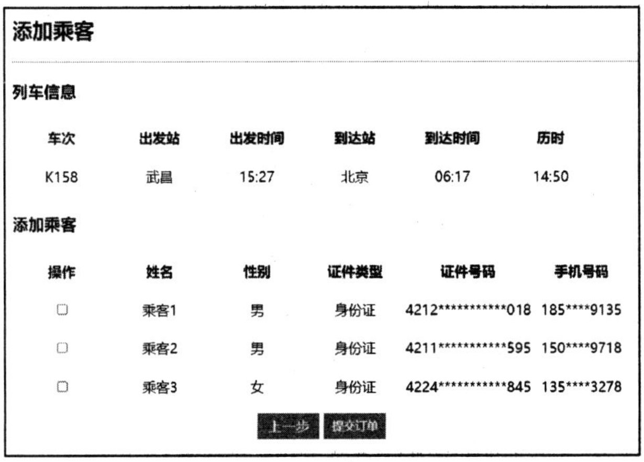

添加乘客

列车信息

车次	出发站	出发时间	到达站	到达时间	历时
K158	武昌	15:27	北京	06:17	14:50

添加乘客

操作	姓名	性别	证件类型	证件号码	手机号码
☐	乘客1	男	身份证	4212**********018	185****9135
☐	乘客2	男	身份证	4211**********595	150****9718
☐	乘客3	女	身份证	4224**********845	135****3278

上一步　提交订单

图 15-6

15.4.3　步骤三：制作"订单生成处理"页面

（1）在 ticket 项目下创建"订单生成处理"页面文件 order.php。

（2）获取添加的乘客，并在订单中存储添加的乘客信息。

```php
<?php
//获取添加的乘客
$pids = $_POST['pids'];
//加载公共数据文件，获取所有乘客数据
require_once("data.php");
//启动 Session，在订单中存储添加的乘客信息
session_start();
foreach($pids as $pid){
    $_SESSION['order']['pinfo'][] = $passenger[$pid];
}
```

（3）根据车次的车票单价和乘客人数计算总票价，并在订单中存储总票价。

```php
//根据车次的车票单价和乘客人数计算总票价
$price = $_SESSION['order']['price'];
$total = count($pids) * $price;
//在订单中存储总票价
$_SESSION['order']['total'] = $total;
```

（4）生成订单编号和订票日期，并跳转到"订单信息"页面。

```php
//生成订单编号和订票日期
$_SESSION['order']['orderno'] = time();
```

```php
$_SESSION['order']['orderdate'] = date("Y-m-d");
//跳转到"订单信息"页面
header("Location:orderInfo.php");
```

15.4.4 步骤四：制作"订单信息"页面

（1）在 ticket 项目下创建"订单信息"页面文件 orderInfo.php。

```html
<!DOCTYPE html>
<html>
    <head>
        <meta charset="utf-8">
        <title>订单信息</title>
        <link rel="stylesheet" href="css/style.css"/>
    </head>
    <body>
    </body>
</html>
```

（2）启动 Session 获取订单信息，并在页面中显示订单编号和订票日期。

```php
<body>
    <h2>订单信息</h2>
    <?php
        //启动 Session，获取订单信息
        session_start();
        $orderInfo = $_SESSION['order'];
    ?>
    <p>订单编号：<?php echo $orderInfo['orderno']; ?></p>
    <p>订票日期：<?php echo $orderInfo['orderdate']; ?></p>
    <hr/>
</body>
```

（3）在页面中显示预定的车次信息。

```html
<h3>列车信息</h3>
    <table>
        <tr>
            <th>车次</th>
            <th>出发站</th>
            <th>出发时间</th>
            <th>到达站</th>
            <th>到达时间</th>
            <th>历时</th>
        </tr>
        <tr>
```

```
        <td><?php echo $orderInfo['trainid']; ?></td>
        <td><?php echo $orderInfo['traininfo'][0]; ?></td>
        <td><?php echo $orderInfo['traininfo'][1]; ?></td>
        <td><?php echo $orderInfo['traininfo'][2]; ?></td>
        <td><?php echo $orderInfo['traininfo'][3]; ?></td>
        <td><?php echo $orderInfo['traininfo'][4]; ?></td>
    </tr>
</table>
```

（4）在页面中显示乘客信息、车票单价及订单总票价。

```
<h3>乘客信息</h3>
    <table>
    <tr>
        <th>姓名</th>
        <th>性别</th>
        <th>证件类型</th>
        <th>证件号码</th>
        <th>手机号码</th>
        <th>票价</th>
    </tr>
    <?php
        //从订单中获取乘客信息
        $passenger = $orderInfo['pinfo'];
        foreach($passenger as $info){ ?>
    <tr>
        <td><?php echo $info['name']; ?></td>
        <td><?php echo $info['sex']; ?></td>
        <td><?php echo $info['idtype']; ?></td>
        <td><?php echo $info['idno']; ?></td>
        <td><?php echo $info['phone']; ?></td>
        <td><?php echo $orderInfo['price']; ?>元</td>
    </tr>
    <?php } ?>
    <tr>
        <td colspan="6" align="right">
            <a>总票价：<?php echo $orderInfo['total']; ?>元</a>
        </td>
    </tr>
</table>
```

（5）页面效果如图 15-7 所示。

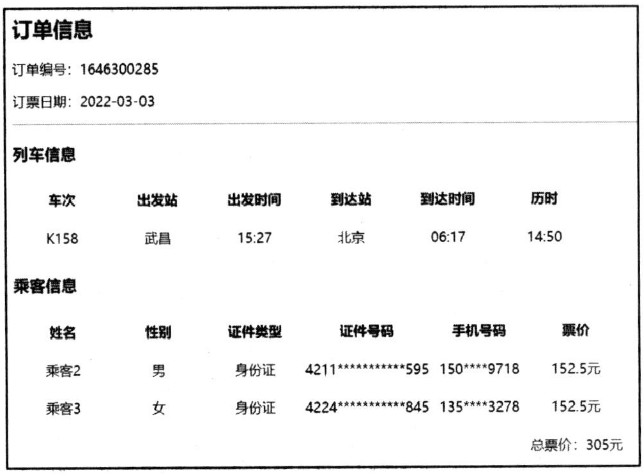

订单信息

订单编号: 1646300285

订票日期: 2022-03-03

列车信息

车次	出发站	出发时间	到达站	到达时间	历时
K158	武昌	15:27	北京	06:17	14:50

乘客信息

姓名	性别	证件类型	证件号码	手机号码	票价
乘客2	男	身份证	4211**********595	150****9718	152.5元
乘客3	女	身份证	4224**********845	135****3278	152.5元

总票价: 305元

图 15-7

15.4.5 步骤五：添加乘客错误提示

（1）修改"订单生成处理"页面文件 order.php 中的代码，判断是否添加了乘客。若没有添加乘客，则跳转到"添加乘客"页面并附带错误提示信息；若添加了乘客，则获取添加的乘客信息。

```php
<?php
///判断是否添加了乘客
if(empty($_POST['pids'])){
    //若没有添加乘客，则跳转到"添加乘客"页面并附带错误提示信息
    header("Location:cart.php?msg=至少需要添加一位乘客！");
    exit;
}else{
    //若添加了乘客，则获取添加的乘客信息
    $pids = $_POST['pids'];
}
```

（2）修改"添加乘客"页面文件 cart.php 中的代码，判断是否已预定车次。若没有预定车次，则在 Session 中创建订单，并在订单中存储预定的车次信息；若预定了车次，则获取预定的车次信息。

```php
//判断是否已预定车次
if(empty($_SESSION['order']['trainid'])){
//获取预定的车次信息
    $id = $_GET['id'];
    $info = $traindata[$id];
    //在 Session 中创建订单，并在订单中存储预定的车次信息
    $_SESSION['order']['trainid'] = $id;
    $_SESSION['order']['traininfo'] = $info;
    $_SESSION['order']['price'] = $info[5];
```

```
}else{
    //获取预定的车次信息
    $id = $_SESSION['order']['trainid'];

    $info = $_SESSION['order']['traininfo'];
}
```

（3）在页面中显示错误提示信息。

```
<h3>添加乘客</h3>
<p class="error">
    <?php if(isset($_GET['msg'])) echo $_GET['msg']; ?>
</p>
```

（4）页面效果如图 15-8 所示。

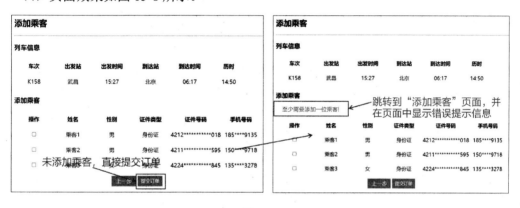

图 15-8

第16章

PHP：驾校考试系统

16.1 实验目标

（1）掌握 PHP 常用数据库的操作方法。

（2）能根据数据库类型选择数据库编程组件。

（3）能编写预处理 SQL 语句，以及完成数据库操作。

（4）能使用 PHP 编程完成 MySQL 的新增、修改、删除和查询操作。

（5）综合应用 PHP 数据库编程技术开发驾校考试系统。

本章的知识地图如图 16-1 所示。

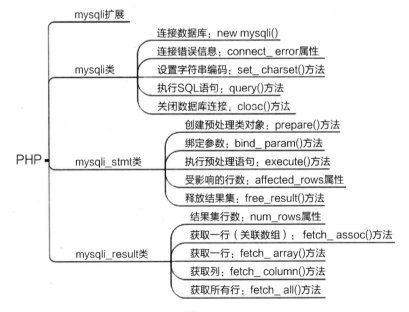

图 16-1

16.2　实验任务

使用 PHP 开发驾校考试系统。

1. 用户登录页面

进入用户登录页面，输入用户账号和用户密码并点击登录按钮。若验证成功，则进入驾校考试系统的主页——"题目列表"页面；若验证失败，则显示错误提示信息，如图 16-2 所示。

图 16-2

2. "题目列表"页面

"题目列表"页面显示的是驾考题目信息列表，每道题目包含题目编号、题干和选项，并在页面的最后一行显示"提交题目"按钮，如图 16-3 所示。当点击"提交题目"按钮后，计算做题得分并保存到数据库中，同时跳转到"做题记录"页面。

图 16-3

3．"做题记录"页面

"做题记录"页面显示的是当前登录用户的得分记录列表，每条记录包含做题时间、得分，以及"删除"链接。点击"删除"链接会删除该条记录并更新记录列表，如图 16-4 所示。

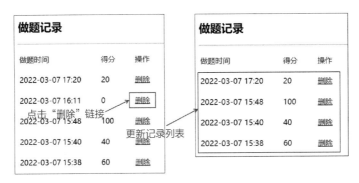

图 16-4

16.3 设计思路

1．项目名称

驾校考试系统项目的名称为 driving_test。

2．文件设计

driving_test 项目中包含的文件如表 16-1 所示。

表 16-1

类型	文件	说明
PHP 文件	login.php	用户登录页面文件
	index.php	"题目列表"页面文件
	score_list.php	"做题记录"页面文件
	server/db.php	数据库连接脚本文件
	server/user_login.php	用户登录处理脚本文件
	server/score_add.php	保存做题记录脚本文件
	server/score_remove.php	删除做题记录脚本文件
CSS 文件	css/style.css	公共页面样式文件

3．数据库脚本

数据库 driving_test 的脚本文件为 driving_test.sql，脚本内容如下。

```
--
-- 数据库: `driving_test`
--
```

```sql
CREATE DATABASE IF NOT EXISTS `driving_test` DEFAULT CHARACTER SET utf8mb4
COLLATE utf8mb4_general_ci;
USE `driving_test`;


--
-- `question`表的表结构
--
CREATE TABLE `question` (
  `id` int(11) NOT NULL AUTO_INCREMENT,
  `stem` varchar(50) NOT NULL,
  `option` varchar(60) NOT NULL,
  `answer` tinyint(4) NOT NULL,
  PRIMARY KEY (`id`)
) ENGINE=InnoDB DEFAULT CHARSET=utf8;


--
-- `question`表的数据
--
INSERT INTO `question` VALUES (1,'行车中发动机突然熄火怎样处置？','挂空挡滑行|紧急
制动停车|关闭点火开关|缓慢减速停车',3),(2,'在车速较高可能与前方机动车发生碰撞时，驾驶人
应当采取先制动减速，后转向避让的措施。','正确|错误',0),(3,'夜间临时停车时，只要有路灯就
可以不开危险报警闪光灯。','正确|错误',1),(4,'行车中发动机突然熄火后不能启动时，及时靠边
停车检查熄火原因。','正确|错误',0),(5,'驾驶机动车遇乘客干扰驾驶时，以下做法错误的是什
么?','只要自己没做错，可据理力争|安全停车后，及时报警|在保证安全的条件下，立刻靠边停车|保
持心态平和，不与乘客发生争吵',0);


--
-- `user`表的表结构
--
CREATE TABLE `user` (
  `id` int(11) NOT NULL AUTO_INCREMENT,
  `account` varchar(16) NOT NULL,
  `password` varchar(32) NOT NULL,
  PRIMARY KEY (`id`)
) ENGINE=InnoDB DEFAULT CHARSET=utf8;


--
-- `user`表的数据
--
INSERT INTO `user` VALUES
(1,'user1','123456'),(2,'user2','666666'),(3,'user3','888888');
```

```
--
-- `score`表的表结构
--
CREATE TABLE `score` (
  `id` int(11) NOT NULL AUTO_INCREMENT,
  `user_id` int(11) NOT NULL,
  `create_time` int(11) NOT NULL,
  `score` tinyint(4) NOT NULL,
  PRIMARY KEY (`id`),
  CONSTRAINT `score_ibfk_1` FOREIGN KEY (`user_id`) REFERENCES `user`
(`id`)
) ENGINE=InnoDB DEFAULT CHARSET=utf8;


--
-- `score`表的数据
--
INSERT INTO `score` VALUES
(1,1,1646795074,60),(2,1,1646808160,40),(3,1,1646809124,100);
```

4. 实现设计

（1）在用户登录页面文件 login.php 中创建一个登录表单 form。在该表单中，先输入用户账号和用户密码，再将 POST 请求发送到用户登录处理脚本文件 user_login.php 中。

（2）在用户登录处理脚本文件 user_login.php 中，使用超全局变量$_POST 获取表单提交的用户账号和用户密码，并查询数据库进行验证。

- 若验证成功，则把用户 ID 和用户名保存到 Session 中，使用 header()函数跳转到"题目列表"页面文件 index.php 中。
- 若验证失败，则使用 header()函数跳转到用户登录页面文件 login.php 中，并附带错误提示信息。

（3）在"题目列表"页面文件 index.php 中，使用 query()方法查询数据库中的所有题目数据，并使用 while 循环把所有题目显示到页面中。在"题目列表"页面中点击"提交题目"按钮，通过表单将 POST 请求发送到保存做题记录脚本文件 score_add.php 中。

（4）在保存做题记录脚本文件 score_add.php 中，使用超全局变量$_POST 获取所做的题目数据，并计算做题得分。使用预处理方式将做题记录保存到数据库中，成功后使用 header()函数跳转到"做题记录"页面文件 score_list.php 中。

（5）在"做题记录"页面文件 score_list.php 中，获取 Session 当前登录用户 ID，查询数据库获取当前登录用户所有的做题记录并显示到页面。当点击任意做题记录的"删除"链接时，会跳转到删除做题记录脚本文件 score_remove.php 中，并传入当前点击做题记录的 ID。

（6）在删除做题记录脚本文件 score_remove.php 中，使用超全局变量$_GET 获取要删除的做题记录的 ID，并使用 query()方法执行 SQL 语句删除做题记录，删除成功后跳转到

"做题记录"页面文件 score_list.php 中。

16.4　实验实施（跟我做）

16.4.1　步骤一：创建项目和文件

（1）创建新项目，项目名称为 driving_test。

（2）在 driving_test 项目下创建如下文件。

- login.php：用户登录页面文件。
- index.php："题目列表"页面文件。
- score_list.php："做题记录"页面文件。
- css/style.css：公共页面样式文件。
- server/db.php：数据库连接脚本文件。
- server/user_login.php：用户登录处理脚本文件。
- server/score_add.php：保存做题记录脚本文件。
- server/score_remove.php：删除做题记录脚本文件。

项目结构如图 16-5 所示。

图 16-5

16.4.2　步骤二：创建数据库

（1）使用数据库脚本文件 driving_test.sql 创建数据库。

打开 XAMPP 控制面板，点击"Shell"按钮，启动命令行窗口。在命令行窗口中输入"mysql -uroot -p"命令登录 MySQL，使用 source 命令导入数据库脚本文件 driving_test.sql，如图 16-6 所示。

（2）编辑 db.php 文件，编写连接数据库的代码。

- 定义变量保存数据库配置信息：如数据库主机地址$host、用户名$user、密码$pwd 和数据库名$dbname。
- 创建数据库连接：将数据库配置信息作为参数，使用 new mysqli()创建数据库连接。

- 检测连接是否成功：使用$conn->connect_error 属性检测连接是否成功。若连接失败，则输出提示信息；若连接成功，则设置数据库字符集为 UTF8。

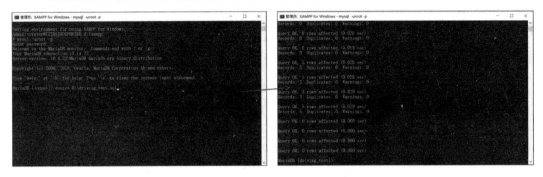

图 16-6

连接数据库的代码如下。

```php
<?php
//数据库配置信息
$host = "127.0.0.1";
$user = "root";
$pwd = "";
$dbname = "driving_test";

//创建数据库连接
$conn = new mysqli($host, $user, $pwd, $dbname);
//检测连接是否成功
if($conn->connect_error) {
    //显示连接失败提示信息
    die("连接失败:".$conn->connect_error);
}else{
    //设置数据库字符集
    $conn->set_charset('utf8');
}
```

（3）访问 db.php 文件，测试数据库连接。

使用浏览器访问 db.php 文件，若页面中未显示错误提示信息，则表示数据库连接成功，如图 16-7 所示。

图 16-7

16.4.3　步骤三：制作用户登录页面

（1）编辑 login.php 文件，编写代码制作用户登录页面。

- 创建一个登录表单，提交地址为 server/user_login.php，HTTP 请求方法为 POST。
- 使用<input>标签创建一个文本框和密码框，分别用来输入用户账号和用户密码。
- 使用<input>标签创建一个表单提交按钮，用于提交表单数据。
- 使用超全局变量$_GET 获取错误提示信息，若有则显示到页面中。

代码如下。

```
<!DOCTYPE html>
<html>
    <head>
        <meta charset="utf-8">
        <title>用户登录</title>
        <link rel="stylesheet" href="css/style.css"/>
    </head>
    <body>
        <!--登录表单-->
        <form action="server/user_login.php" method="post">
            <h2>驾校考试系统</h2>
            <p>
                用户账号：<input type="text" name="account"/>
            </p>
            <p>
                用户密码：<input type="password" name="password"/>
            </p>
            <p class="error">
                <?php echo isset($_GET['msg']) ? $_GET['msg'] : ""; ?>
            </p>
            <p>
                <input type="submit" value="登录"/>
            </p>
        </form>
    </body>
</html>
```

（2）编辑 style.css 文件，编写代码设置页面样式。

在 style.css 文件中编写 CSS 样式代码，设置登录表单的样式和对齐方式。CSS 样式代码如下。

```
/*登录表单*/
form{
    width: 300px;
    height: 210px;
```

```
    padding: 20px 50px;
    background: #f7f7f7;
    position: absolute;
    top: 0;
    bottom: 0;
    left: 0;
    right: 0;
    margin: auto;
}

input{
    width: 210px;
}

.error{
    color: red;
}

[type=submit]{
    background-color: #37B5F8;
    color: #fff;
    border: none;
    height: 30px;
    width: 100%;
}

/*做题记录列表*/
td{
    line-height: 40px;
    padding-right: 40px;
}
```

（3）编辑 server/user_login 文件，编写 PHP 代码对用户输入的账号和密码进行验证。

- 使用 require 语句导入 db.php 文件，连接数据库。
- 使用超全局变量$_POST 获取用户输入的账号和密码。
- 编写 SQL 语句，并调用$conn->query()方法执行 SQL 语句，查询用户输入的账号和密码在 user 表中是否存在。
  > 如果查到了记录，表示账号和密码输入正确，那么在 Session 中存储用户 ID 和账号，可以跳转到"题目列表"页面。
  > 如果查不到记录，表示账号和密码输入错误，那么跳转到用户登录页面并附带错误提示信息。
- 当使用 fetch_column()方法时，PHP 版本需要高于 8.1.0。

代码如下。

```php
<?php
require("db.php");
//获取用户输入的账号和密码
$account = $_POST['account'];
$password = $_POST['password'];

//查询用户输入的账号和密码在 user 表中是否存在
$sql = "select id from user where account = '$account' and password =
'$password'";
$result = $conn->query($sql);
//判断是否查询到了记录
if($result->num_rows > 0) {
    //在 Session 中存储用户 ID 和账号
    session_start();
    $_SESSION["user_id"] = $result->fetch_column();
    $_SESSION["user_account"] = $account;
    //跳转到"题目列表"页面
    header("location:../index.php");
} else {
    //跳转到用户登录页面，并附带错误提示信息
    header("location:../login.php?msg=用户名或密码输入错误");
}

//释放结果集和关闭数据库连接
$result->free_result();
$conn->close();
```

运行效果如图 16-8 所示。

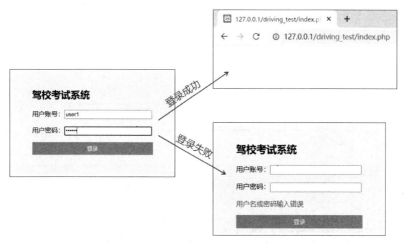

图 16-8

16.4.4　步骤四：制作"题目列表"页面

（1）编辑 index.php 文件，编写代码在页面中显示所有题目信息。

- 使用 require 语句导入 db.php 文件，连接数据库。
- 编写 SQL 语句，并调用$conn->query()方法执行 SQL 语句，从数据库中获取所有题目。
- 使用 while 循环，在页面中显示所有题目信息，包括题号和题干。

代码如下。

```
<!DOCTYPE html>
<html>
    <head>
        <meta charset="utf-8">
        <title>题目列表</title>
    </head>
    <body>
        <h2>题目列表</h2>
        <hr/>
        <?php
            require('server/db.php');
            //从数据库中获取所有题目
            $sql = "select * from question";
            $result = $conn->query($sql);
            //在页面中显示所有题目的信息（包括题号和题干）
            while($row = $result->fetch_assoc()) {
        ?>
            <p><?php echo $row['id'] ?>、<?php echo $row['stem'] ?></p>
        <?php
            }
            //释放结果集，关闭数据库连接
            $result->free_result();
            $conn->close();
        ?>
    </body>
</html>
```

运行效果如图 16-9 所示。

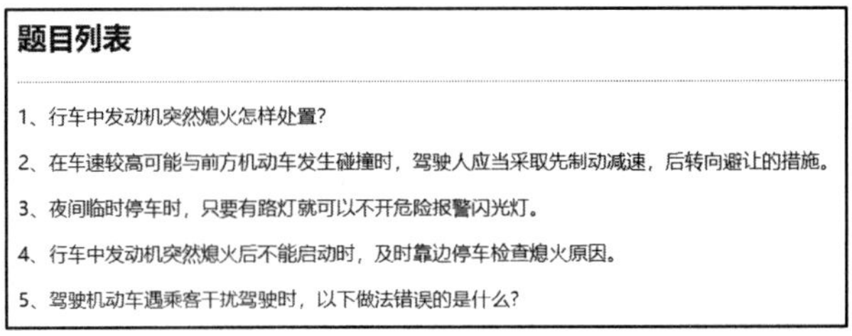

题目列表

1、行车中发动机突然熄火怎样处置？

2、在车速较高可能与前方机动车发生碰撞时，驾驶人应当采取先制动减速，后转向避让的措施。

3、夜间临时停车时，只要有路灯就可以不开危险报警闪光灯。

4、行车中发动机突然熄火后不能启动时，及时靠边停车检查熄火原因。

5、驾驶机动车遇乘客干扰驾驶时，以下做法错误的是什么？

图 16-9

（2）编辑 index.php 文件，编写代码在页面中显示所有题目的选项信息。

- 修改<body>标签中的内容，新增提交题目表单和按钮。
- 修改 while 循环中的内容，新增一个 for 循环，用来在页面中显示所有题目的选项。

代码如下。

```
<body>
    <h2>题目列表</h2>
    <hr/>
    <!--提交题目表单-->
    <form action="server/score_add.php" method="post">
        <?php
            require('server/db.php');
            //从数据库中获取所有题目
            $sql = "select * from question";
            $result = $conn->query($sql);
            //在页面中显示所有题目的信息（包括题号和题干）
            while($row = $result->fetch_assoc()) {
        ?>
        <p><?php echo $row['id'] ?>、<?php echo $row['stem'] ?></p>
        <?php
            //在页面中显示所有题目的选项
            $option = explode("|", $row['option']);
            for($i=0;$i<count($option);$i++){
        ?>
            <p>
                    
                <input type="radio" name="q<?php echo $row['id']; ?>"
value="<?php echo $i; ?>"/>
                <?php echo $option[$i]; ?>
            <p>
        <?php
            }
        }
            //释放结果集，关闭数据库连接
            $result->free_result();
            $conn->close();
        ?>
        <p>
            <input type="submit" value="提交题目"/>
        </p>
    </form>
</body>
```

运行效果如图 16-10 所示。

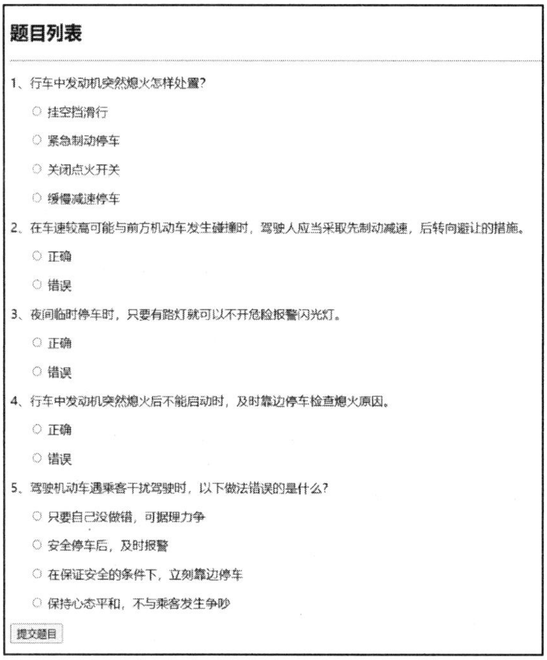

图 16-10

（3）编辑 server/score_add.php 文件，编写 PHP 代码保存做题记录。

- 使用 require 语句导入 db.php 文件，连接数据库。
- 编写 SQL 语句，调用$conn->query()方法执行 SQL 语句，获取所有题目的正确答案并保存到变量$answer 中。
- 从超全局变量$_POST 中获取用户的答题数据，使用 array_intersect_assoc()函数比较正确答案$answer 和答题数据$_POST，获取答对的题目并计算最终得分（每答对一道题目得 20 分）。
- 从 Session 中获取当前登录用户的 ID，并使用预处理方式把当前用户 ID、做题得分和当前做题时间保存到数据库中。
- 若数据保存成功，则跳转到"做题记录"页面；若数据保存失败，则显示错误提示信息。

代码如下。

```php
<?php
require('db.php');
//获取所有题目的正确答案
$sql = "select id,answer from question";
$result = $conn->query($sql);
$answer = [];
while($row = $result->fetch_array()) {
    $answer['q'.$row[0]] = $row[1];
```

```php
}
$result->free_result();


//计算做题得分
$rightitem = array_intersect_assoc($answer,$_POST);
$score = count($rightitem) * 20;


//将做题记录保存到数据库中
session_start();
$user_id = $_SESSION['user_id'];
$create_time = time();
//创建预处理对象并绑定参数
$stmt = $conn->prepare("insert into score(user_id,create_time,score)
values(?, ?, ?)");
$stmt->bind_param("iii", $user_id, $create_time, $score);
//执行 SQL 语句
$stmt->execute();


//若数据保存成功，则跳转到"做题记录"页面；若数据保存失败，则显示错误提示信息
if($conn->affected_rows) {
    header("location:../score_list.php");
} else {
    echo "错误：".$conn->error;
}
$stmt->close();
$conn->close();
```

运行效果如图 16-11 所示。

图 16-11

16.4.5 步骤五：制作"做题记录"页面

（1）编辑 score_list.php 文件，编写代码在页面中显示所有做题记录。

- 使用 require 语句导入 db.php 文件，连接数据库。
- 编写 SQL 语句，并调用$conn->query()方法执行 SQL 语句，从数据库中获取当前登录用户所有的做题记录。
- 使用$result->fetch_all(MYSQLI_ASSOC)方法，把所有的做题记录数据以关联数组的方式保存到变量$records 中。
- 使用 foreach 语句遍历变量$records，在页面中显示所有的做题记录。

代码如下。

```
<!DOCTYPE html>
<html>
    <head>
        <meta charset="utf-8">
        <title>做题记录</title>
        <link rel="stylesheet" href="css/style.css"/>
    </head>
    <body>
        <h2>做题记录</h2>
        <hr/>
        <table>
            <tr>
                <td>做题时间</td>
                <td>得分</td>
                <td>操作</td>
            </tr>
            <?php
            require('server/db.php');
            session_start();
            //查询当前登录用户所有的做题记录
            $sql = "select * from score".
                    "where user_id = ".$_SESSION['user_id'].
                    "order by create_time desc";
            $result = $conn->query($sql);
            $records = $result->fetch_all(MYSQLI_ASSOC);
            //在页面中显示所有的做题记录
            foreach($records as $record) {
            ?>
            <tr>
            <td><?php echo date('Y-m-d H:i',$record['create_time']+7*60*
60); ?></td>
```

```
            <td><?php echo $record['score']; ?>分</td>
            <td><a href="server/score_remove.php?id=<?php echo $record
['id']; ?>">删除</a></td>
        </tr>
        <?php
            }
            $result->free_result();
            $conn->close();
        ?>
    </table>
</body>
</html>
```

（2）编辑 server/score_remove.php 文件，编写 PHP 代码删除做题记录。

- 使用 require 语句导入 db.php 文件，连接数据库。
- 编写 SQL 语句，并调用$conn->query()方法执行 SQL 语句，根据用户 ID 删除数据库中指定的做题记录。
- 根据$conn->query()方法的返回值判断数据删除操作是否成功。若成功，则跳转到"做题记录"页面；若失败，则在页面中显示错误提示信息。

代码如下。

```
<?php
require("db.php");
//删除指定的做题记录
$id = $_GET['id'];
$sql = "delete from score where id = $id";
if($conn->query($sql)) {
    //跳转到"做题记录"页面
    header("location:".$_SERVER['HTTP_REFERER']);
} else {
    echo "错误:".$sql."<br>".$conn->error;
}
$conn->close();
```

运行效果如图 16-4 所示。

第 17 章
Laravel 框架：医院挂号系统

17.1 实验目标

（1）掌握 PHP 面向对象编程技术。

（2）掌握 Laravel 路由的使用方法。

（3）掌握 Laravel 控制器的使用方法。

（4）掌握 Blade 模板的使用方法。

（5）综合运用 Laravel 框架开发医院挂号系统。

本章的知识地图如图 17-1 所示。

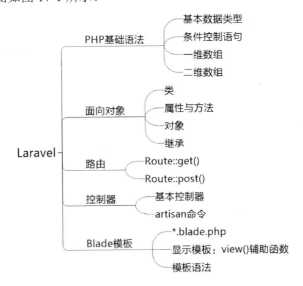

图 17-1

17.2　实验任务

使用 Laravel 框架编写一个简单的医院挂号系统。

（1）患者需要选择就诊科室、主治医生，并填写个人信息，系统会根据患者选择的科室和医生显示相应的挂号费用。

（2）在选择就诊科室后，点击"下一步"按钮，跳转到"主治医生"页面并显示科室的主治医生。选择主治医生后，点击"下一步"按钮，跳转到"个人信息"页面输入个人信息，如图 17-2 所示。

图 17-2

（3）在"个人信息"页面填写完信息并点击"提交"按钮后，将显示预约挂号信息，包括患者的姓名、手机号码、就诊科室、医生和挂号费用，如图 17-3 所示。

图 17-3

17.3　设计思路

1．创建项目

使用 Composer 创建 Laravel 项目，项目名称为 doctor。

2．文件设计

doctor 项目中包含的文件如表 17-1 所示。

表 17-1

类型	文件	说明
PHP 文件	routes/web.php	路由文件
	resources/views/doctor.blade.php	"就诊科室"页面文件
	resources/views/next.blade.php	"主治医生"页面文件
	resources/views/start.blade.php	"个人信息"页面文件
	resources/views/index.blade.php	"预约信息"页面文件
	app/Http/Controllers/DoctorController.php	Doctor 控制器文件
CSS 文件	public/css/quiz.css	页面样式文件

3．页面设计（resources/views）

（1）"就诊科室"页面如图 17-4 所示。

（2）"主治医生"页面如图 17-5 所示。

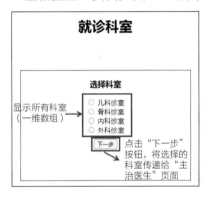

图 17-4

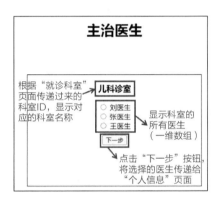

图 17-5

（3）"个人信息"页面如图 17-6 所示。

（4）"预约信息"页面如图 17-7 所示。

图 17-6

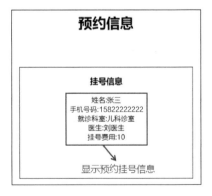

图 17-7

4．路由设计

（1）路由文件为 routes/web.php。

（2）进入医院挂号系统路由，请求方式为 GET，URL 为/，响应为 DoctorController::

departments()。

（3）点击"下一步"按钮，跳转到"主治医生"页面路由，请求方式为 POST，URL 为/next，响应为 DoctorController::next()。

（4）点击"下一步"按钮，跳转到"个人信息"页面路由，请求方式为 POST，URL 为/start，响应为 DoctorController::start()。

（5）提交个人信息，跳转到"预约信息"页面路由，请求方式为 POST，URL 为/index，响应为 DoctorController::index()。

5．控制器类

（1）控制器类基类为 app/Http/Controllers/Controller。

（2）医院挂号系统控制器类为 DoctorController，该类继承自 Controller 类。

（3）使用 artisan 命令创建控制器。

进入项目根目录，启动命令行窗口，输入命令"php artisan make:controller Doctor-Controller"。

（4）function departments()方法：用于选择就诊科室。

（5）function next()方法：用于选择主治医生，并保存就诊科室的选择。

（6）function start()方法：用于提交个人信息。

（7）function index()方法：用于显示预约挂号信息。

（8）function getMoney()方法：用于计算挂号费用。

6．数据定义

（1）在 DoctorController 类中定义静态变量$depts，该变量的数据类型是一维数组，用于保存所有科室数据。

（2）在 DoctorController 类中定义静态变量$consulting，该变量的数据类型是二维数组，用于保存所有科室的医生数据。

7．防止 CSRF 攻击

当表单以 POST 方式提交数据时，需要添加 CSRF TOKEN 字段来防止 CSRF 攻击。添加 CSRF TOKEN 字段有如下 4 种方法。

（1）<input type="hidden" name="_token" value="{{csrf_token()}}">。

（2）{{ csrf_field() }}。

（3）{!! csrf_field() !!}。

（4）@csrf。

17.4　实验实施（跟我做）

17.4.1　步骤一：创建 Laravel 项目

（1）进入 E 盘，启动命令行窗口。

（2）在命令行窗口中运行 composer 命令，创建 Laravel 项目，项目名称为 doctor。

```
composer create-project --prefer-dist laravel/laravel doctor
```

（3）等待项目创建完成，创建完成后的 Laravel 项目的结构如图 17-8 所示。

app	storage	.gitignore	phpunit.xml
bootstrap	tests	.project	readme.md
config	vendor	.styleci.yml	server.php
database	.editorconfig	artisan	webpack.mix.js
public	.env	composer.json	
resources	.env.example	composer.lock	
routes	.gitattributes	package.json	

图 17-8

（4）配置 Apache 服务器（xampp/apache/conf/extra/httpd-vhosts.conf）。

```
<VirtualHost *:80>
    DocumentRoot "E:/doctor/public/"
    <Directory "E:/doctor/public/">
        Options Indexes FollowSymLinks MultiViews
        AllowOverride all
        Require all granted
        php_admin_value upload_max_filesize 128M
        php_admin_value post_max_size 128M
        php_admin_value max_execution_time 360
        php_admin_value max_input_time 360
    </Directory>
</VirtualHost>
```

（5）在 XAMPP 控制面板中重启 Apache 服务器。

（6）打开浏览器，在地址栏中输入 "http://localhost"，运行效果如图 17-9 所示。

图 17-9

17.4.2　步骤二：配置路由

编写 routes/web.php 路由配置文件。

（1）进入医院挂号系统路由（GET）。

```
Route::get('/', "DoctorController@departments")
```

（2）提交当前选择的诊室信息，进入"主治医生"页面（POST）。

```
Route::post("/next", "DoctorController@next")
```

（3）点击"下一步"按钮，进入"个人信息"页面（POST）。

```
Route::post("/start", "DoctorController@start")
```

（4）提交个人信息，进入"预约信息"页面（POST）。

```
Route::post("/index", "DoctorController@index")
```

注意：Laravel 8.*以上的版本的路由语法与 Laravel 6.*版本的有一定的区别。

17.4.3　步骤三：创建控制器类 DoctorController

（1）进入 doctor 文件夹，启动命令行窗口。

（2）在命令行窗口中输入"php artisan make:controller DoctorController"命令，如图 17-10 所示。

```
E:\doctor>php artisan make:controller DoctorController
Controller created successfully.
```

图 17-10

（3）当上述命令执行成功后，将自动在文件夹 app/Http/Controllers/中创建一个控制器文件 DoctorController.php。

（4）编辑控制器文件 DoctorController.php，在 DoctorController 类中创建的方法包括 departments()、next()、start()和 index()。

```
class DoctorController extends Controller
{
    public function departments() {
    }

    public function next(Request $request) {
    }

    public function start(Request $request) {
    }

    public function index(Request $request) {
    }
}
```

17.4.4　步骤四：编写模板文件 doctor.blade.php

（1）创建页面样式文件。

在 public/css 文件夹中创建样式文件 quiz.css。

```
h1{text-align: center;}
.box{
    margin: auto;
    border: solid 1px black;
    margin-top: 5%;
    width: 400px;
    height: 250px;
    text-align: center;
}
button{margin-top: 10px;}
```

（2）在 resources/views 文件夹中创建模板文件 doctor.blade.php。

在模板文件中导入样式文件 quiz.css 时，使用内置的 URL 类的 asset()方法来引入 CSS 样式文件。该方法默认指向项目的 Web 根目录（也就是 public 目录）。

```
<!DOCTYPE html>
<html>
<head>
    <meta charset="utf-8"/>
    <link rel="stylesheet" href="{{ URL::asset('css/quiz.css') }}">
</head>
<body>
</body>
</html>
```

模板文件和样式文件所在的目录如图 17-11 所示。

图 17-11

（3）编写控制器类 DoctorController 的业务逻辑代码。

在 DoctorController 类中定义一个静态成员变量$depts，该成员变量是一个一维数组，用于保存所有的就诊科室信息。

```
class DoctorController extends Controller
```

```
{
    static $depts = array(
        "儿科诊室",
        "骨科诊室",
        "内科诊室",
        "外科诊室"
    );
    ……
    ……
}
```

编写 DoctorController 类的 departments()方法，使用 view()函数加载模板文件 doctor.blade.php，并将就诊科室信息传递到模板中。

```
……
public function departments(){
    $options = self::$depts;
    return view("doctor",compact('options'));
}
……
```

（4）编辑模板文件 doctor.blade.php，在页面中展示就诊科室信息。

在模板文件 doctor.blade.php 中添加"就诊科室"页面的标题和内容。

```
<body>
    <h1>就诊科室</h1>
    <div class="box">
        <h3>选择科室</h3>
    </div>
</body>
```

添加就诊科室选择 form 表单，使用 foreach 语句遍历就诊科室信息数组，将所有就诊科室展示到页面中。

```
<div class="box">
    <h3>选择科室</h3>
    <form>
        @foreach($options as $key => $value)
        <input type="radio" name="choices" value="{{$key}}"> {{$value}} <br />
        @endforeach
    </form>
</div>
```

设置科室选择 form 表单的提交地址和方法，并在表单中添加 CSRF TOKEN 字段和一个表单提交按钮。因为当前的表单是以 POST 方式提交表单数据的，所以需要添加 CSRF TOKEN 字段。

```
<body>
    ……
```

```
<form action="/next" method="post">
    {!! csrf_field() !!}
    @foreach($options as $key => $value)
    <input type="radio" name="choices" value="{{$key}}"> {{$value}} <br/>
    @endforeach
    <button type="submit">下一步</button>
</form>
......
</body>
```

17.4.5 步骤五：编写模板文件 next.blade.php

（1）在 resources/views 文件夹中创建模板文件 next.blade.php。

（2）编写控制器类 DoctorController 的业务逻辑代码。

在 DoctorController 类中定义一个静态成员变量$consulting，该成员变量是一个二维数组，用于保存所有就诊科室的主治医生信息。

```
static $consulting = array(
    array("刘医生","张医生","王医生"),
    array("祝医生","曹医生","李医生",),
    array("达医生","尹医生","易医生",),
    array("三医生","四医生","五医生",)
);
```

在 DoctorController 类中定义一个私有方法 getMoney()，用来计算挂号费用。通过 switch 语句来计算不同就诊科室的挂号费用。

```
private function getMoney($doctor){
    switch ($doctor){
        case 0:
            return 10;
        case 1:
            return 15;
        case 2:
            return 20;
        case 3:
            return 25;
        default:
            return 5;
    }
}
```

编写 DoctorController 类的 next()方法，接收传递的就诊科室 ID 并保存到变量$choices 中，调用 getMoney()方法计算挂号费用，查找就诊科室信息及就诊科室下的所有医生信息。把相关信息保存到 Session 中，并传递到 next 模板中。

```php
public function next(Request $request){
    //接收就诊科室 ID
    $choices = $request->input("choices");
    //计算挂号费用，并获取就诊科室名称和医生信息
    $money = $this->getMoney($choices);
    $doctor = self::$depts[$choices];
    $options = self::$consulting[$choices];
    $request->session()->put('money',$money);
    $request->session()->put('choices',$choices);
    $request->session()->put('doctor',$doctor);
    return view("next",compact('doctor','options'));
}
```

（3）编辑模板文件 next.blade.php，显示选择的就诊科室下的所有医生。

- 通过输出变量$doctor 的值来显示选择的就诊科室信息。
- 添加主治医生选择 form 表单，并设置表单的提交地址和方法。
- 使用 foreach 语句遍历医生信息数组，将所有医生信息展示在页面中。
- 在表单中添加 CSRF TOKEN 字段和提交按钮。

```html
<!DOCTYPE html>
<html>
<head>
    <meta charset="utf-8"/>
    <link rel="stylesheet" href="{{ URL::asset('css/quiz.css') }}">
</head>
<body>
    <h1>主治医生</h1>
    <div class="box">
        <h3>{{$doctor}}</h3>
        <form action="/start" method="post">
            {!! csrf_field() !!}
            @foreach($options as $key => $value)
            <input type="radio"name="doctor" value="{{$key}}"> {{$value}} <br/>
            @endforeach
            <button type="submit">下一步</button>
        </form>
    </div>
</body>
</html>
```

17.4.6 步骤六：编写模板文件 start.blade.php

（1）在 resources/views 文件夹中创建模板文件 start.blade.php。

（2）编写 DoctorController 类的 start()方法的业务逻辑。

- 从 Session 中读取选择的就诊科室信息，并接收选择的主治医生信息。
- 根据选择的就诊科室信息和主治医生信息获取主治医生的名称，并将主治医生的名称写入 Session 中。
- 使用 view()函数加载模板文件 start.blade.php。

```
public function start(Request $request){
    //从 Session 中读取选择的就诊科室信息
    $choices = $request->session()->get('choices');
    //接收选择的主治医生信息
    $doctor = $request->input("doctor");
    //根据选择的就诊科室信息和主治医生信息，获取主治医生的名称
    $dname= self::$consulting[$choices][$doctor];
    $request->session()->put(dname,$dname);
    return view("start");
};
```

（3）编辑模板文件 start.blade.php，显示填写个人信息的页面。

- 添加个人信息填写 form 表单，并设置表单的提交地址和方法。
- 在表单中添加输入姓名和手机号码的文本框，同时添加 CSRF TOKEN 字段和表单提交按钮。

```
<!DOCTYPE html>
<html>
<head>
    <meta charset="utf-8"/>
    <link rel="stylesheet" href="{{ URL::asset('css/quiz.css') }}">
</head>
<body>
    <h1>个人信息</h1>
    <div class="box">
    <h3>验证信息</h3>
        <form action="/index" method="post">
            {!! csrf_field() !!}
            姓 名：<input type="text" name="name"><br/>
            手机号码：<input type="text" name="iphone"><br/>
            <button type="submit">提交</button>
        </form>
    </div>
</body>
</html>
```

17.4.7　步骤七：编写模板文件 index.blade.php

（1）在 resources/views 文件夹中创建模板文件 index.blade.php。

（2）编写 DoctorController 类的 index()方法的业务逻辑。

- 接收在"个人信息"页面中填写的姓名和手机号码，并保存到变量中。
- 从 Session 中读取就诊科室名称、主治医生名称和挂号费用。
- 使用 view()函数加载模板文件 index.blade.php，并将所有数据传递到模板中。

```php
public function index(Request $request){
    //接收填写的姓名和手机号码
    $name = $request->post('name');
    $iphone = $request->post('iphone');
    //从 Session 中读取就诊科室名称、主治医生名称和挂号费用
    $doctor = $request->session()->get('doctor');
    $consulting = $request->session()->get('dname');
    $money = $request->session()->get('money');
    return view("index",
        [
            'name' =>$name,
            'iphone' =>$iphone ,
            'doctor' => $doctor,
            'consulting' =>$consulting,
            'money' =>$money
        ]
    );
}
```

（3）编辑模板文件 index.blade.php，展示所有的预约信息。

```php
<!DOCTYPE html>
<html>
<head>
    <meta charset="utf-8"/>
    <link rel="stylesheet" href="{{ URL::asset('css/quiz.css') }}">
</head>
<body>
    <h1>预约信息</h1>
    <div class="box">
        <h3>挂号信息</h3>
        <div>
            姓名:{{$name}}<br/>
            手机号码:{{$iphone}}<br/>
            就诊科室:{{$doctor}}<br/>
            医生:{{$consulting}}<br/>
            挂号费用:{{$money}}<br/>
        </div>
    </div>
</body>
</html>
```

第 18 章
Laravel 框架：智能记账本

18.1 实验目标

（1）掌握 Laravel 数据库信息的配置方法。

（2）掌握 Laravel 数据库查询选择器的使用方法。

（3）掌握 Laravel 数据库模型类的创建。

（4）掌握 Laravel 使用模型操作数据库的方法。

（5）综合运用 Laravel 框架开发智能记账本。

本章的知识地图如图 18-1 所示。

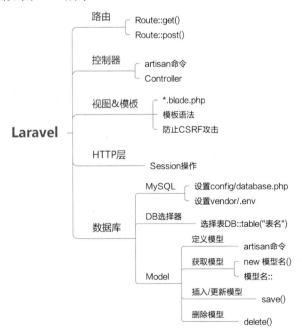

图 18-1

18.2　实验任务

使用 Laravel 框架开发智能记账本。

1．展示首页

记账表单主要由搜索框和"搜索"按钮、表单、"发布"按钮，以及记账信息组成，如图 18-2 所示。

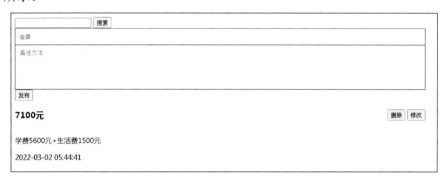

图 18-2

2．添加账单记录

用户填写金额和记账文本，点击"发布"按钮会生成新的记账记录，并展示在记账文本的下方，如图 18-3 和图 18-4 所示。

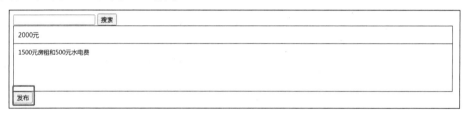

图 18-3

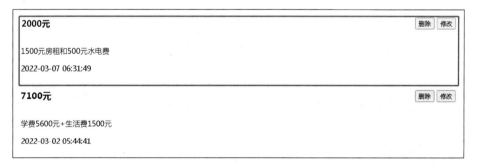

图 18-4

3．搜索账单记录

（1）上方有搜索账单记录，如图 18-5 所示。

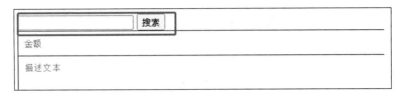

图 18-5

（2）点击"搜索"按钮，通过金额搜索就可以知道每笔金额的花销。

（3）搜索后记录会展示在表单下方，如图 18-6 所示。

图 18-6

4．删除与修改账单记录

（1）点击"删除"按钮可以删除选中的账单记录。

（2）点击"修改"按钮可以将当前记录显示到上方表单中，并将按钮改为"更新"，如图 18-7 所示。

图 18-7

（3）点击"更新"按钮即可更新账单信息。

18.3　设计思路

1．创建项目

使用 Composer 创建 Laravel 项目，项目名称为 blo。

2．文件设计

blo 项目中包含的文件如表 18-1 所示。

表 18-1

类型	文件	说明
PHP 文件	routes/web.php	路由文件
	resources/views/index.blade.php	记账表单模板文件
	app/Http/Controllers/BlogController.php	Blog 控制器文件
CSS 文件	css/blog.css	页面样式文件

3．页面设计（resources/views）

记账表单模板如图 18-8 所示。

图 18-8

4．路由设计

（1）路由文件为 routes/web.php。

（2）相关路由如表 18-2 所示。

表 18-2

路由	方法	响应
/	GET	BlogController::index()方法
/blog/add	POST	BlogController::add()方法
/blog/search	GET	BlogController::search()方法
/blog/del/{bid}	GET	BlogController::del()方法
/blog/mod/{bid}	GET	BlogController::get()方法
/blog/mod	POST	BlogController::mod()方法

5．控制器类

（1）控制器类基类：app/Http/Controllers/Controller。

（2）记账表单控制器类：BlogController，继承自 Controller 类。

（3）使用 artisan 命令创建控制器。

进入项目根目录，启动命令行窗口，输入如下命令。

```
>> php artisan make:controller BlogController
```

6．模型类

（1）模型类基类：Illuminate\Database\Eloquent\Model。

（2）记账表单模型类：app/Http/Blog，继承自 Model 类。

（3）使用 artisan 命令创建模型类。

进入项目根目录，启动命令行窗口，输入如下命令。

```
>> php artisan make:model Blog
```

7．创建数据库脚本文件 blo.sql

代码如下。

```sql
DROP DATABASE IF EXISTS blo;
CREATE DATABASE blo;
USE blo;

SET NAMES utf8mb4;
SET FOREIGN_KEY_CHECKS = 0;

-- ----------------------------
-- Table structure for blo
-- ----------------------------
DROP TABLE IF EXISTS `blo`;
CREATE TABLE `blo`(
  `id` int(11) NOT NULL AUTO_INCREMENT COMMENT '主键',
  `money` varchar(255) CHARACTER SET utf8mb4 COLLATE utf8mb4_bin NULL
DEFAULT NULL COMMENT '金额',
  `content` text CHARACTER SET utf8mb4 COLLATE utf8mb4_bin NULL COMMENT '描
述文本',
  `created_at` timestamp(0) NULL DEFAULT NULL COMMENT '创建时间',
  `updated_at` timestamp(0) NULL DEFAULT NULL COMMENT '更新时间',
  PRIMARY KEY (`id`) USING BTREE
) ENGINE = MyISAM AUTO_INCREMENT = 11 CHARACTER SET = utf8mb4 COLLATE =
utf8mb4_bin ROW_FORMAT = Dynamic;

-- ----------------------------
-- Records of blo
-- ----------------------------
INSERT INTO `blo` VALUES (10, '2000 元', '1500 元房租和 500 元水电费', '2022-03-
07 06:31:49', '2022-03-07 06:31:49');
```

```
INSERT INTO `blo` VALUES (5, '7100 元', '学费 5600 元+生活费 1500 元', '2022-03-
02 05:44:41', '2022-03-02 05:44:41');
INSERT INTO `blo` VALUES (7, '393 元', '水费 50 元+电费 50 元+买菜 35 元+饮料 8 元+生
活用品 250 元', '2022-03-02 05:46:53', '2022-03-02 05:46:53');

SET FOREIGN_KEY_CHECKS = 1;
```

18.4 实验实施（跟我做）

18.4.1 步骤一：创建 Laravel 项目

（1）进入 E 盘，启动命令行窗口。

（2）运行 composer 命令，创建 Laravel 项目 blo。

```
composer create-project --prefer-dist laravel/laravel blo。
```

（3）等待项目创建完成，如图 18-9 所示。

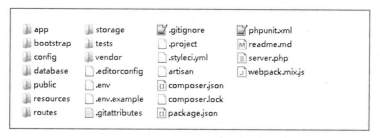

图 18-9

（4）配置 Apache 服务器（xampp/apache/conf/extra/httpd-vhosts.conf）。

```
<VirtualHost *:80>
    DocumentRoot "E:/blogs/public/"
    <Directory "E:/blogs/public/">
        Options Indexes FollowSymLinks MultiViews
        AllowOverride all
        Require all granted
        php_admin_value upload_max_filesize 128M
        php_admin_value post_max_size 128M
        php_admin_value max_execution_time 360
        php_admin_value max_input_time 360
    </Directory>
</VirtualHost>
```

（5）重启 XAMPP 服务器。

（6）在浏览器的地址栏中输入 "http://localhost"，如图 18-10 所示。

（7）点击 "Shell" 按钮，登录 MySQL，使用 source 命令导入数据库脚本文件 blo.sql。

在 config/database.php 文件中配置 MySQL 的用户名、密码和数据库名。在.env 文件中配置数据库。

图 18-10

18.4.2　步骤二：配置路由

编写 routes/web.php 文件。

（1）进入主页，先查询记账表单获得数据，再显示主页（GET）。

```
Route::get('/', "BlogController@index");
```

（2）在记账表单处添加数据（GET）。

```
Route::post("/blog/add","BlogController@add");
```

（3）搜索记账表单数据（POST）。

```
Route::post("/blog/search", "BlogController@search");
```

（4）查询单条记账表单数据（GET）。

```
Route::get("/blog/mod/{bid}", "BlogController@get");
```

（5）修改记账表单数据（GET）。

```
Route::post("/blog/mod", "BlogController@mod");
```

（6）删除单条记账表单数据（POST）。

```
Route::get("/blog/del/{bid}", "BlogController@del");
```

注意：Laravel 8.*以上的版本的路由语法与 Laravel 6.*版本的有一定的区别。

18.4.3　步骤三：创建控制器类

（1）进入 blo 文件夹，启动命令行窗口。

（2）输入"php artisan make:controller BlogController"，如图 18-11 所示。

```
\blo>php artisan make:controller BlogController
Controller created successfully.
```

图 18-11

（3）在 BlogController 类中创建的方法有 index()、add()、search()、del()、get()和 mod()。

18.4.4　步骤四：实现记账页面的功能

创建模板文件 index.blade.php。

代码如下。

```
<!DOCTYPE html>
<html>
<head>
    <meta charset="utf-8"/>
    <link rel="stylesheet" href="{{ URL::asset('css/blog.css') }}">
    <title>智能记账本</title>
</head>
<body>
<header>
    <form action="/blog/search" method="get">
        <input type="text" name="keyword"/>
        <input type="submit" value="搜索"/>
    </form>
</header>

<section>
    <form action="{{ isset($blog) ? '/blog/mod' : '/blog/add' }}" method=
"post">
        <div>
            {!! csrf_field() !!}
            <input type="hidden" name="bid" value="{{ isset($blog) ? $blog->
id : 0 }}"/>
            <input type="text" name="money" placeholder="金额" value="{{ isset
($blog) ? $blog->money : '' }}"/>
            <textarea name="content" rows="5" placeholder="描述文本">{{ isset
($blog) ? $blog->content : '' }}</textarea>
        </div>
        <input type="submit" value="{{ isset($blog) ? '更新' : '发布' }}" />
    </form>

    @if(isset($blogs))
        @foreach($blogs as $b)
            <article>
                <div class="b-t">
                    <h3>{{$b->money}}</h3>
                    <div class="act">
```

```
                    <a href="/blog/del/{{ $b->id }}"><button>删除</button>
</a>
                    <a href="/blog/mod/{{ $b->id }}"><button>修改</button>
</a>
                </div>
            </div>
            <p id="b-c">
                {{$b->content}}
            </p>
            <p id="b-c">
                {{$b->created_at}}
            </p>
        </article>
    @endforeach
  @endif
</section>
</body>
</html>
```

18.4.5 步骤五：创建模型类

（1）在 app 文件夹下创建 Blog 模型类。

（2）进入项目目录，启动命令行窗口，输入命令创建 Blog 模型类，如图 18-12 所示。

图 18-12

（3）配置 Blog 模型类。

```
class Blog extends Model
{
    //定义模型关联的数据表（一个模型只操作一个表）
    protected $table = 'blo';
    //定义禁止操作的时间
    public $timestamps = false;
    //设置允许写入的数据字段
    protected $fillable = ['money','content'];
}
```

18.4.6 步骤六：显示记账列表

1. 页面样式文件

在 public/css 文件夹中创建 blog.css 文件。

```
body{ min-width:677px}
/*首页*/
section{
   width: 60%;
   margin-right: 10%;
}
section form div{
   border: 1px black solid;
}
section form input[type="text"]{
   display: block;
   width: 100%;
   border: 0;
   border-bottom: 1px black solid;
}
section form textarea{
   border: 0;
   width: 100%;
   resize: none;
}
section input[type="text"],textarea{
   box-sizing: border-box;
   outline: 0;
   padding: 10px;
}
article .b-t{
   display: flex;
   align-items: center;
   justify-content: space-between;
}
```

2. 编写 BlogController::index()方法

获取 blo 表数据，若有数据则展示，否则不展示。

```
public function index(){
   $blogs =  DB::table("blo")->get();
   return view("index",[
      'blogs'=>$blogs
   ]);
}
```

3. 编写 BlogController::search()方法

- 通过搜索框传递参数 keyword，通过 Request 接收参数。

- 判断 keyword 是否为空。若不为空，则查询数据；若为空，则查询所有数据并展示。

```php
public function search(Request $request) {
    $keyword = $request->input("keyword");
    if($keyword) {
        $blogs = Blog::orderBy("created_at", "desc")->where("money", "like",
"%$keyword%")->get();
    } else {
        $blogs = Blog::orderBy("created_at", "desc")->get();
    }
    return view("index", [
        "blogs" => $blogs
    ]);
}
```

18.4.7   步骤七：添加账单

编写 BlogController::add()方法。

- 通过 Request 接收参数。
- 通过 "new 模型名()" 操作数据并保存到数据库中。

```php
public function add(Request $request){
    $money = $request->input("money");
    $content = $request->input("content");
    $blog = new Blog();
    $blog->money =$money;
    $blog->content = $content;
    $blog->timestamps = time();
    $blog->save();

    return redirect('/');
}
```

18.4.8   步骤八：修改和删除账单

（1）删除：href ="/blog/del/记账 id"。
（2）获取选取的账单：href ="/blog/mod/记账 id"。
（3）修改账单。
（1）编写 BlogController::del()方法。

- 通过 Request 接收参数。
- 通过 delete()方法执行删除操作。

```php
public function del(Request $request, $bid) {
    Blog::where("id", $bid)->delete();
    return redirect('/');
```

```
}
```

（2）编写 BlogController::get()方法。

- 通过 Request 接收参数。
- 通过 first()方法查询一条数据。

```
public function get(Request $request, $bid) {
    $blog = Blog::where("id", $bid)->first();
    return view("index", [
        "blog" => $blog
    ]);
}
```

（3）编写 BlogController::mod()方法。

- 通过 Request 接收参数。
- 通过模型类 Blog 更新账单信息。

```
public function mod(Request $request) {
    $bid = $request->input("bid");
    $money = $request->input("money");
    $content = $request->input("content");

    //更新记账信息
    $blog = Blog::where("id", $bid)->first();
    $blog->money = $money;
    $blog->content = $content;
    $blog->save();
    return redirect('/');
}
```

第 19 章
ThinkPHP 框架：医院挂号系统

19.1 实验目标

（1）掌握 PHP 面向对象编程技术。

（2）掌握 ThinkPHP 路由的使用方法。

（3）掌握 ThinkPHP 控制器的使用方法。

（4）掌握 ThinkPHP 模板的使用方法。

（5）综合运用 ThinkPHP 框架开发医院挂号系统。

本章的知识地图如图 19-1 所示。

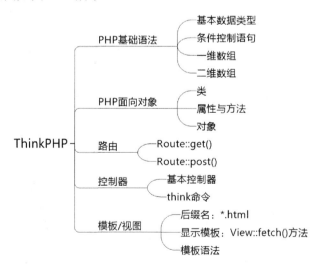

图 19-1

19.2　实验任务

使用 ThinkPHP 框架开发一个简单的医院挂号系统。

（1）患者需要选择就诊科室、主治医生，并填写个人信息，系统会根据患者选择的科室和医生显示相应的挂号费用。

（2）选择就诊科室后，点击"下一步"按钮，跳转到"主治医生"页面并显示科室的主治医生。选择主治医生后，点击"下一步"按钮，跳转到"个人信息"页面并输入个人信息，如图 19-2 所示。

图 19-2

（3）在"个人信息"页面填写完信息并点击"提交"按钮后，将显示预约挂号信息，包括患者的姓名、手机号码、就诊科室、医生和挂号费用，如图 19-3 所示。

图 19-3

19.3　设计思路

1．创建项目

使用 Composer 创建 ThinkPHP 项目，项目名称为 doctor。

2．文件设计

doctor 项目中包含的文件如表 19-1 所示。

表 19-1

类型	文件	说明
PHP 文件	route/app.php	路由文件
	app/controllers/Doctor.php	Doctor 控制器文件
HTML 文件	view/doctor/departments.html	"就诊科室"页面文件
	view/doctor/next.html	"主治医生"页面文件
	view/doctor/start.html	"个人信息"页面文件
	view/doctor/index.html	"预约信息"页面文件
CSS 文件	public/static/css/quiz.css	页面样式文件

3．页面设计（view/doctor）

（1）"就诊科室"页面如图 19-4 所示。

（2）"主治医生"页面如图 19-5 所示。

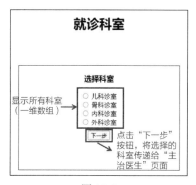

图 19-4

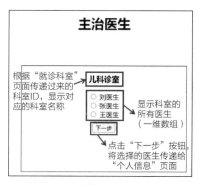

图 19-5

（3）"个人信息"页面如图 19-6 所示。

（4）"预约信息"页面如图 19-7 所示。

图 19-6

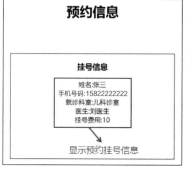

图 19-7

4．路由设计

（1）路由文件：route/app.php。

（2）进入医院挂号系统路由：请求方式为 GET，URL 为/，响应为 Doctor::departments()。

（3）点击"下一步"按钮，跳转到"主治医生"页面路由：请求方式为 POST，URL 为
/next，响应为 Doctor::next()。

（4）点击"下一步"按钮，跳转到提交"个人信息"页面路由：请求方式为 POST，URL 为/start，响应为 Doctor::start()。

（5）提交个人信息，跳转到"预约信息"页面路由：请求方式为 POST，URL 为/index，响应为 Doctor::index()。

5．控制器类

（1）医院挂号系统控制器类：Doctor。

（2）使用 think 命令创建控制器。

进入项目根目录，启动命令行窗口，输入命令"php think make:controller Doctor --plain"。

（3）function departments()方法：用于选择就诊科室。

（4）function next()方法：用于选择主治医生，并保存就诊科室的选择。

（5）function start()方法：用于提交个人信息。

（6）function index()方法：用于显示预约挂号信息。

（7）function getMoney()方法：用于计算挂号费用。

6．数据定义

（1）在 Doctor 类中定义静态变量$depts，变量的数据类型是一维数组，用于保存所有科室数据。

（2）在 Doctor 类中定义静态变量$consulting，变量的数据类型是二维数组，用于保存所有科室的医生数据。

19.4　实验实施（跟我做）

19.4.1　步骤一：创建 ThinkPHP 项目

（1）进入 E 盘，启动命令行窗口。

（2）在命令行窗口中运行 composer 命令，创建 ThinkPHP 项目，项目名称为doctor。

```
composer create-project topthink/think doctor
```

（3）等待项目创建完成，创建完成后的 ThinkPHP 项目目录结构如图 19-8 所示。

图 19-8

（4）配置 Apache 服务器（xampp/apache/conf/extra/httpd-vhosts.conf）。

```
<VirtualHost *:80>
    DocumentRoot "E:/doctor/public/"
    <Directory "E:/doctor/public/">
        Options Indexes FollowSymLinks MultiViews
        AllowOverride all
        Require all granted
        php_admin_value upload_max_filesize 128M
        php_admin_value post_max_size 128M
        php_admin_value max_execution_time 360
        php_admin_value max_input_time 360
    </Directory>
</VirtualHost>
```

（5）在 XAMPP 控制面板中重启 Apache 服务器。

（6）打开浏览器，在地址栏中输入"http://localhost"，显示的页面如图 19-9 所示。

图 19-9

19.4.2　步骤二：配置路由

编写路由配置文件 route/app.php。

（1）进入医院挂号系统路由（GET）。

```
Route::get('/', "doctor/departments");
```

（2）提交当前选择的诊室信息，进入"主治医生"页面（POST）。

```
Route::post("/next", "doctor/next");
```

（3）点击"下一步"按钮，进入"个人信息"页面（POST）。

```
Route::post("/start", "doctor/start");
```

（4）提交个人信息，进入"预约信息"页面（POST）。

```
Route::post("/index", "doctor/index");
```

19.4.3　步骤三：创建控制器类

（1）进入 doctor 文件夹，启动命令行窗口。

（2）在命令行窗口中输入"php think make:controller Doctor --plain"命令，如图 19-10

所示。

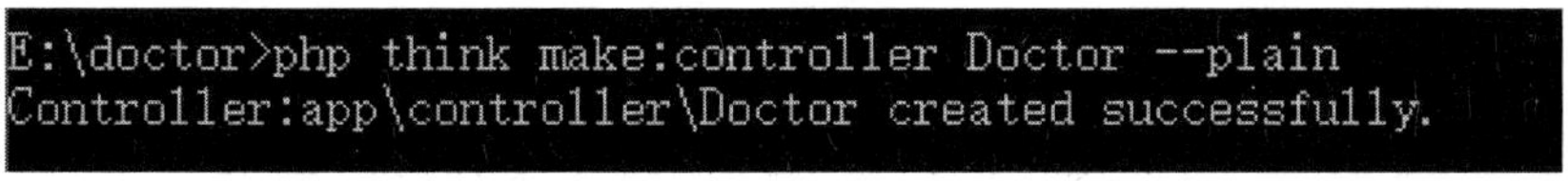

```
E:\doctor>php think make:controller Doctor --plain
Controller:app\controller\Doctor created successfully.
```

图 19-10

（3）上述命令执行成功后，将自动在 app/controllers/文件夹中创建 Doctor.php 文件。

（4）编辑 Doctor.php 文件，在 Doctor 类中创建方法 departments()、next()、start()和 index()。

```php
namespace app\controller;
use think\Request;

class Doctor
{
    public function departments() {
    }

    public function next(Request $request) {
    }

    public function start(Request $request) {
    }

    public function index(Request $request) {
    }
}
```

19.4.4　步骤四：编写模板文件 departments.html

（1）创建页面样式文件。

在 public/static/css 文件夹中创建 quiz.css 文件。

```css
h1{text-align: center;}
.box{
    margin: auto;
    border: solid 1px black;
    margin-top: 5%;
    width: 400px;
    height: 250px;
    text-align: center;
}
button{margin-top: 10px;}
```

（2）在 views/doctor/文件夹中创建模板文件 departments.html。

在模板文件中导入静态/static/css/quiz.css 文件时，默认会从 Web 根目录（也就是 public

目录）下加载该文件。

```html
<!DOCTYPE html>
<html>
<head>
    <meta charset="utf-8" />
    <link rel="stylesheet" href="/static/css/quiz.css">
</head>
<body>
</body>
</html>
```

模板文件和样式文件所在的目录如图 19-11 所示。

图 19-11

（3）编写控制器 Doctor 的业务逻辑代码。

在 Doctor 类中定义一个静态成员变量$depts，该成员变量是一个一维数组，用来存储所有就诊科室信息。

```php
class Doctor
{
    static $depts = array(
        "儿科诊室",
        "骨科诊室",
        "内科诊室",
        "外科诊室"
    );
    ......
    ......
}
```

在 Doctor 类中编写 departments()方法，使用 View 类的 fetch()方法加载模板文件

departments.html，并将就诊科室信息传递到模板中。

```
namespace app\controller;
use think\Request;
use think\facade\View;

class Doctor
{
    ......
    public function departments(){
        $option = self::$depts;
        return View::fetch('departments',[
            'option'=>$option
        ]);
    }
    ......
}
```

通过执行"composer require topthink/think-view"命令来安装 think-view 模板引擎，如图 19-12 所示。

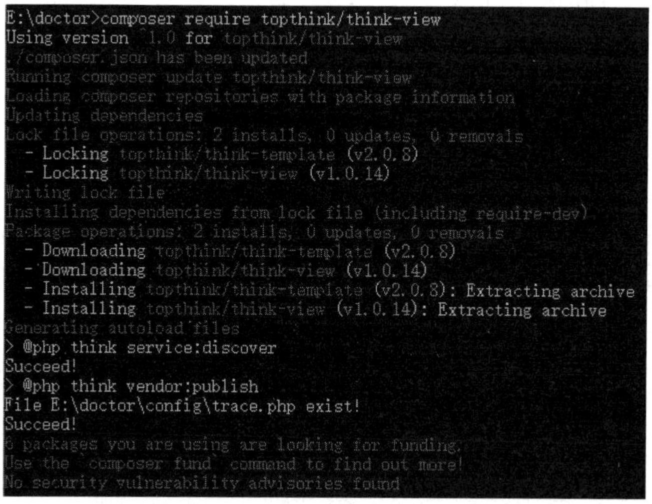

图 19-12

（4）编辑模板文件 departments.html，在页面上展示就诊科室。

在模板文件 departments.html 中添加"就诊科室"页面的标题和内容。

```
<!DOCTYPE html>
<html>
    ......
    <body>
        <h1>就诊科室</h1>
        <div class="box">
            <h3>选择科室</h3>
```

```
            </div>
        </body>
</html>
```

添加就诊科室选择 form 表单，使用模板语法{foreach}{/foreach}遍历就诊科室信息数组，将所有就诊科室展示在页面上。

```
<div class="box">
    <h3>选择科室</h3>
    <form action="/next" method="post">
        {foreach $option as $key=>$value}
        <input type="radio" name="choices" value="{$key}">{$value} <br/>
        {/foreach}
        <button type="submit">下一步</button>
    </form>
</div>
```

19.4.5 步骤五：编写模板文件 next.html

（1）在 view/doctor/文件夹中创建模板文件 next.html。

（2）编写控制器 Doctor 的业务逻辑代码。

在 Doctor 类中定义一个静态成员变量$consulting，该成员变量是一个二维数组，用于存储所有就诊科室的主治医生信息。

```
static $consulting = array(
    array("刘医生","张医生","王医生"),
    array("祝医生","曹医生","李医生",),
    array("达医生","尹医生","易医生",),
    array("三医生","四医生","五医生",)
);
```

在 Doctor 类中定义一个私有方法 getMoney()，用来计算挂号费用。根据就诊科室 ID，通过 switch 语法返回相应的挂号费用。

```
private function getMoney($deptid){
    switch ($deptid){
        case 0:
            return 10;
        case 1:
            return 15;
        case 2:
            return 20;
        case 3:
            return 25;
        default:
            return 5;
```

编写 Doctor 类的 next()方法，接收传递过来的就诊科室 ID 并保存到变量$choices 中，通过调用 getMoney()方法计算挂号费用，查找就诊科室信息及就诊科室下的所有医生信息。把相关信息保存到 Session 中，并传递到 next 模板中。

```php
namespace app\controller;
use think\Request;
use think\facade\View;
use think\facade\Session;

class Doctor
{
    ......
    public function next(Request $request)
    {
    //接收就诊科室 ID
    $choices = $request->post("choices");
        //计算挂号费用，并获取就诊科室名称和医生信息
        $money = $this->getMoney($choices);
        $deptname = self::$depts[$choices];
        $options = self::$consulting[$choices];
        Session::set('money',$money);
        Session::set('choices',$choices);
        Session::set('deptname',$deptname);
        return View::fetch('next',[
            'deptname' => $deptname,
            'options' => $options
        ]);
    }
    ......
}
```

当使用 Session 时，需要编辑 app 目录下的 middleware.php 文件，删除文件中 Session 中间件定义的注释"//"，如图 19-13 所示。

图 19-13

（3）编辑模板文件 next.html，显示选择的就诊科室下的所有医生。

- 通过输出变量$deptname 的值来显示选择的就诊科室。
- 添加主治医生选择的 form 表单，并设置表单的提交地址和方法。
- 使用模板语法{foreach}{/foreach}循环遍历医生信息数组，将所有医生的信息展示在页面上。

```html
<!DOCTYPE html>
<html>
<head>
    <meta charset="utf-8" />
    <link rel="stylesheet" href="/static/css/quiz.css">
</head>
<body>
<h1>主治医生</h1>
<div class="box">
    <h3>{$deptname}</h3>
    <form action="/start" method="post">
        {foreach $options as $key=>$value}
        <input type="radio" name="doctor" value="{$key}"> {$value} <br />
        {/foreach}
        <button type="submit">下一步</button>
    </form>
</div>
</body>
</html>
```

19.4.6　步骤六：编写模板文件 start.html

（1）在 view/doctor 文件夹中创建模板文件 start.html。

（2）编写 Doctor 类的 start()方法的业务逻辑。

- 接收选择的主治医生 ID，并从 Session 中读取选择的就诊科室 ID。
- 根据选择的就诊科室和主治医生的 ID 获取主治医生的名称，并将主治医生的名称写入 Session 中。
- 使用 View 类的 fetch()方法加载 start.html 模板文件。

```php
public function start(Request $request)
{
    //接收选择的主治医生 ID
    $doctor = $request->post('doctor');
    //从 Session 中读取选择的就诊科室 ID
    $choices = Session::get('choices');
    //根据选择的就诊科室和主治医生的 ID,获取主治医生的名称
    $con = self::$consulting[$choices][$doctor];
```

```
    Session::set('con',$con);
    return View::fetch('start');
}
```

（3）编辑模板文件 start.html，显示填写个人信息的页面。

- 添加个人信息填写 form 表单，并设置表单的提交地址和方法。
- 在表单中添加输入姓名和手机号码的文本框、表单提交按钮。

```
<!DOCTYPE html>
<html>
<head>
    <meta charset="utf-8" />
    <link rel="stylesheet" href="/static/css/quiz.css">
</head>
<body>
    <h1>个人信息</h1>
    <div class="box">
        <h3>验证信息</h3>
        <form action="/index" method="post">
            姓 名: <input type="text" name="name"><br />
            手机号码: <input type="text" name="iphone"><br />
            <button type="submit">提交</button>
        </form>
    </div>
</body>
</html>
```

19.4.7　步骤七：编写模板文件 index.html

（1）在 view/doctor 文件夹中创建模板文件 index.html。

（2）编写 Doctor 类的 index()方法的业务逻辑。

- 接收在"个人信息"页面中填写的姓名和手机号码，并写入变量中。
- 从 Session 中取出就诊科室名称、主治医生名称和挂号费用。
- 使用 View 类的 fetch()方法加载模板文件 index.html，并将所有数据传递到模板中。

```
public function index(Request $request)
{
    //接收在"个人信息"页面中填写的姓名和手机号码
    $name = $request->post('name');
    $iphone = $request->post('iphone');
    //从 Session 中取出就诊科室名称、主治医生名称和挂号费用
    $deptname = Session::get('deptname');
    $consulting = Session::get('con');
    $money = Session::get('money');
```

```
return View::fetch('index',[
        'name' => $name,
        'iphone' =>$iphone,
        'deptname' => $deptname,
        'consulting' => $consulting,
        'money' => $money
    ]);
}
```

（3）编辑模板文件 index.html，展示所有的预约挂号信息。

```
<!DOCTYPE html>
<html>
<head>
    <meta charset="utf-8" />
    <link rel="stylesheet" href="/static/css/quiz.css">
</head>
<body>
    <h1>预约信息</h1>
    <div class="box">
        <h3>挂号信息</h3>
        <div>
            姓名:{$name}<br/>
            手机号码:{{$iphone}}<br/>
            就诊科室:{$deptname}<br/>
            医生:{$consulting}<br/>
            挂号费用:{$money}<br/>
        </div>
    </div>
</body>
</html>
```

第 20 章
ThinkPHP 框架：智能
记账本

20.1 实验目标

（1）掌握 ThinkPHP 数据库信息的配置方法。

（2）掌握 ThinkPHP 数据库查询选择器的使用方法。

（3）掌握 ThinkPHP 数据库模型类的创建。

（4）掌握 ThinkPHP 使用模型操作数据库的方法。

（5）综合运用 ThinkPHP 框架开发智能记账本。

本章的知识地图如图 20-1 所示。

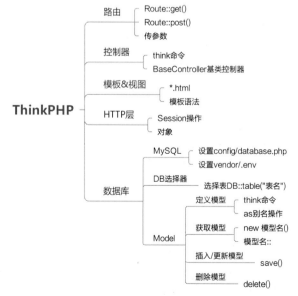

图 20-1

20.2 实验任务

使用 ThinkPHP 框架开发一个简易的智能记账本。

1. 展示首页

记账表单主要由搜索框及"搜索"按钮、表单、"发布"按钮、记账信息组成，如图 20-2 所示。

图 20-2

2. 添加账单记录

先填写金额和记账文本，再点击"发布"按钮生成新的记账记录，并且展示在文本下方，如图 20-3 和图 20-4 所示。

图 20-3

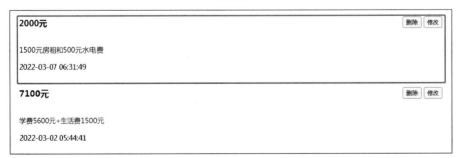

图 20-4

3. 搜索账单记录

（1）上方有搜索账单记录，如图 20-5 所示。

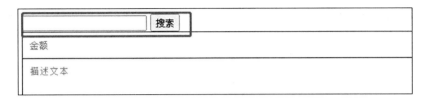

图 20-5

（2）点击"搜索"按钮，通过金额进行搜索就可以知道每笔金额的花销。

（3）搜索后记录会展示在表单下方，如图 20-6 所示。

图 20-6

4．删除与修改账单记录

（1）点击"删除"按钮可以删除选中的账单记录。

（2）点击"修改"按钮可以将当前记录显示到表单上方，并将按钮改为"更新"，如图 20-7 所示。

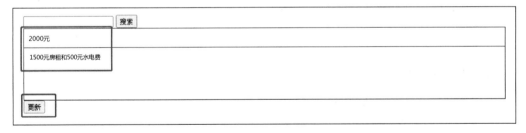

图 20-7

（3）点击"更新"按钮即可更新账单信息。

20.3　设计思路

1．创建项目

使用 Composer 创建 ThinkPHP 项目，项目名称为 book。

2．文件设计

book 项目中包含的文件如表 20-1 所示。

表 20-1

类型	文件	说明
PHP 文件	route/app.php	路由文件
	app/controllers/Blog.php	Blog 控制器文件
CSS 文件	public/static/css/blog.css	页面样式文件
HTML 文件	view/blog/index.html	记账表单页面文件

3．页面设计（view/blog）

记账表单页面如图 20-8 所示。

图 20-8

4．路由设计

（1）路由文件：route/app.php。

（2）相关路由如表 20-2 所示。

表 20-2

路由	方法	响应
/	GET	BlogController::index()方法
/blog/add	POST	BlogController::add()方法
/blog/search	GET	BlogController:search()方法
/blog/del/{bid}	GET	BlogController::del()方法
/blog/mod/{bid}	GET	BlogController::get()方法
/blog/mod	POST	BlogController::mod()方法

5．控制器类

（1）控制器类基类：app/controllers/BaseController。

（2）记账表单控制器类：Blog。

（3）使用 think 命令创建控制器。

进入项目根目录，启动命令行窗口，输入如下命令。

```
>> php think make:controller Blog
```

6．模型类

（1）记账表单模型类：app/model/Blog，继承自 Model 类。

（2）使用 think 命令创建模型类。

进入项目根目录，启动命令行窗口，输入如下命令。

```
>> php think make:model Blog
```

7．创建数据库脚本文件 blo.sql

```sql
DROP DATABASE IF EXISTS blo;
CREATE DATABASE blo;
USE blo;

SET NAMES utf8mb4;
SET FOREIGN_KEY_CHECKS = 0;

-- ----------------------------
-- Table structure for blo
-- ----------------------------
DROP TABLE IF EXISTS `blo_copy`;
CREATE TABLE `blo_copy` (
  `id` int(11) NOT NULL AUTO_INCREMENT COMMENT '主键',
  `money` varchar(255) CHARACTER SET utf8mb4 COLLATE utf8mb4_bin NULL
DEFAULT NULL COMMENT '金额',
  `content` text CHARACTER SET utf8mb4 COLLATE utf8mb4_bin NULL COMMENT '描
述文本',
  `create_time` timestamp(0) NULL DEFAULT NULL COMMENT '创建时间',
  `update_time` timestamp(0) NULL DEFAULT NULL COMMENT '更新时间',
  PRIMARY KEY (`id`) USING BTREE
) ENGINE = MyISAM AUTO_INCREMENT = 13 CHARACTER SET = utf8mb4 COLLATE =
utf8mb4_bin ROW_FORMAT = Dynamic;

-- ----------------------------
-- Records of blo_copy
-- ----------------------------
INSERT INTO `blo_copy` VALUES (12, '1500元', '生活费1500元', '2022-03-08
17:27:40', '2022-03-08 17:27:40');
INSERT INTO `blo_copy` VALUES (5, '7000元', '学费5500元+生活费1500元',
'2022-03-02 05:44:41', '2022-03-08 15:09:36');
```

```
INSERT INTO `blo_copy` VALUES (7, '393 元', '水费 50 元+电费 50 元+买菜 35 元+饮料 8
元+生活用品 250 元', '2022-03-02 05:46:53', '2022-03-02 05:46:53');
INSERT INTO `blo_copy` VALUES (11, '2500 元', '2100 元房租和 400 元水电燃气费用',
'2022-03-08 14:49:38', '2022-03-08 14:49:38');

SET FOREIGN_KEY_CHECKS = 1;
```

20.4 实验实施（跟我做）

20.4.1 步骤一：创建 ThinkPHP 项目

（1）进入 E 盘，启动命令行窗口。

（2）运行 composer 命令，创建 ThinkPHP 项目 book（使用的命令为 composer create-project topthink/think book）。

（3）等待项目创建完成，如图 20-9 所示。

图 20-9

（4）配置 Apache 服务器（xampp/apache/conf/extra/httpd-vhosts.conf）。

```
<VirtualHost *:80>
    DocumentRoot "E:/book/public/"
    <Directory "E:/book/public/">
        Options Indexes FollowSymLinks MultiViews
        AllowOverride all
        Require all granted
        php_admin_value upload_max_filesize 128M
        php_admin_value post_max_size 128M
        php_admin_value max_execution_time 360
        php_admin_value max_input_time 360
    </Directory>
</VirtualHost>
```

（5）重启 XAMPP 服务器。

（6）在浏览器的地址栏中输入"http://localhost"，页面效果如图 20-10 所示。

图 20-10

（7）点击"Shell"按钮，登录 MySQL，使用 source 命令导入数据库脚本文件 blo.sql。在 config/database.php 文件中配置 MySQL 的用户名、密码和数据库名。在.env 文件中配置数据库。

20.4.2　步骤二：配置路由

编写 route/app.php 文件。

（1）进入主页，先查询记账表单获得数据，再显示主页（GET）。

```
Route::get('/', "Blog/index");
```

（2）在记账表单处添加数据（GET）。

```
Route::post("/blog/add","Blog/add");
```

（3）搜索记账表单数据（POST）。

```
Route::post("/blog/search", "Blog/search");
```

（4）查询单条记账表单数据（GET）。

```
Route::get("/blog/mod/:bid", "Blog/get");
```

（5）修改记账表单数据（GET）。

```
Route::post("/blog/mod", "Blog/mod");
```

（6）删除单条记账表单数据（POST）。

```
Route::get("/blog/del/:bid", "Blog/del");
```

20.4.3　步骤三：创建控制器类

（1）进入 book 文件夹，启动命令行窗口。

（2）输入"php think make:controller Blog"命令，如图 20-11 所示。

图 20-11

（3）在 Blog 类中创建方法 index()、add()、search()、del()、get()和 mod()。

20.4.4 步骤四：实现记账页面功能

注意： ThinkPHP 在使用视图时需要执行"composer require topthink/think-view"命令。

当使用 Session 时，需要编辑 app 目录下的 middleware.php 文件，去掉注释"//"，如图 20-12 所示。

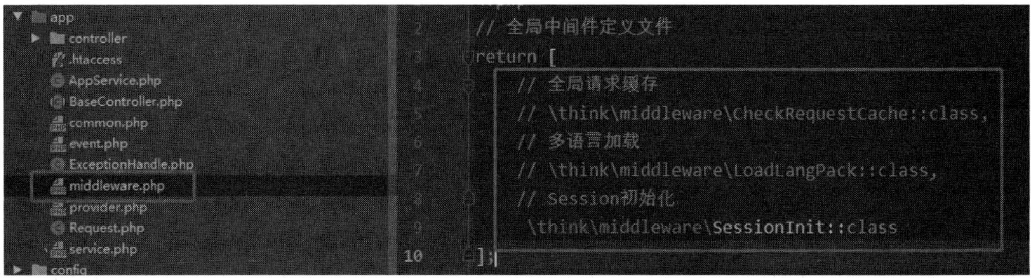

图 20-12

创建 index.html 文件。

```html
<!DOCTYPE html>
<html>
<head>
    <meta charset="utf-8"/>
    <link rel="stylesheet" href="/static/css/blog.css">
    <title>智能记账本</title>
</head>
<body>
<header>
    <form action="/blog/search" method="get">
        <input type="text" name="keyword"/>
        <input type="submit" value="搜索"/>
    </form>
</header>

<section>
    <form action="{$blog ? '/blog/mod' : '/blog/add' }" method="post">
        <div>
            <input type="hidden" name="bid" value="{$blog ? $blog['id'] : 0 }"/>
            <input type="text" name="money" placeholder="金额" value="{$blog ?
$blog['money'] : '' }"/>
            <textarea name="content" rows="5" placeholder="描述文本">{$blog ?
$blog['content'] : '' }</textarea>
        </div>
        <input type="submit" value="{$blog ? '更新' : '发布'}"/>
    </form>
```

```
{if isset($blogs)}
{foreach $blogs as $b}
<article>
    <div class="b-t">
        <h3>{$b['money']}</h3>
        <div class="act">
            <a href="/blog/del/{$b['id']}"><button>删除</button></a>
            <a href="/blog/mod/{$b['id']}"><button>修改</button></a>
        </div>
    </div>
    <p id="b-c">
        {$b['content']}
    </p>
    <p id="b-c">
        {$b['create_time']}
    </p>
</article>
{/foreach}
{/if}
</section>
</body>
</html>
```

20.4.5　步骤五：创建模型类

（1）在 app 文件夹中创建 Blog 模型类。

（2）进入项目目录，启动命令行窗口，输入命令创建 Blog 模型类，如图 20-13 所示。

```
·php think make:model Blog
Model:app\model\Blog created successfully.
```

图 20-13

（3）配置 Blog 模型类。

```
class Blog extends Model
{
    protected $table='blo_copy';
    protected $autoWriteTimestamp = 'datetime';
}
```

20.4.6　步骤六：显示记账列表

1．创建页面样式文件

在 public/static/css 文件夹中创建 blog.css 文件。

```
body{ min-width:677px}
/*首页*/
section{
    width: 60%;
    margin-right: 10%;
}
section form div{
    border: 1px black solid;
}
section form input[type="text"]{
    display: block;
    width: 100%;
    border: 0;
    border-bottom: 1px black solid;
}
section form textarea{
    border: 0;
    width: 100%;
    resize: none;
}
section input[type="text"],textarea{
    box-sizing: border-box;
    outline: 0;
    padding: 10px;
}
article .b-t{
    display: flex;
    align-items: center;
    justify-content: space-between;
}
```

2. 编写 Blog::index()方法

获取 blo 表数据，若有数据则在页面中展示，否则不展示。

```
public function index()
{
    $blogs = Db::table('blo_copy')->select()->toArray();
    return View::fetch('index',[
        'blogs'=>$blogs
    ]);
}
```

3. 编写 Blog::search()方法

- 通过搜索框传递参数 keyword，通过 Request 接收参数。
- 判断 keyword 是否为空。若不为空，则查询数据；若为空，则查询所有数据并展示。

```php
public function search(Request $request)
{
    $keyword = $request->get('keyword');
    if ($keyword){
        $blogs = Blog::order('create_time','desc')->where("money", "like",
"%$keyword%")->select();
    }else{
        $blogs = Blog::order('create_time','desc')->select();
    }
    return View::fetch("index", [
        "blogs" => $blogs
    ]);
}
```

20.4.7　步骤七：添加账单

编写 Blog::add()方法。

- 通过 Request 接收参数。
- 通过 "new 模型名()" 操作数据并保存到数据库中。

```php
public function add(Request $request)
{
    $money = $request->post('money');
    $content = $request->post('content');
    $blog = new Blog();
    $blog->money = $money;
    $blog->content = $content;
    $blog->save();
    return redirect('/');
}
```

20.4.8　步骤八：修改和删除账单

（1）编写 Blog::del()方法。

- 通过 Request 接收参数。
- 使用 delete()方法执行删除操作。

```php
public function del($bid)
{
    Blog::where('id',$bid)->delete();
```

```
    return redirect('/');
}
```

（2）编写 BlogController::get()方法。

- 通过 Request 接收参数。
- 使用 find()方法在数据库中查询一条数据。

```
public function get($bid)
{
    $blog = Blog::where("id", $bid)->find();
    return View::fetch("index", [
        "blog" => $blog
    ]);
}
```

（3）编写 Blog::mod()方法。

- 通过 Request 接收参数。
- 通过模型类 Blog 更新账单信息。

```
public function mod(Request $request)
{
    $blog = $request->all();
    $blogs = Blog::where('id',$blog['bid'])->find();
    $blogs->money = $blog['money'];
    $blogs->content = $blog['content'];
    $blogs->save();
    return redirect('/');
}
```

第 21 章

ThinkPHP 框架：图书 App

21.1　实验目标

（1）掌握使用 Composer 创建 ThinkPHP 项目的方法。

（2）了解 ThinkPHP 项目的结构。

（3）理解控制器的使用方法。

（4）理解 ThinkPHP 模型，以及如何进行数据相关操作。

（5）掌握 Think-Template 模板的安装和使用方法。

（6）掌握连接 MySQL 的方法。

（7）综合运用 ThinkPHP 框架开发"图书 App"。

本章的知识地图如图 21-1 所示。

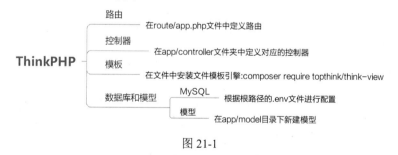

图 21-1

21.2　实验任务

"图书 App"的首页包括 4 部分，分别为头部左侧的"图书 App"和右侧的消息图标，以及 Banner 图、分类导航和图书动态。"图书动态"列表由动态内容标题和右侧的图片组成，整体采用 Bootstrap 进行页面布局。页面效果如图 21-2 所示。

当点击首页的"图书动态"列表时，会执行路由/info/{id}，并根据当前动态数据 ID 跳转到图书简介页面。图书简介页面显示当前动态的标题、发布时间、图片、动态图书简介（见图 21-3），点击"返回"按钮可以返回首页。

图 21-2

图 21-3

21.3 设计思路

1．创建项目

使用 Composer 创建项目，项目名称为 books_app。

2．文件设计

books_app 项目中包含的文件如表 21-1 所示。

表 21-1

类型	文件	说明
PHP 文件	app/controller/IndexController.php	控制器文件
	app/model/ArticleModel.php	文章数据库模型文件
	route/app.php	路由文件
	config/route.php	路由配置文件
	config/view.php	模板配置文件
CSS 文件	public/static/css/base.css	基础样式文件
	public/static/css/index.css	index.html 专用样式文件
	public/static/css/info.css	info.html 专用样式文件

续表

类型	文件	说明
HTML 文件	view/Index/index.html	首页页面文件
	view/Index/info.html	文章详情页面文件
配置文件	.env	环境配置文件

3．控制器和路由配置

控制器和路由配置如表 21-2 所示。

表 21-2

路由	方法	响应
/	GET	请求 index.html 页面
/info	GET	请求 info.html 页面
/book/:id	GET	IndexController::getBookById()方法
/book	GET	IndexController::getAllBooks()方法

IndexController 控制器内部包含 4 个方法。

- Index()方法：用来显示首页。
- Info()方法：用来显示图书简介页面。
- getBookById()方法：用来根据图书 ID 查询并返回数据。
- getAllBooks()方法：用来查询所有图书数据。

4．页面设计

按照目标设计静态页面。

5．数据库设计

- 数据库：books_app。
- 数据表：tp_book。

```sql
DROP TABLE IF EXISTS `tp_book`;
CREATE TABLE `tp_book` (
  `book_id` int(10) unsigned NOT NULL AUTO_INCREMENT,
  `book_title` varchar(30) NOT NULL,
  `book_introduction` text NOT NULL,
  `book_author` varchar(20) NOT NULL DEFAULT '反诈中心',
  `book_date` date DEFAULT NULL,
  `book_pic` varchar(255) DEFAULT NULL,
  PRIMARY KEY (`book_id`),
  UNIQUE KEY `book_title` (`book_title`)
) ENGINE=InnoDB AUTO_INCREMENT=4 DEFAULT CHARSET=utf8;
insert into `tp_article`(`book_id`,`book_title`,`book_introduction`,
`book_author`,`book_date`,`book_pic`) values (1,"Web 前端开发（中级·上册）",
"<p>面向职业院校...</p>","考试中心","2022-12-11","upload/1.jpg"},{2,"Web 前端开
```

发（中级·下册）","<p>...Web 前端开发职业技能等级...</p>","考试中心","2022-12-11","upload/2.jpg"},{3,"Web 前端开发实训案例教程（中级）","<p>本书是...指导用书。</p>","新奥时代","2022-12-11","upload/3.jpg");

6. 模型类

ArticleModel：定义表名、主键和字段信息。

21.4　实验实施（跟我做）

21.4.1　步骤一：创建 ThinkPHP 项目

（1）打开 cmd 命令行窗口，进入 xampp/htdocs 目录。

通过执行 "composer create-project topthink/think books_app" 命令来创建项目。

（2）当项目创建完成之后，会生成对应项目的文件和文件夹，结构如图 21-4 所示。

（3）在 cmd 命令行窗口中进入 books_app 目录，启动项目，执行 php think run 命令。

（4）打开浏览器，在地址栏中输入 "127.0.0.1:8000"，查看项目的初始化页面，效果如图 21-5 所示。

图 21-4

图 21-5

21.4.2　步骤二：配置路由和控制器

（1）打开 config/route.php 文件，修改控制器后缀。

```
'controller_suffix' => true
```

（2）修改控制器文件 app/Index.php。

- 将 Index.php 文件的名称修改为 IndexController.php。
- 将类名 Index 修改为 IndexController。

删除原有方法，对类中的方法进行初始化，创建 index()、info()、getAllBooks()和

getBookById()4 个方法，分别用来显示首页、显示详情页、通过 SQL 语句读取数据列表内容和获取每个数据的 ID。

```php
<?php
namespace app\controller;
use app\BaseController;

class IndexController extends BaseController {
    public function index() {
        return '首页';
    }
    public function info() {
        return '图书简介页面';
    }
    public function getAllBooks() {
        return '图书列表';
    }
    public function getBookById($id) {
        return $id;
    }
}
```

（3）打开 route/app.php 文件，为控制器的每个方法配置路由，创建首页路由、图书简介路由、获取所有图书数据路由、通过 ID 获取指定图书数据路由。

```php
<?php
    use think\facade\Route;
    Route::get('/', '/Index/index');
    Route::get('/info', '/Index/info');
    Route::get('/book', '/Index/getAllBooks');
    Route::get('/book/:id', '/Index/getBookById');
```

（4）根据路由访问 http://127.0.0.1:8000、http://127.0.0.1:8000/info、http://127.0.0.1:8000/book 和 http://127.0.0.1:8000/book/2，在浏览器上显示对应的结果，如图 21-6 所示。

图 21-6

21.4.3 步骤三：安装模板引擎和设计静态页面

（1）安装 ThinkPHP 自带的模板引擎。

打开 cmd 命令行窗口，进入项目根目录。

通过执行"composer require topthink/think-view"命令来安装模板引擎，安装过程如图 21-7 所示。

图 21-7

（2）安装完成后，在控制器文件 IndexController.php 中引入 View 类。

```php
<?php
namespace app\controller;
use app\BaseController;
use think\facade\View;//引入 View 类
class IndexController extends BaseController{
  ......
}
```

（3）先在 view 目录下创建 Index 目录，再在 Index 目录下创建 index.html 文件，用来显示首页内容。

```html
<!DOCTYPE html>
<html lang="en">
<head>
    <meta charset="UTF-8">
    <meta name="viewport" content="width=device-width, initial-scale=1.0">
    <title>图书 App</title>
</head>
<body>
    图书 App
</body>
</html>
```

（4）在 Index/index()方法中渲染上面创建的 index.html 文件，通过 View::fetch()方法进行映射。

```php
<?php
```

```
namespace app\controller;
use app\BaseController;
use think\facade\View;

class IndexController extends BaseController {
    public function index() {
        return View::fetch();
    }
}
```

（5）在浏览器的地址栏中输入"http://127.0.0.1:8000"，效果如图 21-8 所示。

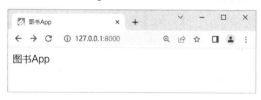

图 21-8

（6）首页设计。

在 public/static 目录下创建 css 文件夹、js 文件夹、images 文件夹和 upload 文件夹。

将 Bootstrap 包和字体图标文件放入 public/static 目录下。static 目录结构如图 21-9 所示。

图 21-9

打开 config/view.php 文件，在该文件的 return 数组的最后一项中配置所需的路径。

```
'tpl_replace_string' => [
    '__STATIC__'  =>  '/static',
    '__JS__'      =>  '/static/js',
    '__CSS__'     =>  '/static/css',
    '__IMG__'     =>  '/static/images',
]
```

首页的页面布局如图 21-10 所示。

Header
Banner
Cate
Content-list

图 21-10

（7）在 index.html 文件中引入对应页面的依赖 JavaScript 文件和 CSS 文件。通过 Bootstrap 的 container 类设置首页整体布局。

```html
<!DOCTYPE html>
<html lang="en">
<head>
    <meta charset="UTF-8">
    <meta name="viewport" content="width=device-width, initial-scale=1.0">
    <title>Document</title>
    <link rel="stylesheet"
href="__STATIC__/bootstrap/css/bootstrap.min.css">
    <link rel="stylesheet" href="__CSS__/base.css">
    <link rel="stylesheet" href="__CSS__/index.css">
    <link rel="stylesheet" href="__STATIC__/font/iconfont.css">
    <script src="__JS__/jquery.min.js"></script>
</head>
<body>
<div class="container">
......
</div>
</body>
</html>
```

（8）实现首页头部的布局，包括左侧的标题和右侧的回复消息内容。在<div class="container">标签内部添加<div>标签，用来设置 header 类和 row 类。<div>标签的布局方式为栅格布局，左侧在移动端占 4 列，显示"图书 App"内容，类名为 col-xs-4；右侧显示消息图标，在移动端占 1 列并偏移 6 列，类名为 col-xs-1 和 col-xs-offset-6。

```html
<div class="header row">
  <div class="col-xs-4 title">图书 App</div>
  <div class="col-xs-1 col-xs-offset-6">
    <span class="iconfont icon-xiaoxi"></span>
  </div>
</div>
```

（9）导航分类。设置<div class="header row">的同级标签<div class="cate">，通过栅格系统布局进行页面设置，在移动端显示的每个导航分类占 3 列，类名为 col-xs-3。每个导航分类通过对应的图标和标题进行上下布局。

```html
<div class="cate">
    <div class="row">
        <div class="col-xs-3">
            <span class="iconfont icon-baojing"></span>
            <div>计算机类</div>
        </div>
        <div class="col-xs-3">
```

```html
        <span class="iconfont icon-shenqinghezuo"></span>
        <div>生物学类</div>
      </div>
      <div class="col-xs-3">
        <span class="iconfont icon-fengkongyujing"></span>
        <div>体育类</div>
      </div>
      <div class="col-xs-3">
        <span class="iconfont icon-shenfenzheng"></span>
        <div>艺术类</div>
      </div>
    </div>
</div>
```

（10）图书动态。在分类导航同级下，设置最新图书动态。使用\<h2\>标签设置标题内容，通过无序列表\<ul\>标签和\<li\>标签显示动态数据。设置\<li\>标签的类名为 row，通过栅格系统将内容分为左侧占 8 列和右侧占 4 列，左侧显示动态标题和动态发布时间，右侧显示动态图片。

```html
<h2 class="title">图书动态</h2>
<ul class="content-list">
  <li class="row">
    <a href="#">
      <div class="title col-xs-8">
        <div>Web 前端开发（中级·上册）</div>
<p>考试中心 2022-12-11</p>
      </div>
      <div class="pic col-xs-4"></div>
    </a>
  </li>
  <li class="row">
    <a href="#">
      <div class="title col-xs-8">
        <div>Web 前端开发（中级·下册）</div>
<p>考试中心 2022-12-11</p>
      </div>
      <div class="pic col-xs-4"></div>
    </a>
  </li>
  <li class="row">
    <a href="#">
      <div class="title col-xs-8">
        <div>Web 前端开发实训案例教程</div>
<p>新奥时代 2022-12-11</p>
```

```
        </div>
        <div class="pic col-xs-4"></div>
    </a>
  </li>
</ul>
```

（11）通过设置 base.css 文件来定义项目的基本样式，包括 body 元素和 a 元素，以及
container 类初始化样式。

```
* {
    margin: 0;
    padding: 0;
}
body {
    font:14px/1.5 "微软雅黑";
    background-color: #f0f0f0;
    color: #333;
}
a {
    text-decoration: none;
    color: #333;
}
.container {
    padding: 0 10px;
}
```

（12）index.css 文件用来定义首页所需的样式，包括头部、导航分类和图书动态的样式。

```
.header {
    height: 50px;
    line-height: 50px;
}

.header .title {
    margin-left: 5px;
    font-size: 20px;
    font-weight: 700;
}

.header .iconfont {
    font-size: 20px;
}

.banner{
    background-image: url(/static/images/book.jpg);
    background-size: cover;
```

```
    height: 240px;
    border-radius: 5px;
}

.cate {
    padding: 10px 10px;
    margin-top: 15px;
    border-radius: 5px;
    background-color: #fff;
}

.cate>div {
    text-align: center;
}

.cate>div>div>div {
    margin-top: 5px;
}

.cate .iconfont {
    background-color: #519AEC;
    padding: 10px;
    color: #fff;
    border-radius: 50%;
    font-size: 40px;
}

h2.title {
    font-size: 20px;
    font-weight: 700;
    margin-left: 3px;
}

.content-list {
    margin-top: 10px;
    border-radius: 5px;
    background-color: #fff;
}

.content-list li {
    list-style-type: none;
    border-bottom: 1px solid #f0f0f0;
```

```
    padding: 10px 10px;
}

.content-list li .title {
    width: 70%;
    font-size: 16px;
    font-weight: 700;
    padding-right: 13px;
}

.content-list li .title>p {
    margin-top: 10px;
    font-size: 12px;
    font-weight: 400;
}

.content-list .pic {
    background-image: url(../upload/4.jpg);
    background-size: cover;
    width: 29%;
    height: 80px;
}
```

静态页面完成后的访问结果如图 21-2 所示。

（13）详情页的设计。

在 view/Index 目录下创建 info.html 页面文件，引入所需的 JavaScript 文件和对应的 CSS 文件。通过<div class="container">设置页面的布局，同时设置<body>标签的背景色为白色。

```
<!DOCTYPE html>
<html lang="en">
    <head>
        <meta charset="UTF-8">
        <meta name="viewport" content="width=device-width, initial-scale=1.0">
        <title>图书 App</title>
        <link rel="stylesheet" href="__STATIC__/bootstrap/css/bootstrap.min.css">
        <link rel="stylesheet" href="__CSS__/base.css">
        <link rel="stylesheet" href="__CSS__/info.css">
        <link rel="stylesheet" href="__STATIC__/font/iconfont.css">
        <script src="__JS__/jquery.min.js"></script>
        <style>
            body {
                background-color: #fff;
```

```
        }
    </style>
</head>
<body>
    <div class="container">
        <div class="header row">
            <div class="back col-xs-2">
                <a href="/"><span class="iconfont icon-youjiantou"></span>
</a>
            </div>
            <div class="col-xs-8">图书 App</div>
            <div class="col-xs-2">
                <span class="iconfont icon-fenxiang"></span>
            </div>
        </div>


        <div class="book">
            <h2 class="title"></h2>
            <div class="author"></div>
            <div class="pic"></div>
            <div class="introduction"></div>
        </div>
    </div>
</body>
```

添加详情页的头部内容和详情信息，头部通过栅格布局，在移动端显示左侧两列，中间 8 列，右侧两列。

```
<div class="header row">
    <div class="back col-xs-2">
        <a href="/"><span class="iconfont icon-youjiantou"></span></a>
    </div>
    <div class="col-xs-8">图书 App</div>
    <div class="col-xs-2">
        <span class="iconfont icon-fenxiang"></span>
    </div>
</div>
```

实现详情页数据渲染，通过 AJAX 请求访问数据库获取数据，并渲染到页面中，其中包括图书名称、发布时间、图书封面和图书简介。

```
<div class="article">
  <h2 class="title"></h2>
  <div class="author"></div>
  <div class="pic"></div>
  <div class="introduction"></div>
```

```
</div>
```

修改 Index 控制器中的 info()方法，渲染 info.html 页面。

```
public function info() {
    return View::fetch();
  }
```

编写 info.css 文件。

```css
.header {
    height: 40px;
    line-height: 40px;
    text-align: center;
    font-size: 20px;
    border-bottom: 1px solid #ccc;
}

.header .iconfont {
    font-size: 20px;
}

.book {
    margin-top: 15px;
}

.book>div {
    margin-top: 10px;
}

.book .title {
    text-align: center;
    font-size: 18px;
    padding: 0 15px;
    font-weight: bold;
}

.book .author {
    text-indent: 2em;
}

.book .pic {
    text-align: center;
}

.book>.introduction p {
```

```
        text-indent: 2em;
}
```

在浏览器的地址栏中输入"http://127.0.0.1:8000"，效果如图 21-2 所示。

21.4.4　步骤四：配置数据库和创建模型

1. 配置数据库

将.example.env 文件修改为.env 文件。

打开.env 文件，配置数据库信息。

```
[DATABASE]
TYPE = mysql
HOSTNAME = 127.0.0.1
DATABASE = books_app
USERNAME = root
PASSWORD = 123456
HOSTPORT = 3306
CHARSET = utf8
DEBUG = true
PREFIX = tp_
```

2. 创建模型

在 app 目录下创建 model 目录。

创建 ArticleModel.php 文件。

编写模型文件。

```php
<?php
namespace app\model;
use think\Model;

class ArticleModel extends Model {
    protected $name = 'book';
    protected $pk = 'book_id';
}
?>
```

修改 Index 控制器中的 getBookById()方法和 getAllBooks()方法。getAllBooks()方法通过调用 Article 模型查询数据，通过调用 ArticleModel 模板使用里面的 article 数据库，通过 order()方法进行查询，并以 JSON 格式输出。getBookById()方法通过传递$id 参数进行条件查询，并将查询到的结果以 JSON 格式返回。

```php
<?php
namespace app\controller;
use app\BaseController;
use think\facade\View;
```

```
use app\model\ArticleModel;
class IndexController extends BaseController {
    public function indexAction() {
        return View::fetch();
    }
    public function infoAction() {
        return View::fetch();
    }
    public function getAllBooksAction() {
        $art = new ArticleModel();
        $result = $art->order('book_date', 'desc')->select();
        return json($result);
    }
    public function getBookByIdAction($id) {
        $art = new ArticleModel();
        $result = $art->where('book_id', $id)->find();
        return json($result);
    }
}
```

在浏览器的地址栏中输入"http://127.0.0.1:8000/book"，将页面返回的结果粘贴到浏览器控制台中，按 Enter 键后将显示最终返回的数据，如图 21-11 所示。

图 21-11

21.4.5 步骤五：在 index.html 文件中发送 AJAX 请求

请求地址为 http://127.0.0.1:8000/book，在获取数据后拼接成字符串渲染到页面上，通过 AJAX 的 GET 方式发送请求/article 路由，获取对应的数据，并将数据循环渲染到页面上，最终效果如图 21-2 所示。

```
var title_list = '';
$.ajax({
    type: 'get',
    url: '/book',
    success: function(response) {
        response.forEach(function(item) {
```

```
                title_list += `
                    <li class="row">
                        <a href="/info/${item.book_id}">
                            <div class="title col-xs-8">
                             <div>${item.book_title}</div>
                             <p>${item.book_author} ${item.book_date}</p>
                            </div>
                            <div class="pic col-xs-4"></div>
                        </a>
                    </li>    `
            })
            $('.content-list').html(title_list);
        }
})
```

21.4.6　步骤六：在 info.html 文件中接收参数并发送 AJAX 请求

接收页面跳转时传递的 book_id 参数，在得到 book_id 之后发送 AJAX 请求获取数据，并将得到的数据渲染到页面上，最终效果如图 21-3 所示。

```
var params = location.pathname.split('/');
$.ajax({
    type: 'get',
    url: '/book/' + params[params.length - 1],
    success: function(response) {
        var str = `
            <div class="title">${response.book_title}</div>
            <div class="author">${response.book_author} ${response.book_date}
</div>
            <div class="pic">
                <img width="200" src="/static/${response.book_pic}" />
            </div>
            <div class="introduction">${response.book_introduction}</div>`;
        $('.book').html(str);
    }
})
```

第 22 章

ThinkPHP 框架：数据统计系统

22.1 实验目标

（1）掌握使用 Composer 创建 ThinkPHP 项目的方法。

（2）了解 ThinkPHP 项目结构。

（3）理解控制器的使用方法。

（4）理解 ThinkPHP 模型，以及如何进行数据相关操作。

（5）掌握 Think-Template 模板的安装和使用方法。

（6）综合运用 ThinkPHP 框架开发数据统计系统。

本章的知识地图如图 22-1 所示。

图 22-1

22.2　实验任务

（1）使用 Composer 创建项目。

（2）开发数据统计系统的首页。该页面由头部和数据内容区两部分组成：头部显示"数据统计系统"和"退出"按钮；数据内容区由左右两部分组成，左侧显示菜单列表，右侧显示数据。页面效果如图 22-2 所示。

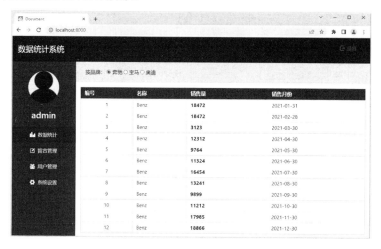

图 22-2

22.3　设计思路

1．创建项目

使用 Composer 创建项目。在文件夹中通过 cmd 命令进入 DOS 命令行窗口，输入创建项目的命令即可。

创建 Laravel 项目对应的文件，如表 22-1 所示。

表 22-1

类型	文件	说明
PHP 文件	app/controller/IndexController.php	控制器文件
	app/model/SalesModel.php	销售量数据库模型文件
	route/app.php	路由文件
	config/route.php	路由配置文件
	config/view.php	模板配置文件
CSS 文件	public/static/css/base.css	基础样式文件
	public/static/css/index.css	index.html 专用样式文件
HTML 文件	view/Index/index.html	首页页面文件
配置文件	.env	环境配置文件

项目结构如图 22-3 所示。

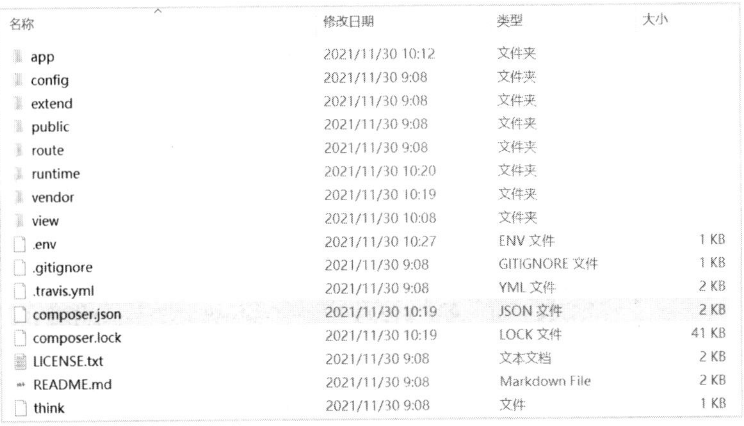

名称	修改日期	类型	大小
app	2021/11/30 10:12	文件夹	
config	2021/11/30 9:08	文件夹	
extend	2021/11/30 9:08	文件夹	
public	2021/11/30 9:08	文件夹	
route	2021/11/30 9:08	文件夹	
runtime	2021/11/30 10:20	文件夹	
vendor	2021/11/30 10:19	文件夹	
view	2021/11/30 10:08	文件夹	
.env	2021/11/30 10:27	ENV 文件	1 KB
.gitignore	2021/11/30 9:08	GITIGNORE 文件	1 KB
.travis.yml	2021/11/30 9:08	YML 文件	2 KB
composer.json	2021/11/30 10:19	JSON 文件	2 KB
composer.lock	2021/11/30 10:19	LOCK 文件	41 KB
LICENSE.txt	2021/11/30 9:08	文本文档	2 KB
README.md	2021/11/30 9:08	Markdown File	2 KB
think	2021/11/30 9:08	文件	1 KB

图 22-3

2．配置控制器和路由

根据项目需求，只需要配置两个路由，一个用来显示页面，另一个用来请求数据，如表 22-2 所示。

表 22-2

路由	方法	响应
/	GET	请求 index.html 页面
/brand/:name	GET	IndexController::getSalesByBrand()方法

IndexController 控制器内部包含两个方法。

（1）index()方法：用来显示首页。

（2）getSalesByBrand()方法：根据品牌名查询销售量。

3．设计页面

按照目标设计静态页面。

4．设计数据库

数据库名：sales。

数据表名：tp_sales。

```
DROP TABLE IF EXISTS `tp_sales`;
CREATE TABLE `tp_sales` (
  `id` int(10) unsigned NOT NULL AUTO_INCREMENT,
  `name` varchar(10) NOT NULL,
  `num` mediumint(9) NOT NULL,
  `date` date DEFAULT NULL,
  PRIMARY KEY (`id`)
) ENGINE=InnoDB DEFAULT CHARSET=utf8;
INSERT INTO `tp_sales`(`id`,`name`,`num`,`date`) VALUES
```

(1,'Benz',18472,'2021-01-31'),(23,'Benz',18472,'2021-02-28'),(24,'Benz', 3123,'2021-03-30'),(25,'Benz',12312,'2021-04-30'),(26,'Benz',9764,'2021-05-30'),(27,'Benz',11324,'2021-06-30'),(28,'Benz',16454,'2021-07-30'),(29, 'Benz',13241,'2021-08-30'),(30,'Benz',9899,'2021-09-30'),(31,'Benz',11212, '2021-10-30'),(32,'Benz',17985,'2021-11-30'),(33,'Benz',18866,'2021-12-30'),(34,'BMW',12341,'2021-01-30'),(35,'BMW',8684,'2021-02-28'),(36,'BMW', 19875,'2021-03-30'),(37,'BMW',11389,'2021-04-30'),(38,'BMW',12908,'2021-05-30'),(39,'BMW',9908,'2021-06-30'),(40,'BMW',8890,'2021-07-30'),(41,'BMW', 7980,'2021-08-30'),(42,'BMW',12131,'2021-09-30'),(43,'BMW',16980,'2021-10-30'),(44,'BMW',19870,'2021-11-30'),(45,'BMW',20010,'2021-12-30'),(46,'Audi', 13212,'2021-01-30'),(47,'Audi',11231,'2021-02-28'),(48,'Audi',9029,'2021-03-30'),(49,'Audi',13213,'2021-04-30'),(50,'Audi',16542,'2021-05-30'),(51, 'Audi',7765,'2021-06-30'),(52,'Audi',8901,'2021-07-30'),(53,'Audi',12313, '2021-08-30'),(54,'Audi',17654,'2021-09-30'),(55,'Audi',15765,'2021-10-30'),(56,'Audi',11231,'2021-11-30'),(57,'Audi',19987,'2021-12-30');

5．模型类

SalesModel 模型类用来定义数据库中的表，以及表中的主键和对应的字段信息。

22.4　实验实施（跟我做）

22.4.1　步骤一：创建 ThinkPHP 项目

（1）打开 cmd 命令行窗口，进入 xampp/htdocs 目录。

执行"composer create-project topthink/think sales"命令，创建项目。按 Enter 键，自动创建项目文件。

（2）项目创建完成之后的结构如图 22-3 所示。

（3）在 cmd 命令行窗口中进入 sales 目录，执行"php think run"命令，启动项目。在浏览器的地址栏中输入"127.0.0.1:8000"，效果如图 22-4 所示。

图 22-4

22.4.2　步骤二：配置路由和控制器

（1）打开 config/route.php 文件，修改控制器后缀，即'controller_suffix'=> true。

（2）修改 app/Index.php 控制器。

将 Index.php 文件的名称修改为 IndexController.php。

将类名 Index 修改为 IndexController。

删除原有方法，初始化类，并创建 index()方法和 getSalesByBrand()方法。index()方法用来显示首页页面；getSalesByBrand()方法根据用户传入的参数请求对应的数据，并以 JSON 格式返回数据。

```php
<?php
namespace app\controller;
use app\BaseController;
class IndexController extends BaseController {
  public function index() {
    return '首页';
  }
  public function getSalesByBrand($brand) {
    return '品牌名:' . $brand;
  }
}
```

（3）打开 route/app.php 文件，为控制器的每个方法配置路由，在路由中使用控制器的格式为"/控制器名/对应的方法"。

```php
<?php
use think\facade\Route;
Route::get('/', '/Index/index');
Route::get('/brand/:brand', '/Index/getSalesByBrand');
```

根据路由访问 http://127.0.0.1:8000 和 http://127.0.0.1:8000/brand/Benz 两个地址，在浏览器上显示对应的结果，如图 22-5 所示。

图 22-5

22.4.3　步骤三：安装模板引擎和设计静态页面

1. 安装 ThinkPHP 自带的模板引擎

（1）打开 cmd 命令行窗口，进入项目根目录。

（2）通过执行"composer require topthink/think-view"命令来安装模板引擎，安装过程如图 22-6 所示。

（3）安装完成后，在 Index 控制器中引入 View 类。

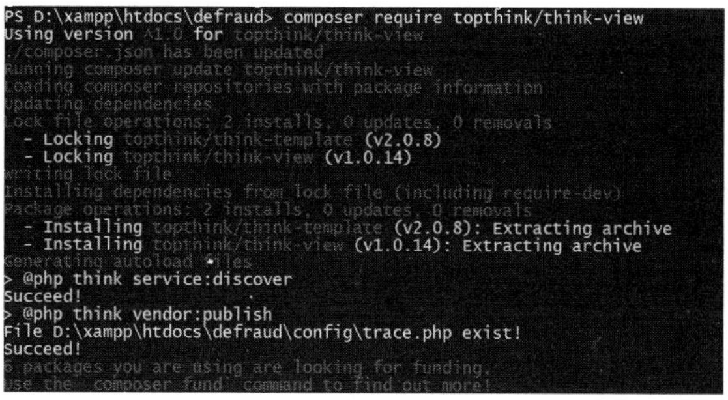

图 22-6

```php
<?php
namespace app\controller;
use app\BaseController;
use think\facade\View;
class IndexController extends BaseController {
......
}
```

（4）先在 view 目录下创建 Index 目录，再在 Index 目录下创建 index.html 文件，用来进行整体页面布局。在<body>标签中创建<div id="container">标签，用来进行数据布局。

```html
<!DOCTYPE html>
<html lang="en">
<head>
    <meta charset="UTF-8">
    <meta name="viewport" content="width=device-width, initial-scale=1.0">
    <title>Document</title>
</head>
<body>
    <div id="container">首页</div>
</body>
</html>
```

（5）在 Index/index()方法中渲染上面创建的 index.html 文件。

```php
<?php
namespace app\controller;
use app\BaseController;
use think\facade\View;
class IndexController extends BaseController {
    public function index() {  return View::fetch(); }
}
```

在浏览器的地址栏中输入"http://127.0.0.1:8000"，显示的效果如图 22-7 所示。

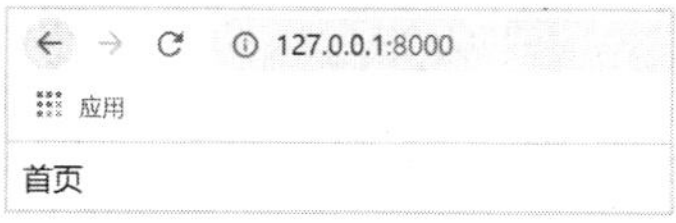

图 22-7

2．设计静态页面

（1）在 public/static 目录下创建目录 style、script、images 和 font，如图 22-8 所示。

名称	修改日期	类型	大小
font	2021/12/2 11:17	文件夹	
images	2021/12/2 11:17	文件夹	
script	2021/12/2 11:17	文件夹	
style	2021/12/2 11:17	文件夹	

图 22-8

（2）在 config/view.php 文件中配置所需的路径。

```
'tpl_replace_string' => [
    '__STATIC__' => '/static',
    '__JS__'     => '/static/script',
    '__CSS__'    => '/static/style',
    '__IMG__'    => '/static/images',
]
```

（3）页面布局如图 22-9 所示。

图 22-9

编辑 index.html 文件，并且完成对应页面数据的渲染和布局。

- 引入 index.html 文件所需的 CSS 文件，并完成头部的布局，头部分为左右两侧。在 <div id="container">标签中设置<div class="header">标签，采用 flex 布局，使头部的内容显示在两侧，且内容垂直居中。

```html
<!DOCTYPE html>
<html lang="en">
<head>
    <meta charset="UTF-8">
    <meta name="viewport" content="width=device-width, initial-scale=1.0">
    <title>Document</title>
    <link rel="stylesheet" href="__CSS__/bootstrap.min.css">
    <link rel="stylesheet" href="__STATIC__/font/iconfont.css">
    <link rel="stylesheet" href="__CSS__/index.css">
</head>
<body>
<div id="container">
```

```
<!--头部-->
<div class="header">
  <span>数据统计系统</span>
  <ul>
    <li><a href="javascript:;"><i class="iconfont icon-tuichu"></i>退出
</a></li>
  </ul>
</div>
</div>
```

- 实现内容布局。数据内容区分为左右两侧，使用 flex 进行页面布局。左侧通过<div class="aside">标签进行设置，内容包括用户图片和用户名，下面通过无序列表的<ul>标签和<li>标签来显示菜单列表。

```
<div class="content">
<div class="aside">
  <div>
    <img class="pic" src="__IMG__/default.jpeg">
    <h3 class="name">admin</h3>
  </div>
  <ul class="nav">
    <li class="active">
      <a href="#"><i class="iconfont icon-tongji2x"></i>数据统计</a>
    </li>
    <li>
      <a href="#"><i class="iconfont icon-pinglun"></i>留言管理</a>
    </li>
    <li>
      <a href="#"><i class="iconfont icon-yonghu"></i>用户管理</a>
    </li>
    <li>
      <a href="#"><i class="iconfont icon-shezhi"></i>系统设置</a>
    </li>
  </ul>
</div>
```

- 右侧通过<div class="main">标签进行设置。顶部通过分类单选按钮进行数据切换显示；底部通过表格进行布局，用来显示当前数据的 ID、名称、销售量和销售月份。

```
<!--数据内容区-->
<div class="main">
 <div class="title">
  按品牌:
  <input type="radio" name="brand" value="Benz" checked> 奔驰
  <input type="radio" name="brand" value="BMW"> 宝马
  <input type="radio" name="brand" value="Audi"> 奥迪
```

```
  </div>
<!--表格-->
<div class="container mt-3" >
    <table class="table table-bordered table-hover">
      <thead class="table-dark" style="line-height: 10px;">
      <tr>
      <th>编号</th>
      <th>名称</th>
      <th>销售量</th>
      <th>销售月份</th>
    </tr>
    </thead>
    <tbody style="line-height: 10px;"></tbody>
  </table>
</div>
```

　　（4）在 index.css 文件中定义 index.html 文件所需的样式。

```
html, body {
    width: 100%;
    height: 100%;
}
#container {
    position: relative;
    width: 100%;
    min-width: 1000px;
    height:100%;
    overflow: hidden;
}
/*头部布局*/
#container .header {
    width:100%;
    height: 80px;
    line-height: 40px;
    padding: 0 20px;
    background-color: #23262E;
    color: #fff;
    font-size: 25px;
    display: flex;
    justify-content: space-between;
    align-items: center;
}
.content{
    width: 100%;
```

```
    height: calc(100vh - 80px);
    display: flex;
    justify-content: flex-start;
}
.aside{
    width: 208px;
    background-color: #393D49;
    height: 100%;
}
.content .main{
    flex:1;
    height: 100%;
}
.header li {
    cursor: pointer;
    float: left;
    margin-right: 15px;
    padding: 0 10px;
    color: #fff;
font-size: 16px;
list-style: none;
}
.header li:hover {
    background-color: rgba(255, 255, 255, .3);
}
.header li .iconfont {
    margin-right: 5px;
}
#container .aside div {
    text-align: center;
    margin-top: 30px;
}
#container .aside .pic {
    width: 100px;
    border-radius: 50%;
}
#container .aside .name {
    margin-top: 20px;
    color: #fff
}
#container .aside .nav {
    margin-top: 20px;
```

```
}
#container .aside .nav li {
    width: 100%;
    height: 50px;
    line-height: 50px;
    text-align: center;
}
#container .aside .nav li:hover {
    background-color: rgba(0, 0, 0, .15)
}
#container .aside .nav li.active {
    background-color: rgba(0, 0, 0, .15)
}
#container .aside .nav li .iconfont {
    margin-right: 8px;
}
.main .title {
    padding: 20px 30px;
    background-color: #eee;
}
```

　　静态页面最终的效果如图 22-2 所示。

22.4.4　步骤四：配置数据库和创建模型

1．配置数据库

（1）将.example.env 文件修改为.env 文件。

（2）打开.env 文件配置数据库信息。

```
[DATABASE]
TYPE = mysql
HOSTNAME = 127.0.0.1
DATABASE = sales
USERNAME = root
PASSWORD = root
HOSTPORT = 3306
CHARSET = utf8
DEBUG = true
PREFIX = tp_
```

2．创建模型

（1）在 app 目录下创建 model 目录。

（2）创建 ArticleModel.php 文件。

（3）编写模型文件，表名为 tp_sales。定义表名$name = 'sales'，并设置表中的字段类型。

```php
<?php
namespace app\model;
use think\Model;
class SalesModel extends Model {
    protected $name = 'sales';
    protected $pk   = 'id';
    protected $schema = [
        'id'   => 'int',
        'name' => 'string',
        'num'  => 'string',
        'date' => 'string'
    ];
}
```

（4）修改 Index 控制器中的 getSalesByBrand()方法，调用 Article 模型，通过传入表中的 name 查询数据。

```php
<?php
namespace app\controller;
use app\BaseController;
use think\facade\View;
use app\model\SalesModel;
class IndexController extends BaseController {
    public function index() {...}
    public function getSalesByBrand($brand) {
        $saleModel = new SalesModel();
        $result = $saleModel->field('num')->where('name', $brand)->select();
        return json($result);
    }
}
```

在浏览器的地址栏中输入"http://localhost:8000/brand/Benz"测试接口，效果如图 22-10 所示。

图 22-10

22.4.5　步骤五：在 index.html 文件中发送 AJAX 请求

- 请求地址：http://127.0.0.1:8000/brand，根据品牌名获取数据。
- 修改 option 配置项中的重要配置，主要修改 series 中的 data 项，将 AJAX 返回的数据放在 series 的 data 项中。封装 show()方法传入品牌名，发送 AJAX 请求，请求方式为 GET，请求 URL 为 "/brand/品牌名"。请求成功后返回对应的数据，以 JSON 格式接收数据，通过字符串拼接渲染到表格中，通过选中单选按钮进行品牌数据传值，请求对应的数据。首页默认调用 show()方法传入 Benz 参数渲染表格。

```
function show (brand) {
    $.ajax({
        type: 'get',
        url: '/brand/' + brand,
    dataType: 'json',
    success: function (response) {
        var str = "";
        response.forEach(function (item,index) {
        str +='<tr><td align="center">' +(index+1)+'</td><td>'
            +item.name+'</td><td style="color:blue;font-weight:bold;">'
            +item.num+ '</td><td>' +item.date+ '</td></tr>'})
        $("tbody").html(str);
    }
  })
}
show('Benz');
```

22.4.6　步骤六：品牌选择功能

- 将上面发送 AJAX 请求的代码封装成一个函数，并且在页面载入时先调用一次此函数来获取页面默认显示的数据。
- 为每个品牌单选按钮绑定 change 事件，获取选中的品牌名，发送 AJAX 请求获取数据，即调用封装好的函数。

```
//获取所有品牌的单选按钮，绑定 change 事件，发送 AJAX 请求
$('[name="brand"]').change(function () {
var brand = $(this).val();
  show(brand);
})
```

第 23 章

AJAX+Java：世界杯

23.1 实验目标

（1）掌握 XMLHttpRequest 对象的创建和使用方法。

（2）掌握使用 AJAX 服务器发送异步请求的方法。

（3）掌握 AJAX 服务器响应的方法。

（4）掌握 JSON 数据格式。

（5）能熟练使用 AJAX 中的 JSON 数据格式与 Java Web 网站后端进行数据交互，能进行 Servlet 编程。

（6）综合运用 AJAX 技术开发"世界杯"页面。

本章的知识地图如图 23-1 所示。

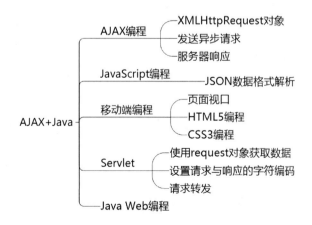

图 23-1

23.2　实验任务

　　开发"世界杯"页面，使用 AJAX 请求 Java，获取 A 组、B 组、C 组、D 组、E 组、F 组、G 组和 H 组 8 个小组的比赛队伍，每次请求 Java 都会显示当前小组的比赛球队信息。

　　使用 JavaScript 操作 DOM，将获取的小组球队信息实时更新至页面中。页面效果如图 23-2 所示。

图 23-2

23.3　设计思路

1. 创建项目

创建世界杯项目，项目名称为 WorldCup。

2. 文件设计

WorldCup 项目中包含的文件如表 23-1 所示。

表 23-1

类型	文件	说明
Java 文件	com/worldCup/servlet/WorldcupServlet.java	返回 JSON 格式的世界杯球队
	com/worldCup/model/WorldCup.java	世界杯球队数据项
HTML 文件	index/html	首页页面文件

23.4　实验实施（跟我做）

23.4.1　步骤一：创建项目和文件

（1）创建项目：项目名称为 WorldCup。

（2）创建页面。

index.html：世界杯首页页面文件。

（3）创建类。

WorldcupServlet 类：返回 JSON 格式的世界杯球队。

Worldcup 类：显示世界杯球队数据项。

项目结构如图 23-3 所示。

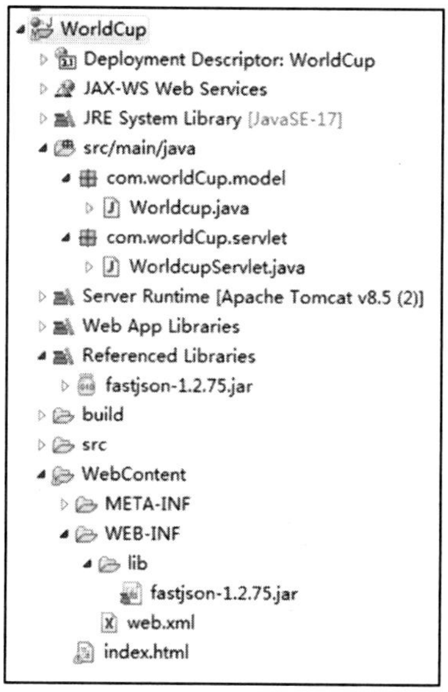

图 23-3

23.4.2　步骤二：实现 Servlet 类

（1）添加 fastjson.jar 包。

（2）创建 Worldcup 类。

```java
package com.worldCup.model;

import com.alibaba.fastjson.annotation.JSONField;

public class Worldcup {
    @JSONField(name = "one")
    private String one;
    @JSONField(name = "two")
    private String two;
    @JSONField(name = "three")
    private String three;
    @JSONField(name = "four")
    private String four;

    public Worldcup(String one, String two, String three, String four) {
        super();
        this.one = one;
        this.two = two;
        this.three = three;
```

```
        this.four = four;
    }

    public String getOne() {
        return one;
    }

    public void setOne(String one) {
        this.one = one;
    }

    public String getTwo() {
        return two;
    }

    public void setTwo(String two) {
        this.two = two;
    }

    public String getThree() {
        return three;
    }

    public void setThree(String three) {
        this.three = three;
    }

    public String getFour() {
        return four;
    }

    public void setFour(String four) {
        this.four = four;
    }
}
```

（3）创建 WorldcupServlet 类。

```
package com.worldCup.servlet;

import java.io.IOException;
import java.io.PrintWriter;
import java.util.ArrayList;
import java.util.List;
```

```java
import javax.servlet.ServletException;
import javax.servlet.annotation.WebServlet;
import javax.servlet.http.HttpServlet;
import javax.servlet.http.HttpServletRequest;
import javax.servlet.http.HttpServletResponse;

import com.alibaba.fastjson.JSON;
import com.worldCup.model.Worldcup;

/**
 *Servlet implementation class WorldcupServlet
 */
@WebServlet("/ListWorldCup")
public class WorldcupServlet extends HttpServlet {
    private static final long serialVersionUID = 1L;

    /**
     *@see HttpServlet#HttpServlet()
     */
    public WorldcupServlet() {
        super();
        //TODO Auto-generated constructor stub
    }

    /**
     *@see HttpServlet#doGet(HttpServletRequest request, HttpServletResponse
response)
     */
    protected void doGet(HttpServletRequest request, HttpServletResponse
response) throws ServletException, IOException {
        //TODO Auto-generated method stub
        //初始化世界杯球队数据
        List<Worldcup> data = new ArrayList<Worldcup>();
        data.add(new Worldcup("卡塔尔", "荷兰", "塞内加尔", "厄瓜多尔"));
        data.add(new Worldcup("英格兰", "伊朗", "美国", "威尔士"));
        data.add(new Worldcup("阿根廷", "沙特", "墨西哥", "波兰"));
        data.add(new Worldcup("法国", "丹麦", "突尼斯", "澳大利亚"));
        data.add(new Worldcup("西班牙", "德国", "日本", "哥斯达黎加"));
        data.add(new Worldcup("比利时", "加拿大", "摩洛哥", "克罗地亚"));
        data.add(new Worldcup("巴西", "塞尔维亚", "瑞士", "喀麦隆"));
        data.add(new Worldcup("葡萄牙", "加纳", "乌拉圭", "韩国"));
```

```
//获得城市天气信息
String team = request.getParameter("team");
String result = "";
if(team.equals("A")){
    result = JSON.toJSONString(data.get(0));
}else if(team.equals("B")){
    result = JSON.toJSONString(data.get(1));
}else if(team.equals("C")){
    result = JSON.toJSONString(data.get(2));
}else if(team.equals("D")){
    result = JSON.toJSONString(data.get(3));
}else if(team.equals("E")){
    result = JSON.toJSONString(data.get(4));
}else if(team.equals("F")){
    result = JSON.toJSONString(data.get(5));
}else if(team.equals("G")){
    result = JSON.toJSONString(data.get(6));
}else{
    result = JSON.toJSONString(data.get(7));
}

//返回 JSON 字符串
response.setCharacterEncoding("UTF-8");
response.setContentType("application/json; charset=utf-8");
PrintWriter writer = response.getWriter();
writer.append(result);
    }

}
```

23.4.3 步骤三：制作 HTML 页面

（1）搭建 index.html 页面结构。

```html
<!DOCTYPE html>
<html>
    <head>
        <meta charset="utf-8">
        <title>世界杯</title>
    </head>
    <body>
        <header>
            <h4>世界杯</h4>
```

```
    </header>
    <nav class="btn">
        <!--小组导航栏-->
    </nav>
    <section>
        <!--小组球队数据表格-->
    </section>
    </body>
</html>
```

（2）在\<nav\>标签中定义获取对应小组球队数据的按钮，为按钮绑定 onclick 事件，并将自身的 value 属性作为参数。

```
<nav class="btn">
<button onclick="load(this.value)" value="A">A 组</button>
    <button onclick="load(this.value)" value="B">B 组</button>
    <button onclick="load(this.value)" value="C">C 组</button>
    <button onclick="load(this.value)" value="D">D 组</button>
    <button onclick="load(this.value)" value="E">E 组</button>
    <button onclick="load(this.value)" value="F">F 组</button>
    <button onclick="load(this.value)" value="G">G 组</button>
    <button onclick="load(this.value)" value="H">H 组</button>
    <br/><br/>
</nav>
```

（3）编写展示球队数据的表格。

```
<table width="100%">
    <tr>
        <td>第一档</td>
        <td>第二档</td>
        <td>第三档</td>
        <td>第四档</td>
    </tr>
    <tr>
        <td></td>
        <td></td>
        <td></td>
        <td></td>
    </tr>
</table>
```

（4）运行效果如图 23-4 所示。

第一档	第二档	第三档	第四档

图 23-4

23.4.4　步骤四：制作 CSS 样式

（1）在 index.html 文件中添加<style>标签，在<style>标签中编写页面样式。

```
<!DOCTYPE html>
<html>
    <head>
        <meta charset="utf-8">
        <title>世界杯</title>
        <style type="text/css">
            /*编写页面样式*/
        </style>
    </head>
    <body>
    </body>
</html>
```

（2）使用 flex 弹性布局使城市导航栏显示为一行。

```
nav {
    display: flex;
    justify-content: space-between;/*各项之间留有等间距的空白*/
    align-items: center;/*居中对齐弹性盒的各项元素*/
}
```

运行效果如图 23-5 所示。

图 23-5

（3）使用 transition 过渡属性为当前被点击的小组添加变宽的效果。

```
.btn button {
    font-size: 0.875rem;
    width: 3.75em;
    height: 2.75em;
    border: 0;
    border-radius: 3px;
    transition: width 100ms;/*在 100ms 内改变 width 属性*/

}
.btn button:active {
    width: 4.5rem;/*当点击时，button 的宽度变为 4.5rem */
}
```

运行效果如图 23-6 所示。

图 23-6

23.4.5　步骤五：编写 AJAX 请求

1. 在 index.html 文件中请求/ListWeather

（1）创建对象：通过判断 window.XMLHttpRequest 来创建 XMLHttpRequest 对象。

（2）监听请求状态：为 onreadystatechange 属性设置函数。

（3）判断状态信息和状态码：通过 readyState 属性和 status 属性来判断请求是否成功。

（4）创建请求：使用 open()方法，3 个参数依次为 GET 请求类型、URL 请求路径和 true 异步请求。

（5）请求参数：将对应城市的名称通过 URL 传参，因为参数中包含中文，所以需要使用 setRequestHeader()函数设置参数的编码格式为 UTF-8。

（6）发起请求：send()方法。

（7）编写 AJAX 请求 XML 数据。

```
function load(value){
    var xmlHttp;
    if (window.XMLHttpRequest){
        //使用 IE 7 以上版本、Firefox、Chrome、Opera 和 Safari 浏览器执行代码
        xmlHttp=new XMLHttpRequest();
    }
    xmlHttp.onreadystatechange=function(){
        if (xmlHttp.readyState==4 && xmlHttp.status==200){
            /*实时更新小组球队信息*/
        }
    }
    xmlHttp.open("GET", "ListWorldCup?team="+ value, true);
    xmlHttp.setRequestHeader("Content-type", "text/plain; charset=utf-8");
    xmlHttp.send();
}
```

2. 在 index.html 文件中更新页面

（1）获取 JSON 格式的天气数据：responseText()方法返回字符串格式，JSON.parse()方法将字符串解析成 JSON 格式。

（2）获取小组球队信息并输入<td>标签中。

（3）获取 JSON 对象中的 one 值，并通过 innerHTML 赋值给第 5 个<td>标签。

（4）获取 JSON 对象中的 two 值，并通过 innerHTML 赋值给第 6 个<td>标签。

（5）获取 JSON 对象中的 three 值，并通过 innerHTML 赋值给第 7 个<td>标签。

（6）获取 JSON 对象中的 four 值，并通过 innerHTML 赋值给第 8 个<td>标签。

```
var json = JSON.parse(xmlHttp.responseText);
document.getElementsByTagName("td")[4].innerHTML = json.one;
document.getElementsByTagName("td")[5].innerHTML = json.two;
document.getElementsByTagName("td")[6].innerHTML = json.three;
document.getElementsByTagName("td")[7].innerHTML = json.four;
```

3．访问页面

访问页面并点击小组按钮，效果如图 23-2 所示。

第 24 章

Java：App 开发者信息管理

24.1 实验目标

（1）能使用 Bootstrap 的布局、栅格系统搭建网页基本结构。

（2）能使用 Bootstrap 的基本样式美化网页。

（3）掌握 Java 的基本语法和编码规范。

（4）能使用 JSP 脚本语法编写 JSP 页面。

（5）能采用 Servlet 技术编写 Java Web 服务端程序。

（6）能使用 SQL 语句插入、修改、删除和查询数据。

（7）能使用 Java 编程完成 MySQL 的新增、修改、删除和查询操作。

（8）综合应用 Java Web 和数据库操作技术开发 App 开发者信息管理应用程序。

本章的知识地图如图 24-1 所示。

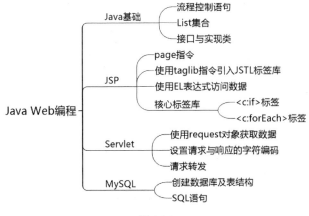

图 24-1

24.2 实验任务

（1）展示开发者信息列表。

访问应用程序的首页，显示开发者信息列表，包括开发者账号、开发者名称和开发者邮箱，如图 24-2 所示。

图 24-2

（2）新增开发者。

点击"新增开发者"按钮，跳转到"新增开发者"页面，如图 24-3 所示。先填写开发者信息，再点击"保存"按钮，如图 24-4 所示。

图 24-3

图 24-4

新增开发者操作成功后，显示新增后的开发者信息列表，如图 24-5 所示。

图 24-5

24.3　设计思路

1．创建项目

App 开发者信息管理项目的名称为 app。

2．文件设计

app 项目中包含的文件如表 24-1 所示。

表 24-1

类型	文件	说明
Java 文件	vip/app/dao/DevUserDao.java	数据访问接口
	vip/app/dao/impl/DevUserDaoImpl.java	数据访问实现类
	vip/app/model/DevUser.java	实体类
	vip/app/servlet/DevUserServlet.java	Servlet 处理类
	vip/app/util/DBUtil	数据库访问工具类
JSP 文件	add.jsp	"新增开发者"页面文件
	index.jsp	"开发者信息列表"页面文件

24.4　实验实施（跟我做）

24.4.1　步骤一：创建开发者信息表

创建开发者信息表 dev_user，该表包含 6 个字段，具体如下。

```
CREATE DATABASE appsys;
USE appsys;
CREATE TABLE IF NOT EXISTS `dev_user` (
 `id` int(30) NOT NULL AUTO_INCREMENT COMMENT '主键id',
 `devCode` varchar(50) NOT NULL COMMENT '开发者账号',
 `devName` varchar(50) DEFAULT NULL COMMENT '开发者名称',
```

```
`devPassword` varchar(50) DEFAULT NULL COMMENT '开发者密码',
`devEmail` varchar(50) DEFAULT NULL COMMENT '开发者邮箱',
`devInfo` varchar(500) DEFAULT NULL COMMENT '开发者简介',
PRIMARY KEY (`id`)
);
```

插入测试数据。

```
INSERT INTO `dev_user` VALUES ('1', 'liming@163.com', '汤姆', '909090',
'liming89@sohu.com', '5 年开发经验，擅长互联网项目');
INSERT INTO `dev_user` VALUES ('2', 'zhuhui@163.com', '丽萨', '9887665',
'zhuhui@yahu.com.cn', '前端开发工程师');
INSERT INTO `dev_user` VALUES ('3', 'miya@sohu.com', '米娅', '8908080',
'miya@sohu.com', '擅长微信小程序，开发经验丰富');
```

24.4.2　步骤二：搭建 Java Web 开发环境

（1）创建 Web 项目及其包结构，如图 24-6 所示。

图 24-6

（2）导入相关的 jar 包，如图 24-7 所示。

图 24-7

24.4.3　步骤三：创建页面文件

创建"新增开发者"页面文件（add.jsp）和"开发者信息列表"页面文件（index.jsp），如图 24-8 所示。

图 24-8

　　"新增开发者"页面文件 add.jsp 中包含一个表单，并且使用 Bootstrap 进行布局。

```jsp
<%@ page contentType="text/html;charset=UTF-8" language="java" %>
<!DOCTYPE html>
<html lang="zh">
<head>
    <meta charset="UTF-8">
    <meta name="viewport" content="width=device-width, initial-scale=1.0">
    <meta http-equiv="X-UA-Compatible" content="ie=edge">
    <link rel="stylesheet" type="text/css" href="css/bootstrap.min.css"/>
    <title>新增开发者</title>
</head>
<body>
    <div class="navbar navbar-default">
        <div class="container">
            <div class="navbar-header">
                <a href="" class="navbar-brand"><span class="text-primary">XXX
科技</span></a>
            </div>
        </div>
    </div>
    <div class="container" style="margin-top: 40px;">
        <div class="row">
            <div class="col-md-5 col-md-offset-3">
                <h3 class="text-center text-primary">新增开发者</h3>
            </div>
        </div>
        <form action="" method="post" class="form-horizontal">
            <div class="form-group">
                <label class="col-md-3 control-label" for="devCode">开发者账号
</label>
                <div class="col-md-5">
                    <input type="text" name="devCode" id="devCode" class=
"form-control"/>
                </div>
            </div>
            <div class="form-group">
                <label class="col-md-3 control-label" for="devName">开发者名称
</label>
                <div class="col-md-5">
                    <input type="text" name="devName" id="devName" class=
"form-control"/>
                </div>
```

```
            </div>
            <div class="form-group">
                <label class="col-md-3 control-label" for="devPassword">开发者
密码</label>
                <div class="col-md-5">
                    <input type="password" name="devPassword" id="devPassword"
class="form-control"/>
                </div>
            </div>
            <div class="form-group">
                <label class="col-md-3 control-label" for="devEmail">开发者邮箱
</label>
                <div class="col-md-5">
                    <input type="email" name="devEmail" id="devEmail" class=
"form-control"/>
                </div>
            </div>
            <div class="form-group">
                <label class="col-md-3 control-label" for="devInfo">开发者简介
</label>
                <div class="col-md-5">
                    <textarea name="devInfo" id="devInfo" class="form-control"
cols="30px" rows="5"></textarea>
                </div>
            </div>


            <div class="form-group">
                <div class="col-md-5 col-md-offset-3">
                    <input type="submit" class="btn btn-primary btn-block"
value="保存"/>
                </div>
            </div>
        </form>
    </div>
</body>
</html>
```

"开发者信息列表"页面文件 index.jsp 使用表格展示数据，并且使用 Bootstrap 进行布局。

```
<%@ page contentType="text/html;charset=UTF-8" language="java" %>
<!DOCTYPE html>
<html lang="zh">
<head>
    <meta charset="UTF-8">
```

```
    <meta name="viewport" content="width=device-width, initial-scale=1.0">
    <meta http-equiv="X-UA-Compatible" content="ie=edge">
    <link rel="stylesheet" type="text/css" href="css/bootstrap.min.css"/>
    <title>开发者信息列表</title>
</head>
<body>
<div class="navbar navbar-default">
    <div class="container">
        <div class="navbar-header">
            <a href="" class="navbar-brand"><span class="text-primary">XXX 科
技</span></a>
        </div>
    </div>
</div>
<div class="container">
    <a href="add.jsp" class="btn btn-success btn-xs">新增开发者</a>
</div>
<div class="container">
    <h5 class="bg-primary" style="padding: 10px 0px;text-align: center">开发
者信息列表</h5>
</div>
<div class="container">
    <table class="table table-hover table">
        <thead>
        <td>编号</td>
        <td>开发者账号</td>
        <td>开发者名称</td>
        <td>开发者邮箱</td>
        <td>操作</td>
        </thead>
        <tbody>
            <tr>
                <td>1</td>
                <td>liming@163.com</td>
                <td>汤姆</td>
                <td>liming89@sohu.com</td>
                <td>
                    <a href="" class="btn btn-danger btn-xs">删除</a>
                    <a href="" class="btn btn-success btn-xs">详情</a>
                </td>
            </tr>
        </tbody>
```

```
    </table>
</div>
</body>
</html>
```

24.4.4　步骤四：设计实现数据访问层

数据访问层包括数据库访问工具类、实体类、数据访问接口和实现类，如图 24-9 所示。

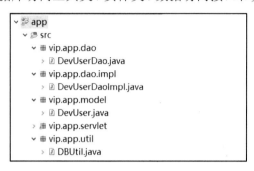

图 24-9

创建数据库访问工具类 DBUtil.java，配置数据库参数，并定义获得数据库连接池的方法。

```java
package vip.app.util;

import java.sql.Connection;
import java.sql.DriverManager;
import java.sql.ResultSet;
import java.sql.SQLException;
import java.sql.Statement;

public class DBUtil {
    static{
        //加载数据库驱动，只加载一次
        try {
            Class.forName("com.mysql.jdbc.Driver");
        } catch (ClassNotFoundException e) {
            e.printStackTrace();
        }
    }
    /**
     *获取连接
     * @return 连接
     * @throws SQLException
     */
```

```java
public static Connection getConnection() throws SQLException{
    String url = "jdbc:mysql://localhost:3306/appsys";
    Connection conn = DriverManager.getConnection(url,"root","root");
    return conn;
}


/**
 *释放资源
 * @param rs 结果集
 * @param st Statement 对象
 * @param conn 连接
 */
public static void close(ResultSet rs, Statement st, Connection conn) {
    try {
        if(rs!=null) {
            rs.close();
        }
        if(st!=null) {
            st.close();
        }
        if(conn!=null) {
            conn.close();
        }
    } catch (SQLException e) {
        e.printStackTrace();
    }
}
}
```

根据开发者信息表的结构创建实体类 DevUser.java。

```java
package vip.app.model;

public class DevUser {
    private int id;                     //编号
    private String devCode;             //开发者账号
    private String devName;             //开发者名称
    private String devPassword;         //开发者密码
    private String devEmail;            //开发者邮箱
    private String devInfo;             //开发者简介

    public int getId() {
        return id;
    }
}
```

```java
public void setId(int id) {
    this.id = id;
}

public String getDevCode() {
    return devCode;
}

public void setDevCode(String devCode) {
    this.devCode = devCode;
}

public String getDevName() {
    return devName;
}

public void setDevName(String devName) {
    this.devName = devName;
}

public String getDevPassword() {
    return devPassword;
}

public void setDevPassword(String devPassword) {
    this.devPassword = devPassword;
}

public String getDevEmail() {
    return devEmail;
}

public void setDevEmail(String devEmail) {
    this.devEmail = devEmail;
}

public String getDevInfo() {
    return devInfo;
}

public void setDevInfo(String devInfo) {
```

```
        this.devInfo = devInfo;
    }
}
```

创建数据访问接口 DevUserDao.java，定义添加和查询方法。

```
package vip.app.dao;

import java.util.List;

import vip.app.model.DevUser;

public interface DevUserDao {
    int add(DevUser devUser);        //添加开发者
    List<DevUser> findList();        //查询开发者信息列表
}
```

创建实现类 DevUserDaoImpl.java，实现添加和查询方法。

```
package vip.app.dao.impl;

import java.sql.Connection;
import java.sql.PreparedStatement;
import java.sql.ResultSet;
import java.sql.SQLException;
import java.util.ArrayList;
import java.util.List;

import vip.app.dao.DevUserDao;
import vip.app.model.DevUser;
import vip.app.util.DBUtil;

public class DevUserDaoImpl implements DevUserDao {

    public List<DevUser> findList() {
        List<DevUser> users = new ArrayList<DevUser>();
        Connection conn = null;
        PreparedStatement ps  = null;
        ResultSet rs = null;
        try{
            conn = DBUtil.getConnection();
            String sql = "select id,devCode,devName,devPassword,devEmail,devInfo
from dev_user";
            ps = conn.prepareStatement(sql);
            rs = ps.executeQuery();
            DevUser user = null;
```

```
        while(rs.next()){
            user = new DevUser();
            user.setId(rs.getInt("id"));
            user.setDevCode(rs.getString("devCode"));
            user.setDevName(rs.getString("devName"));
            user.setDevPassword(rs.getString("devPassword"));
            user.setDevEmail(rs.getString("devEmail"));
            user.setDevInfo(rs.getString("devInfo"));
            users.add(user);
        }
    } catch (SQLException e) {
        e.printStackTrace();
    }finally{
        DBUtil.close(rs,ps, conn);
    }
    return users;
}


public int add(DevUser devUser) {
    int result = 0;
    Connection conn = null;
    PreparedStatement ps  = null;
    try{
        conn = DBUtil.getConnection();
        String sql = "insert into dev_user(devCode,devName,devPassword,
devEmail,devInfo) values(?,?,?,?,?)";
        ps = conn.prepareStatement(sql);
        ps.setString(1, devUser.getDevCode());
        ps.setString(2, devUser.getDevName());
        ps.setString(3, devUser.getDevPassword());
        ps.setString(4, devUser.getDevEmail());
        ps.setString(5, devUser.getDevInfo());
        result = ps.executeUpdate();
    } catch (SQLException e) {
        e.printStackTrace();
    }finally{
        DBUtil.close(null,ps, conn);
    }
    return result;
}
}
```

24.4.5　步骤五：编写 Servlet 类

创建 Servlet 类 DevUserServlet.java，定义查询和新增方法，在 doPost()方法中获取请求类型参数并进行判断，根据判断结果进行相应的方法调度。

```java
package vip.app.servlet;

import vip.app.dao.DevUserDao;
import vip.app.dao.impl.DevUserDaoImpl;
import vip.app.model.DevUser;
import javax.servlet.ServletException;
import javax.servlet.annotation.WebServlet;
import javax.servlet.http.HttpServlet;
import javax.servlet.http.HttpServletRequest;
import javax.servlet.http.HttpServletResponse;
import java.io.IOException;
import java.io.PrintWriter;
import java.util.List;

@WebServlet("/dev")
public class DevUserServlet extends HttpServlet {
    DevUserDao devUserDao = new DevUserDaoImpl();

    protected void doPost(HttpServletRequest req, HttpServletResponse resp)
throws javax.servlet.ServletException, IOException {
        //处理中文乱码
        req.setCharacterEncoding("utf-8");
        resp.setContentType("text/html;charset=utf-8");
        String opr = req.getParameter("opr");    //请求标识
        if("findList".equals(opr)){                //查询开发者信息列表
            findList(req,resp);
        }else if("add".equals(opr)){               //增加开发者
            add(req,resp);
        }else{
            throw new RuntimeException("请求地址错误，无法正常处理。");
        }
    }

    //查询开发者信息列表
    protected void findList(HttpServletRequest req, HttpServletResponse
resp) throws javax.servlet.ServletException, IOException {
        List<DevUser> list = devUserDao.findList();
        req.setAttribute("list",list);
```

```
        req.getRequestDispatcher("index.jsp").forward(req,resp);
    }
    //增加开发者
    protected void add(HttpServletRequest req, HttpServletResponse resp)
throws javax.servlet.ServletException, IOException {
        /*获取表单数据*/
        String devCode = req.getParameter("devCode");
        String devName = req.getParameter("devName");
        String devPassword = req.getParameter("devPassword");
        String devEmail = req.getParameter("devEmail");
        String devInfo = req.getParameter("devInfo");
        DevUser devUser = new DevUser();
        devUser.setDevCode(devCode);
        devUser.setDevName(devName);
        devUser.setDevPassword(devPassword);
        devUser.setDevEmail(devEmail);
        devUser.setDevInfo(devInfo);
        //调用 add()方法
        devUserDao.add(devUser);
        findList(req,resp);  //调用 findList()方法
    }

    protected void doGet(HttpServletRequest request, HttpServletResponse
response) throws javax.servlet.ServletException, IOException {
        doPost(request,response);
    }
}
```

24.4.6　步骤六：建立页面与请求路径关联及渲染数据

（1）将查询的开发者信息列表绑定到页面中。

引入 jstl 核心标签库。

```
<%@taglib prefix="c" uri="http://java.sun.com/jsp/jstl/core" %>
```

先判断集合是否为空，再遍历集合数据。

```
<div class="container">
    <h5 class="bg-primary" style="padding: 10px 0px;text-align: center">开发
者信息列表</h5>
</div>
<c:if test="${empty list}">
    <jsp:forward page="dev">
        <jsp:param name="opr" value="findList"/>
    </jsp:forward>
```

```
</c:if>
<div class="container">
    <table class="table table-hover table">
        <thead>
        <td>编号</td>
        <td>开发者账号</td>
        <td>开发者名称</td>
        <td>开发者邮箱</td>
        <td>操作</td>
        </thead>
        <tbody>
        <c:forEach var="devUser" items="${list}" varStatus="dev">
            <tr>
                <td>${dev.index+1}</td>
                <td>${devUser.devCode}</td>
                <td>${devUser.devName}</td>
                <td>${devUser.devEmail}</td>
                <td>
                    <a href="" class="btn btn-danger btn-xs">删除</a>
                    <a href="" class="btn btn-success btn-xs">详情</a>
                </td>
            </tr>
        </c:forEach>
        </tbody>
    </table>
</div>
```

（2）建立"新增开发者"页面与请求路径关联。

```
<form action="${pageContext.request.contextPath}/dev?opr=add" method="post"
class="form-horizontal">
```

（3）部署项目并启动 Tomcat 服务器，访问 http://localhost:8080/app/index.jsp，效果如图 24-2 所示。

第 25 章
Spring 框架：构建商品模型

25.1 实验目标

（1）掌握 Java 开发环境的搭建和配置。

（2）掌握 Java 的基本语法和编码规范。

（3）能使用 Java 的类、对象、继承和接口等编写可复用的程序。

（4）综合运用 Spring 框架构建商品模型。

本章的知识地图如图 25-1 所示。

图 25-1

25.2 实验任务

采用 Spring 框架的注解方式实现模型的构建（要求使用分层开发模式），如图 25-2 所示。

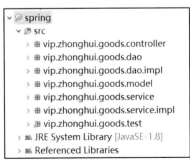

图 25-2

25.3　设计思路

1．创建项目

构建商品模型项目的名称为 spring。

2．文件设计

spring 项目中包含的文件如表 25-1 所示。

表 25-1

类型	文件	说明
Java 文件	vip/goods/model/Goods.java	实体类
	vip/goods/dao/GoodsDao.java	数据访问接口
	vip/goods/dao/impl/GoodsDaoImpl.java	数据访问实现类
	vip/goods/service/GoodsService.java	业务层接口
	vip/goods/service/impl/GoodsServiceImpl.java	业务层实现类
	vip/goods/controller/GoodsController.java	控制类
	vip/goods/test/GoodsTest.java	测试类
配置文件	applicationContext.xml	Spring 框架的核心配置文件

25.4　实验实施（跟我做）

25.4.1　步骤一：搭建 Java 开发环境

（1）创建 Java 项目和包结构，如图 25-3 所示。

```
∨ 🗁 spring
  ∨ 🗁 src
    > ⊞ vip.zhonghui.goods.controller
    > ⊞ vip.zhonghui.goods.dao
    > ⊞ vip.zhonghui.goods.dao.impl
    > ⊞ vip.zhonghui.goods.model
    > ⊞ vip.zhonghui.goods.service
    > ⊞ vip.zhonghui.goods.service.impl
    > ⊞ vip.zhonghui.goods.test
  > 📚 JRE System Library [JavaSE-1.8]
  > 📚 Referenced Libraries
```

图 25-3

（2）在项目中导入相关依赖的 jar 包，如图 25-4 所示。

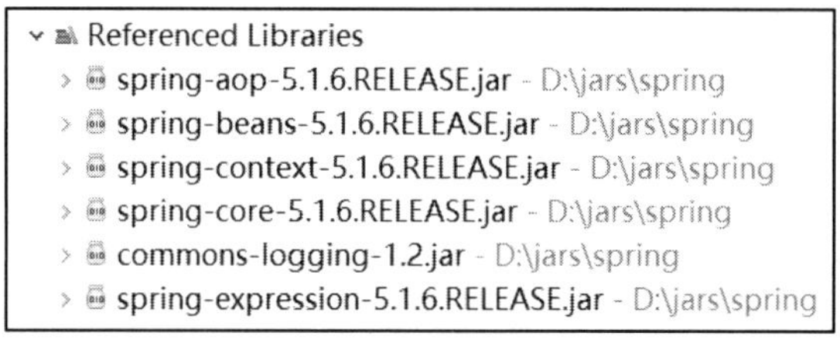

图 25-4

25.4.2 步骤二：创建并编写配置文件

在 src 目录下创建核心配置文件 applicationContext.xml，配置注解生效。
applicationContext.xml 文件中的代码如下。

```xml
<?xml version="1.0" encoding="UTF-8"?>
<beans xmlns="http://www.springframework.org/schema/beans"
    xmlns:xsi="http://www.w3.org/2001/XMLSchema-instance"
    xmlns:context="http://www.springframework.org/schema/context"
    xsi:schemaLocation="http://www.springframework.org/schema/beans
    http://www.springframework.org/schema/beans/spring-beans.xsd
    http://www.springframework.org/schema/context
    http://www.springframework.org/schema/context/spring-context.xsd">
    <!--按包扫描让标注为注解的类生效-->
    <context:component-scan base-package="vip.zhonghui"/>
</beans>
```

25.4.3 步骤三：编写实体类与数据层

（1）创建实体类 Goods，定义 5 个属性，添加 setter/getter 方法。

```java
package vip.zhonghui.goods.model;

public class Goods {
    private int id;             //商品编号
    private String goodsName;   //商品名称
    private String type;        //商品类型
    private String production;  //商品厂商
    private int quantity;       //商品数量
    public int getId() {
        return id;
    }

    public void setId(int id) {
        this.id = id;
```

```
    }

    public String getGoodsName() {
        return goodsName;
    }

    public void setGoodsName(String goodsName) {
        this.goodsName = goodsName;
    }

    public String getType() {
        return type;
    }

    public void setType(String type) {
        this.type = type;
    }

    public String getProduction() {
        return production;
    }

    public void setProduction(String production) {
        this.production = production;
    }

    public int getQuantity() {
        return quantity;
    }

    public void setQuantity(int quantity) {
        this.quantity = quantity;
    }
}
```

（2）创建 GoodsDao 接口，定义 add()方法。

```
package vip.zhonghui.goods.dao;

import vip.zhonghui.goods.model.Goods;

public interface GoodsDao {
    int add(Goods goods);
}
```

（3）创建 GoodsDaoImpl 实现类，实现 add()方法。

```
package vip.zhonghui.goods.dao.impl;

import vip.zhonghui.goods.dao.GoodsDao;
import vip.zhonghui.goods.model.Goods;
import org.springframework.stereotype.Repository;

@Repository
public class GoodsDaoImpl implements GoodsDao {
    public int add(Goods goods) {
        System.out.println(" ""+goods.getGoodsName()+"" 添加成功");
        return 0;
    }
}
```

25.4.4　步骤四：编写业务层与控制层

（1）创建 GoodsService 接口，定义 add()方法。

```
package vip.zhonghui.goods.service;

import vip.zhonghui.goods.model.Goods;

public interface GoodsService {
    int add(Goods goods);
}
```

（2）创建 GoodsServiceImpl 实现类，实现 add()方法。

```
package vip.zhonghui.goods.service.impl;

import vip.zhonghui.goods.dao.GoodsDao;
import vip.zhonghui.goods.model.Goods;
import vip.zhonghui.goods.service.GoodsService;
import org.springframework.stereotype.Service;

import javax.annotation.Resource;

@Service
public class GoodsServiceImpl implements GoodsService {
    @Resource
    private GoodsDao bookDao;
    public int add(Goods goods) {
        return bookDao.add(goods);
    }
}
```

```
}
```

（3）创建 GoodsController 类，定义添加请求的方法，调用业务层方法进行业务处理。

```java
package vip.zhonghui.goods.controller;

import vip.zhonghui.goods.model.Goods;
import vip.zhonghui.goods.service.GoodsService;
import org.springframework.stereotype.Controller;

import javax.annotation.Resource;

@Controller
public class GoodsController {
    @Resource
    private GoodsService bookService;

    public void add(Goods goods){
        bookService.add(goods);
    }
}
```

25.4.5　步骤五：编写测试类

（1）创建测试类 GoodsTest，构建商品对象，获取控制对象，调用 add()方法。

```java
package vip.zhonghui.goods.test;

import vip.zhonghui.goods.controller.GoodsController;
import vip.zhonghui.goods.model.Goods;
import org.springframework.context.ApplicationContext;
import org.springframework.context.support.ClassPathXmlApplicationContext;

public class GoodsTest {
    public static void main(String[] args) {
        //创建商品信息对象
        Goods goods = new Goods();
        goods.setId(1001);
        goods.setGoodsName("山药破壁饮片");
        goods.setType("食品");
        goods.setProduction("中智中药饮片");
        goods.setQuantity(40);
        //获取 Spring 容器对象
        ApplicationContext applicationContext = new ClassPathXmlApplication
Context("applicationContext.xml");
```

```
        //获取 goodsController 对象
        GoodsController goodsController = (GoodsController) applicationContext.
getBean("goodsController");
        goodsController.add(goods);
    }
}
```

（2）运行 main()方法，效果如图 25-2 所示。

第 26 章

Spring MVC 框架：增加线上课程

26.1 实验目标

（1）掌握在页面中引入 Bootstrap 的方法。

（2）能使用 Bootstrap 的布局和栅格系统搭建网页基本结构。

（3）能使用 Bootstrap 的基本样式美化网页。

（4）掌握 Java 的基本语法和编码规范。

（5）能使用 Java 的类、对象、继承和接口等编写可复用的程序。

（6）能使用 JSP 脚本语法编写 JSP 页面。

（7）综合运用 Spring MVC 框架开发"增加线上课程"项目。

本章的知识地图如图 26-1 所示。

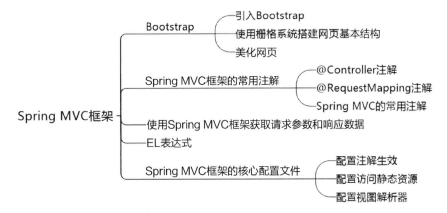

图 26-1

26.2　实验任务

（1）完成"线上课程列表"页面的展示。

访问应用程序的首页，切换到"线上课程列表"，该页面中有"新增线上开发课程"按钮，如图 26-2 所示。

图 26-2

（2）完成页面跳转。

点击"新增线上开发课程"按钮，跳转到"增加线上课程"页面，如图 26-3 所示。填写课程信息，点击"保存"按钮，如图 26-4 所示。

图 26-3

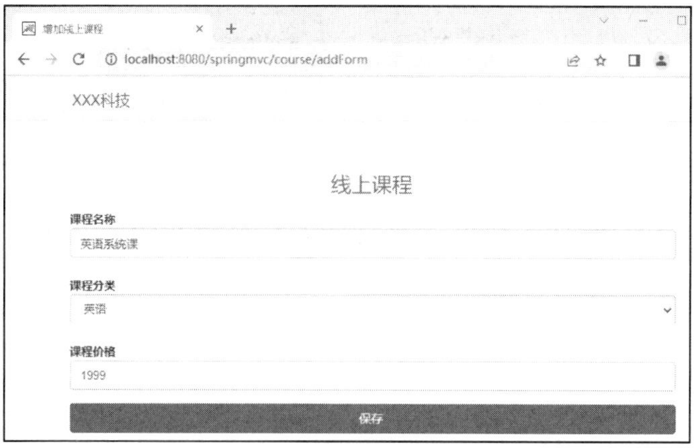

图 26-4

（3）在"课程详情"页面中展示新增的课程信息，如图 26-5 所示。

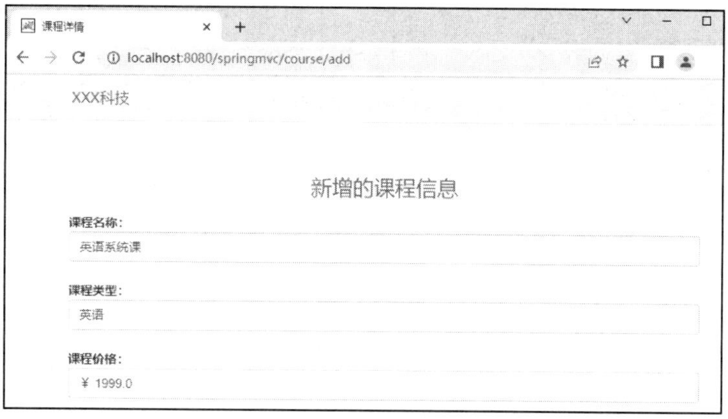

图 26-5

26.3　设计思路

1．创建项目

"增加线上课程"项目的名称为 springmvc。

2．文件设计

springmvc 项目中包含的文件如表 26-1 所示。

表 26-1

类型	文件	说明
Java 文件	vip/online/model/OnlineCourse.java	实体类
	vip/nline/controller/OnlineCourseController.java	控制器类
JSP 文件	list.jsp	"线上课程列表"页面文件
	add.jsp	"增加线上课程"页面文件
	success.jsp	"课程详情"页面文件
	index.jsp	首页页面文件
配置文件	spring-mvc.xml	Spring MVC 框架的核心配置文件

26.4　实验实施（跟我做）

26.4.1　步骤一：搭建 Java Web 开发环境

（1）创建 Web 项目和包结构，如图 26-6 所示。

（2）导入项目需要依赖的 jar 包，如图 26-7 所示。

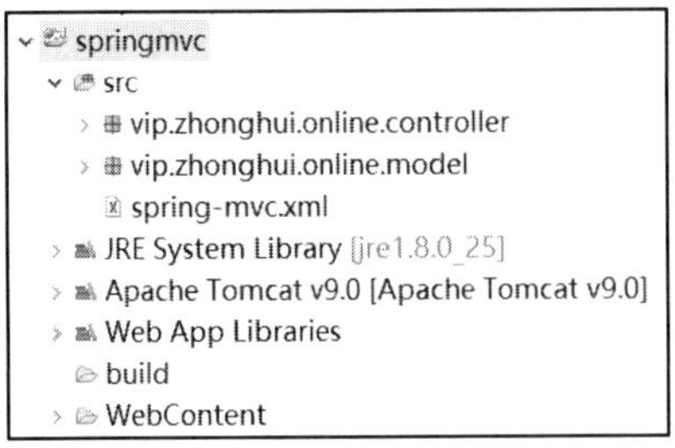

图 26-6

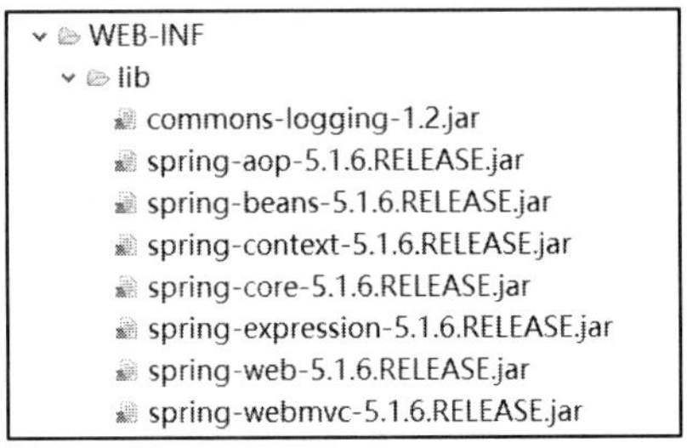

图 26-7

26.4.2　步骤二：创建页面文件

创建"线上课程列表"页面（list.jsp）、"增加线上课程"页面（add.jsp）、"课程详情"页面（success.jsp）和首页（index.jsp），并将静态资源保存到 WebContent/static 目录下，将除首页之外的其他页面保存到 WEB-INF/views 目录下，如图 26-8 所示。

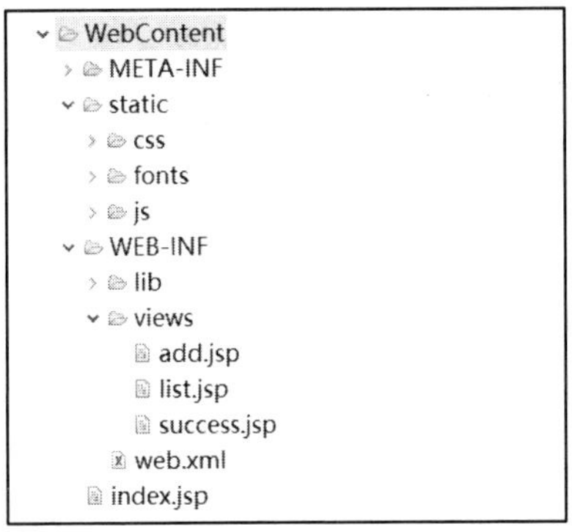

图 26-8

index.jsp 文件中的代码如下。

```
<%@ page language="java" contentType="text/html; charset=utf-8"
    pageEncoding="utf-8"%>
<!DOCTYPE html>
<html>
<head>
<meta charset="utf-8">
<title>Insert title here</title>
</head>
<body>
</body>
</html>
```

list.jsp 文件中的代码如下。

```
<%@ page contentType="text/html;charset=UTF-8" language="java" %>
<!DOCTYPE html>
<html lang="zh">
```

```
<head>
    <meta charset="UTF-8">
    <meta name="viewport" content="width=device-width, initial-scale=1.0">
    <meta http-equiv="X-UA-Compatible" content="ie=edge">
    <link rel="stylesheet" type="text/css" href="css/bootstrap.min.css"/>
    <title>线上课程列表</title>

</head>
<body>
    <div class="navbar navbar-default">
        <div class="container">
            <div class="navbar-header">
                <a href="" class="navbar-brand"><span class="text-primary">XXX
科技</span></a>
            </div>
        </div>
    </div>
    <div class="container">
        <a href="" class="btn btn-success btn-xs">新增线上开发课程</a>
    </div>
</body>
```

add.jsp 文件中的代码如下。

```
<%@ page contentType="text/html;charset=UTF-8" language="java" %>
<!DOCTYPE html>
<html lang="zh">
<head>
    <meta charset="UTF-8">
    <meta name="viewport" content="width=device-width, initial-scale=1.0">
    <meta http-equiv="X-UA-Compatible" content="ie=edge">
    <link rel="stylesheet" type="text/css" href="css/bootstrap.min.css"/>
    <title>增加线上课程</title>
</head>
<body>
    <div class="navbar navbar-default">
        <div class="container">
            <div class="navbar-header">
                <a href="" class="navbar-brand"><span class="text-primary">XXX
科技</span></a>
            </div>
        </div>
    </div>
    <div class="container" style="margin-top: 40px;">
```

```html
    <div class="row">
        <div class="col-md-5 col-md-offset-3">
            <h3 class="text-center text-primary">线上课程</h3>
        </div>
    </div>
    <form action="" method="post" class="form-horizontal">
        <div class="form-group">
            <label class="col-md-3 control-label" for="courseName">课程名称
</label>
            <div class="col-md-5">
                <input type="text" name="courseName" id="courseName" class=
"form-control"/>
            </div>
        </div>
        <div class="form-group">
            <label class="col-md-3 control-label" for="courseType">课程分类
</label>
            <div class="col-md-5">
                <select name="courseType" id="courseType" class="form-control">
                    <option value="0">--请选择--</option>
                    <option value="英语">英语</option>
                    <option value="语文">语文</option>
                    <option value="数学">数学</option>
                    <option value="美术手工">美术手工</option>
                    <option value="科学编程">科学编程</option>
                </select>
            </div>
        </div>
        <div class="form-group">
            <label class="col-md-3 control-label" for="price">课程价格</label>
            <div class="col-md-5">
                <input name="price" id="price" class="form-control"/>
            </div>
        </div>

        <div class="form-group">
            <div class="col-md-5 col-md-offset-3">
                <input type="submit" class="btn btn-primary btn-block"
value="保存"/>
            </div>
        </div>
    </form>
```

```
        </div>
    </body>
</html>
```

success.jsp 文件中的代码如下。

```
<%@ page contentType="text/html;charset=UTF-8" language="java" %>
<!DOCTYPE html>
<html lang="zh">
<head>
    <meta charset="UTF-8">
    <meta name="viewport" content="width=device-width, initial-scale=1.0">
    <meta http-equiv="X-UA-Compatible" content="ie=edge">
    <link rel="stylesheet" type="text/css" href="css/bootstrap.min.css"/>
    <title>课程详情</title>
</head>
<body>
    <div class="navbar navbar-default">
        <div class="container">
            <div class="navbar-header">
                <a href="" class="navbar-brand"><span class="text-primary">XXX
科技</span></a>
            </div>
        </div>
    </div>
    <div class="container" style="margin-top: 40px;">
        <div class="row">
            <div class="col-md-5 col-md-offset-3">
                <h3 class="text-center text-primary">新增的课程信息</h3>
            </div>
        </div>
        <form action="" method="post" class="form-horizontal">
            <div class="form-group">
                <label class="col-md-3 control-label" for="courseName">课程名
称：</label>
                <div class="col-md-5">
                    <span id="courseName" class="form-control"></span>
                </div>
            </div>
            <div class="form-group">
                <label class="col-md-3 control-label" for="courseType">课程类
型：</label>
                <div class="col-md-5">
                    <span id="courseType" class="form-control"></span>
```

```
                </div>
            </div>
            <div class="form-group">
                <label class="col-md-3 control-label" for="price">课程价格:
</label>
                <div class="col-md-5">
                    <span id="price" class="form-control">¥  </span>
                </div>
            </div>
        </form>
    </div>
</body>
</html>
```

26.4.3　步骤三：创建并编写配置文件

在 src 目录下创建 Spring MVC 框架的核心配置文件 spring-mvc.xml，先配置注解生效，再配置视图解析器。

```xml
<?xml version="1.0" encoding="UTF-8"?>
<beans xmlns="http://www.springframework.org/schema/beans"
    xmlns:xsi="http://www.w3.org/2001/XMLSchema-instance"
    xmlns:context="http://www.springframework.org/schema/context"
    xsi:schemaLocation="http://www.springframework.org/schema/beans
    http://www.springframework.org/schema/beans/spring-beans.xsd
    http://www.springframework.org/schema/context
    http://www.springframework.org/schema/context/spring-context.xsd
    http://www.springframework.org/schema/mvc
    http://www.springframework.org/schema/mvc/spring-mvc.xsd">
    <!--配置按包扫描标注为注解的类-->
    <context:component-scan base-package="vip.zhonghui"/>
    <!--配置视图解析器-->
    <bean id="viewResolver" class="org.springframework.web.servlet.view.
InternalResourceViewResolver">
        <property name="prefix" value="/WEB-INF/views/"/>
        <property name="suffix" value=".jsp"/>
    </bean>
</beans>
```

修改 web.xml 文件，配置中文过滤器和前端控制器。

```xml
<?xml version="1.0" encoding="UTF-8"?>
<web-app xmlns="http://xmlns.jcp.org/xml/ns/javaee"
    xmlns:xsi="http://www.w3.org/2001/XMLSchema-instance"
```

```
        xsi:schemaLocation="http://xmlns.jcp.org/xml/ns/javaee
http://xmlns.jcp.org/xml/ns/javaee/web-app_4_0.xsd"
        version="4.0">
  <display-name>Archetype Created Web Application</display-name>
  <!--配置中文过滤器-->
  <filter>
    <filter-name>characterEncodingFilter</filter-name>
    <filter-
class>org.springframework.web.filter.CharacterEncodingFilter</filter-class>
    <init-param>
      <param-name>encoding</param-name>
      <param-value>utf-8</param-value>
    </init-param>
  </filter>
  <filter-mapping>
    <filter-name>characterEncodingFilter</filter-name>
    <url-pattern>/*</url-pattern>
  </filter-mapping>
  <!--配置前端控制器-->
  <servlet>
    <servlet-name>dispatcherServlet</servlet-name>
    <servlet-
class>org.springframework.web.servlet.DispatcherServlet</servlet-class>
    <init-param>
      <param-name>contextConfigLocation</param-name>
      <param-value>classpath:spring-mvc.xml</param-value>
    </init-param>
    <load-on-startup>1</load-on-startup>
  </servlet>
  <servlet-mapping>
    <servlet-name>dispatcherServlet</servlet-name>
    <url-pattern>/</url-pattern>
  </servlet-mapping>
</web-app>
```

26.4.4　步骤四：配置访问静态资源

（1）在 spring-mvc.xml 文件中配置访问静态资源。

- 引入命名空间。

```
xmlns:mvc="http://www.springframework.org/schema/mvc"
http://www.springframework.org/schema/mvc
http://www.springframework.org/schema/mvc/spring-mvc.xsd
```

- 配置静态访问。

```
<!--配置访问静态资源-->
<mvc:resources mapping="/static/**" location="/static/"></mvc:resources>
<!--开启注解驱动-->
<mvc:annotation-driven/>
```

（2）修改页面静态资源访问路径。

分别对 add.jsp、list.jsp 和 success.jsp 3 个文件中引入样式处的代码进行修改。

```
<link rel="stylesheet" type="text/css" href="${pageContext.request.
contextPath}/static/css/bootstrap.min.css"/>
```

26.4.5　步骤五：编写实体类与控制器类

（1）创建实体类 OnlineCourse，定义 4 个属性，增加 getter/setter 方法。

```
package vip.zhonghui.online.model;

public class OnlineCourse {
    private int id;
    private String courseName;
    private String courseType;
    private double price;

    public int getId() {
        return id;
    }

    public void setId(int id) {
        this.id = id;
    }

    public String getCourseName() {
        return courseName;
    }

    public void setCourseName(String courseName) {
        this.courseName = courseName;
    }

    public String getCourseType() {
        return courseType;
    }

    public void setCourseType(String courseType) {
```

```java
        this.courseType = courseType;
    }

    public double getPrice() {
        return price;
    }

    public void setPrice(double price) {
        this.price = price;
    }
}
```

（2）创建控制器类 OnlineCourseController，定义处理增加业务的方法和跳转到"增加线上课程"页面的方法。

```java
package vip.zhonghui.online.controller;

import vip.zhonghui.online.model.OnlineCourse;
import org.springframework.stereotype.Controller;
import org.springframework.ui.Model;
import org.springframework.web.bind.annotation.RequestMapping;

@Controller
@RequestMapping("/course")
public class OnlineCourseController {
    //增加线上课程（获取课程信息，省略存储过程）
    @RequestMapping("/add")
    public String add(OnlineCourse onlineCourse, Model model){
        model.addAttribute("onlineCourse",onlineCourse);
        return "success";
    }
    //跳转到"增加线上课程"页面
    @RequestMapping("/addForm")
    public String addForm(){
        return "add";
    }
}
```

26.4.6　步骤六：建立页面与请求路径关联及渲染数据

（1）修改首页，并跳转到"线上课程列表"页面。

```jsp
<%@ page contentType="text/html;charset=UTF-8" language="java" %>
<%@include file="/WEB-INF/views/list.jsp"%>
```

（2）建立"新增线上开发课程"按钮与"增加线上课程"页面之间的关联。

```
<a href="course/addForm" class="btn btn-success btn-xs">新增线上开发课程</a>
```

（3）建立"增加线上课程"页面与请求路径之间的关联。

```
<form action="${pageContext.request.contextPath}/course/add" method="post"
class="form-horizontal">
```

（4）线上课程添加成功后，展示新增的课程信息。

```
<form action="" method="post" class="form-horizontal">
        <div class="form-group">
            <label class="col-md-3 control-label" for="courseName">课程名
称: </label>
            <div class="col-md-5">
                <span id="courseName" class="form-control">
                ${onlineCourse.courseName}
                </span>
            </div>
        </div>
        <div class="form-group">
            <label class="col-md-3 control-label" for="courseType">课程类
型: </label>
            <div class="col-md-5">
                <span id="courseType" class="form-control">
                ${onlineCourse.courseType}
                </span>
            </div>
        </div>
        <div class="form-group">
            <label class="col-md-3 control-label" for="price">课程价格:
</label>
            <div class="col-md-5">
                <span id="price" class="form-control">
                ¥ ${onlineCourse.price}
                </span>
            </div>
        </div>
</form>
```

（5）部署项目并启动 Tomcat 服务器，访问 http://localhost:8080/springmvc，效果如图 26-2
所示。

第 27 章

MyBatis 框架：后台系统
用户数据管理

27.1　实验目标

（1）能使用 MyBatis 框架搭建开发环境。

（2）掌握 MyBatis 框架核心配置 XML 文件的配置及使用。

（3）掌握 MyBatis 框架的 mapper 接口的设计。

（3）掌握 MyBatis 框架的 mapper 接口对应 XML 文件的配置。

（4）掌握 MyBatis 框架的 mapper 文件与核心配置文件的绑定。

（5）综合应用 MyBatis 框架实现后台系统用户数据管理。

本章的知识地图如图 27-1 所示。

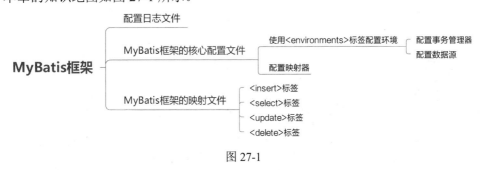

图 27-1

27.2　实验任务

1）查询用户列表

在控制台中显示所有用户的信息，包括用户 ID、用户账号、用户密码、手机号码和用

户邮箱，如图 27-2 所示

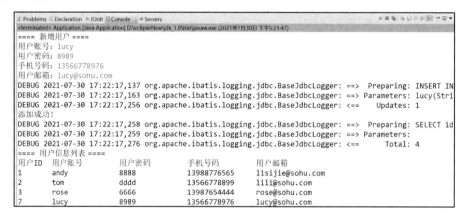

图 27-2

2）新增用户

在控制台中输入用户信息，将用户信息保存到数据表中，同时显示最新的用户列表，如图 27-3 所示。

图 27-3

3）修改用户账号

在控制台中输入要修改的用户 ID 和新用户账号，将数据更新到数据表中，同时显示最新的用户列表，如图 27-4 所示。

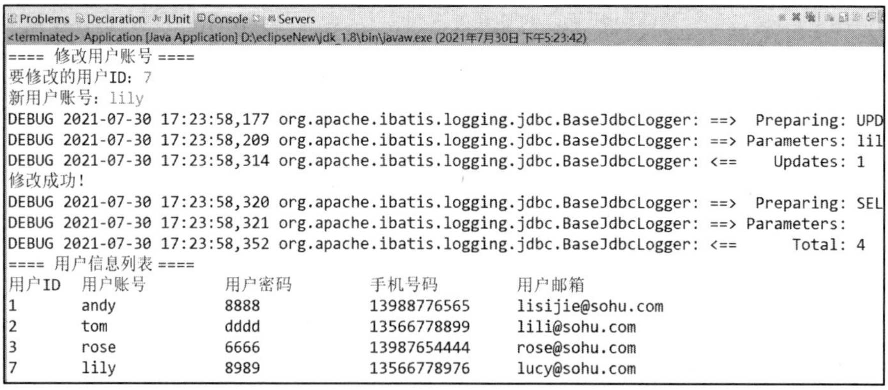

图 27-4

4）删除用户

在控制台中输入要删除的用户 ID，将该用户删除，同时显示最新的用户列表，如图 27-5 所示。

```
Problems  Declaration  JUnit  Console  Servers
<terminated> Application [Java Application] D:\eclipseNew\jdk_1.8\bin\javaw.exe (2021年7月30日 下午5:25:06)
==== 删除用户 ====
要删除的用户ID  : 1
DEBUG 2021-07-30 17:25:11,369 org.apache.ibatis.logging.jdbc.BaseJdbcLogger: ==>  Preparing: DELET
DEBUG 2021-07-30 17:25:11,398 org.apache.ibatis.logging.jdbc.BaseJdbcLogger: ==> Parameters: 1(Int
DEBUG 2021-07-30 17:25:11,539 org.apache.ibatis.logging.jdbc.BaseJdbcLogger: <==    Updates: 1
删除成功!
DEBUG 2021-07-30 17:25:11,541 org.apache.ibatis.logging.jdbc.BaseJdbcLogger: ==>  Preparing: SELEC
DEBUG 2021-07-30 17:25:11,541 org.apache.ibatis.logging.jdbc.BaseJdbcLogger: ==> Parameters: 
DEBUG 2021-07-30 17:25:11,557 org.apache.ibatis.logging.jdbc.BaseJdbcLogger: <==      Total: 3
==== 用户信息列表 ====
用户ID  用户账号        用户密码        手机号码        用户邮箱
2       tom             dddd            13566778899     lili@sohu.com
3       rose            6666            13987654444     rose@sohu.com
7       lily            8989            13566778976     lucy@sohu.com
```

图 27-5

5）查询单个用户详情

在控制台中输入要查询的用户 ID，显示该用户的信息，如图 27-6 所示。

```
Problems  Declaration  JUnit  Console  Servers
<terminated> Application [Java Application] D:\eclipseNew\jdk_1.8\bin\javaw.exe (2021年7月30日 下午5:26:16)
==== 用户详情信息 ====
用户ID: 3
DEBUG 2021-07-30 17:26:22,153 org.apache.ibatis.logging.jdbc.BaseJdbcLogger: ==>  Preparing: SE
DEBUG 2021-07-30 17:26:22,184 org.apache.ibatis.logging.jdbc.BaseJdbcLogger: ==> Parameters: 3(
DEBUG 2021-07-30 17:26:22,203 org.apache.ibatis.logging.jdbc.BaseJdbcLogger: <==      Total: 1
用户账号: rose
用户密码: 6666
手机号码: 13987654444
用户邮箱: rose@sohu.com
```

图 27-6

27.3　设计思路

1．创建项目

后台系统用户数据管理项目的名称为 mybatis。

2．文件设计

mybatis 项目中包含的文件如表 27-1 所示。

表 27-1

类型	文件	说明
Java 文件	vip/mybatis/entity/User.java	实体类
	vip/mybatis/mapper/UserMapper.java	数据接口
	vip/mybatis/client/Application .java	测试类
配置文件	mybatis-config.xml	MyBatis 框架的核心配置文件
	UserMapper.xml	UserMapper 对应的 SQL 映射文件
日志文件	log4j.properties	MyBatis 框架的日志文件

27.4 实验实施（跟我做）

27.4.1 步骤一：创建数据库和用户表

创建数据库和用户表，其中用户表包括 5 个字段。

```
CREATE DATABASE zhonghuiku;
USE zhonghuiku;

CREATE TABLE IF NOT EXISTS tb_user(
id        INT PRIMARY KEY AUTO_INCREMENT    COMMENT '用户 ID',
username    VARCHAR(20)    NOT NULL    COMMENT '用户账号',
password    VARCHAR(20)    NOT NULL    COMMENT '用户密码',
phone       VARCHAR(11)    NOT NULL    COMMENT '手机号码',
email       VARCHAR(50)    NOT NULL    COMMENT '用户邮箱'
);
```

27.4.2 步骤二：搭建运行环境

（1）创建 Java 项目，导入所需依赖的 jar 包，如图 27-7 所示。

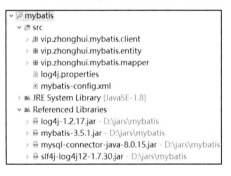

图 27-7

（2）配置 MyBatis 框架的日志文件，以便查看执行的 SQL 语句。

在 src 目录下创建 log4j.properties 文件，该文件中的内容如下。

```
log4j.rootLogger=DEBUG, stdout
log4j.logger.org.apache=ERROR
log4j.logger.org.mybatis=DEBUG
log4j.appender.stdout=org.apache.log4j.ConsoleAppender
log4j.appender.stdout.layout=org.apache.log4j.PatternLayout
log4j.appender.stdout.layout.ConversionPattern=%5p %d %C: %m%n
```

27.4.3 步骤三：配置核心配置文件

在 src 目录下创建 mybatis-config.xml 文件。

配置 MyBatis 框架中的数据库连接参数，内容如下。

```xml
<?xml version="1.0" encoding="UTF-8" ?>
<!DOCTYPE configuration PUBLIC "-//mybatis.org//DTD Config 3.0//EN" "http:
//mybatis.org/dtd/mybatis-3-config.dtd">
<configuration>
    <environments default="development">
        <environment id="development">
            <transactionManager type="JDBC"/>
            <dataSource type="POOLED">
                <property name="driver" value="com.mysql.cj.jdbc.Driver"/>
                <property name="url" value="jdbc:mysql://localhost:3306/
zhonghuiku?serverTimezone=Asia/Shanghai"/>
                <property name="username" value="root"/>
                <property name="password" value="root"/>
            </dataSource>
        </environment>
    </environments>
</configuration>
```

27.4.4　步骤四：设计用户表实体类模型

根据用户表结构创建实体类 User。

```java
package vip.zhonghui.mybatis.entity;

public class User {
    private Integer id;
    private String username;
    private String password;
    private String phone;
    private String email;

    public User() {
        super();
    }

    public User(Integer id, String username, String password, String phone,
String email) {
        this.id = id;
        this.username = username;
        this.password = password;
        this.phone = phone;
        this.email = email;
    }
```

```java
public Integer getId() {
    return id;
}

public void setId(Integer id) {
    this.id = id;
}

public String getUsername() {
    return username;
}

public void setUsername(String username) {
    this.username = username;
}

public String getPassword() {
    return password;
}

public void setPassword(String password) {
    this.password = password;
}

public String getPhone() {
    return phone;
}

public void setPhone(String phone) {
    this.phone = phone;
}

public String getEmail() {
    return email;
}

public void setEmail(String email) {
    this.email = email;
}

@Override
```

```java
public String toString() {
    return "User{" +
            "id=" + id +
            ", username='" + username + '\'' +
            ", password='" + password + '\'' +
            ", phone='" + phone + '\'' +
            ", email='" + email + '\'' +
            '}';
    }
}
```

27.4.5　步骤五：创建 UserMapper 接口

创建 UserMapper 接口，定义增、删、改、查方法。

```java
package vip.zhonghui.mybatis.mapper;

import org.apache.ibatis.annotations.Param;
import vip.zhonghui.mybatis.entity.User;

import java.util.List;

public interface UserMapper {

    int insert(User user);

    int delete(int id);

    int updateUsername(@Param("id") int id, @Param("username") String
username);

    User findById(int id);

    List<User> findList();

}
```

27.4.6　步骤六：配置并绑定 SQL 映射文件

1．创建 UserMapper 接口对应的 SQL 映射文件 UserMapper.xml

（1）配置命名空间。

（2）编写增、删、改、查的 SQL 语句。

```xml
<?xml version="1.0" encoding="UTF-8" ?>
```

```
<!DOCTYPE mapper PUBLIC "-//mybatis.org//DTD Mapper 3.0//EN" "http://
mybatis.org/dtd/mybatis-3-mapper.dtd">
<mapper namespace="vip.zhonghui.mybatis.mapper.UserMapper">

    <insert id="insert" parameterType="vip.zhonghui.mybatis.entity.User">
        INSERT INTO tb_user(id, username, password, phone, email) VALUES
(null, #{username}, #{password}, #{phone}, #{email})
    </insert>

    <delete id="delete" parameterType="int">
        DELETE FROM tb_user WHERE id = #{id}
    </delete>

    <update id="updateUsername">
        UPDATE tb_user SET username = #{username} WHERE id = #{id}
    </update>

    <select id="findById" resultType="vip.mybatis.entity.User">
        SELECT id, username, password, phone, email FROM tb_user WHERE id =
#{id}
    </select>

    <select id="findList" resultType="vip.mybatis.entity.User" >
        SELECT id, username, password, phone, email FROM tb_user
    </select>

</mapper>
```

2. 绑定 SQL 映射文件 UserMapper.xml

在 mybatis-config.xml 文件中配置扫描 mapper 接口。

```
<mappers>
        <package name="vip.zhonghui.mybatis.mapper"/>
</mappers>
```

27.4.7 步骤七：编写核心入口 API 及数据操作代码

（1）创建测试类 Application.java。
- 定义增、删、改、查方法，参数为 UserMapper 接口类型。
- 读取核心配置文件，获取 UserMapper 接口类型的实例对象，调用增、删、改、查方法。

```
package vip.zhonghui.mybatis.client;
```

```java
import org.apache.ibatis.io.Resources;
import org.apache.ibatis.session.SqlSession;
import org.apache.ibatis.session.SqlSessionFactory;
import org.apache.ibatis.session.SqlSessionFactoryBuilder;
import vip.zhonghui.mybatis.entity.User;
import vip.zhonghui.mybatis.mapper.UserMapper;
import java.io.IOException;
import java.io.InputStream;
import java.util.List;

public class Application {
    public static void main(String[] args) throws IOException {

        //1. 读取资源，即 MyBatis 框架的核心配置文件
        InputStream resource = Resources.getResourceAsStream("mybatis-
config.xml");
        //2. 创建 sqlSessionFactory
        SqlSessionFactory sqlSessionFactory = new
SqlSessionFactoryBuilder().build(resource);
        //3. 打开会话，开启事务自动提交
        SqlSession sqlSession = sqlSessionFactory.openSession(true);
        //4. 获取 mapper 接口代理
        UserMapper userMapper = sqlSession.getMapper(UserMapper.class);
        // 5. 依次调用各方法
        //findList(userMapper);            //用户列表
        //insert(userMapper);              //新增用户
        //updateUsername(userMapper);      //修改账号
        //delete(userMapper);              //删除用户
        findById(userMapper);              //查询用户
    }


    //用户列表
    public static void findList(UserMapper userMapper) {
        List<User> list = userMapper.findList();
        System.out.println("==== 用户信息列表 ====");
        System.out.println("用户 ID\t 用户账号\t\t 用户密码\t\t 手机号码\t\t 用户邮箱");
        for (User user : list) {
            System.out.println(user.getId()+"\t"+user.getUsername()
            +"\t\t"+user.getPassword()+"\t\t"+user.getPhone()+"\t"+user.
getEmail());
        }
    }
```

```java
//新增用户
public static void insert(UserMapper userMapper) {
    System.out.println("==== 新增用户 ====");
    Scanner input = new Scanner(System.in);
    System.out.print("用户账号: ");
    String username = input.next();
    System.out.print("用户密码: ");
    String password = input.next();
    System.out.print("手机号码: ");
    String phone = input.next();
    System.out.print("用户邮箱: ");
    String email = input.next();
    User user = new User(null, username, password, phone, email);
    userMapper.insert(user);
    System.out.println("添加成功! ");
    findList(userMapper);
}


//修改用户
public static void updateUsername(UserMapper userMapper) {
    Scanner input = new Scanner(System.in);
    System.out.println("==== 修改用户账号 ====");
    System.out.print("要修改的用户 ID: ");
    int id = input.nextInt();
    System.out.print("新用户账号: ");
    String username = input.next();
    userMapper.updateUsername(id, username);
    System.out.println("修改成功! ");
    findList(userMapper);
}


//删除用户
public static void delete(UserMapper userMapper) {
    System.out.println("==== 删除用户 ====");
    Scanner input = new Scanner(System.in);
    System.out.print("要删除的用户 ID: ");
    int id = input.nextInt();
    userMapper.delete(id);
    System.out.println("删除成功! ");
    findList(userMapper);
}
```

```
//查询用户，并显示用户详情信息
public static void findById(UserMapper userMapper) {
    System.out.println("==== 用户详情信息 ====");
    Scanner input = new Scanner(System.in);
    System.out.print("用户 ID: ");
    int id = input.nextInt();
    User user = userMapper.findById(id);
    System.out.println("用户账号: "+user.getUsername());
    System.out.println("用户密码: "+user.getPassword());
    System.out.println("手机号码: "+user.getPhone());
    System.out.println("用户邮箱: "+user.getEmail());
}
}
```

（2）运行 main()方法，效果如图 27-6 所示。

第28章

SSM 框架：中控后台系统的设计与实现

（1）掌握企业级数据库的设计及使用。

（2）掌握 Bootstrap 企业页面的开发。

（3）能使用 SSM 框架搭建 Web 开发环境。

（4）掌握 SSM 框架前后端分离架构的设计。

（5）掌握 jQuery AJAX 在 Web 前后端分离架构中的数据绑定和访问。

（6）综合运用 SSM 框架开发中控后台系统。

本章的知识地图如图 28-1 所示。

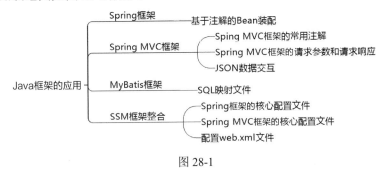

图 28-1

28.2 实验任务

使用 Spring MVC、Spring 和 MyBatis 3 个框架的组合形式实现中控后台合作数据的管理，主要功能包括合作企业用户数据的展示和用户数据的删除。

访问首页，显示合作企业用户数据，包括编号、公司、合作日期和操作，如图 28-2 所示。

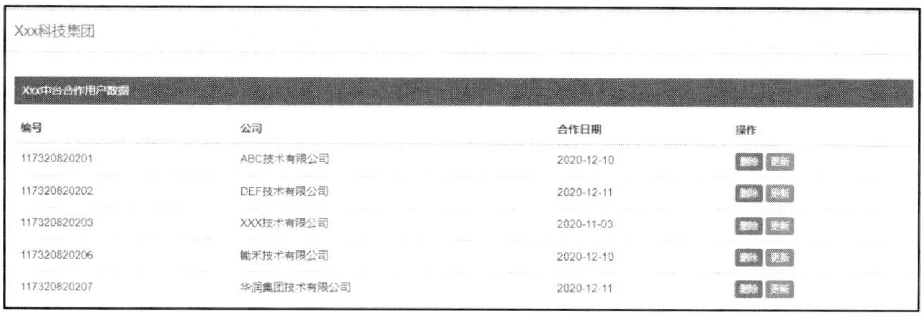

图 28-2

点击合作企业用户右侧对应的"删除"按钮，可以删除当前选中行的数据，删除成功后，显示更新后的用户数据列表，如图 28-3 所示。

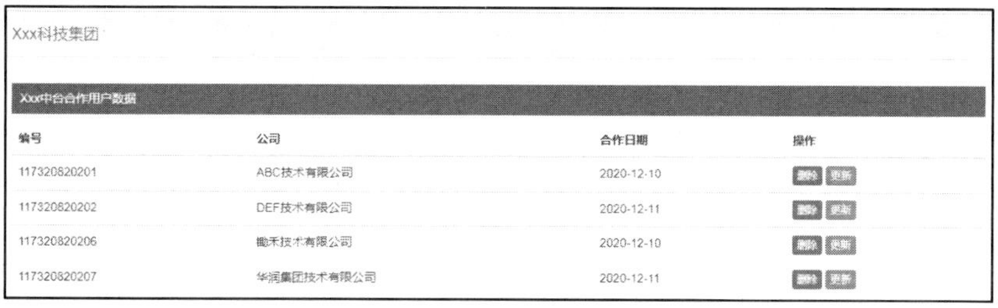

图 28-3

28.3 设计思路

1. 创建项目

中控后台系统项目的名称为 vipdata。

2. 文件设计

vipdata 项目中包含的文件如表 28-1 所示。

表 28-1

类型	文件	说明
Java 文件	vip/ssm/entity/Cooperation.java	业务 JavaBean
	vip/ssm/mapper/CooperationMapper.java	数据层接口
	vip/ssm/service/CooperationService.java	业务层接口
	vip/ssm/service/impl/CooperationServiceImpl.java	业务层实现类
	vip/ssm/controller/JsonView.java	视图类
	vip/ssm/controller/BackStageDataController.java	控制类
HTML 文件	data.html	数据展示页面文件
配置文件	applicationContext.xml	Spring 框架的核心配置文件
	spring-mvc.xml	Spring MVC 框架的核心配置文件
	CooperationMapper.xml	CooperationMapper SQL 映射文件

28.4 实验实施（跟我做）

28.4.1 步骤一：创建数据库和数据表

（1）创建数据库 datasys。

```
CREATE DATABASE datasys;
```

（2）创建企业合作用户表并插入测试数据。

```
CREATE TABLE IF NOT EXISTS tb_cooperation(
c_id       VARCHAR(20) PRIMARY KEY  COMMENT '合作用户 ID',
c_company VARCHAR(100) NOT NULL     COMMENT '合作单位名称',
c_date           DATE       NOT NULL    COMMENT '合作日期'
);

INSERT INTO tb_cooperation VALUES ('117320820201', 'ABC 技术有限公司', '2020-
12-10');
INSERT INTO tb_cooperation VALUES ('117320820202', 'DEF 技术有限公司', '2020-
12-11');
INSERT INTO tb_cooperation VALUES ('117320820203', 'XXX 技术有限公司', '2020-
11-03');
INSERT INTO tb_cooperation VALUES ('117320820206', '锄禾技术有限公司', '2020-
12-10');
INSERT INTO tb_cooperation VALUES ('117320820207', '华润集团技术有限公司',
'2020-12-11');
```

28.4.2 步骤二：搭建 Web 开发环境

（1）创建 Web 项目和包结构，如图 28-4 所示。

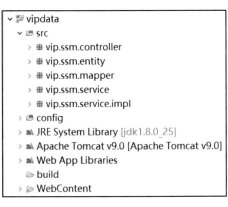

图 28-4

（2）导入项目需要依赖的 jar 包，如图 28-5 所示。

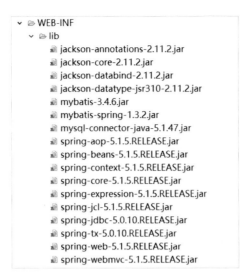

图 28-5

28.4.3　步骤三：创建页面

创建数据展示页面（data.html），并将静态资源保存到 WebContent 目录下，如图 28-6 所示。

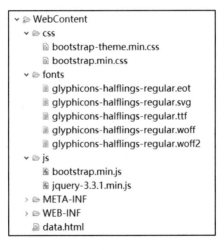

图 28-6

（1）编写数据展示页面文件 data.html。

（2）使用 Bootstrap 进行页面布局。

（3）引入 jQuery 库文件。

（4）添加表格，用于展示数据。

```
<!DOCTYPE html>
<html lang="zh">
<head>
    <meta charset="UTF-8">
```

```
    <meta name="viewport" content="width=device-width, initial-scale=1.0">
    <meta http-equiv="X-UA-Compatible" content="ie=edge">
    <link rel="stylesheet" type="text/css" href="css/bootstrap.min.css"/>
    <script src="js/jquery-3.3.1.min.js" type="text/javascript" charset=
"utf-8"></script>
    <title>中台数据</title>
</head>
<body>
<div class="navbar navbar-default">
    <div class="container">
        <div class="navbar-header">
            <a href="" class="navbar-brand"><span class="text-primary">XXX 科
技集团</span></a>
        </div>
        <div class="navbar-text navbar-right">
            <a href="" class="navbar-link">请登录</a>
        </div>
    </div>
</div>
<div class="container">
    <h5 class="bg-primary" style="padding: 10px;">XXX 中台合作用户数据</h5>
</div>

<div class="container">
    <table class="table table-hover table">
        <thead>
        <th>编号</th>
        <th>公司</th>
        <th>合作日期</th>
        <th>操作</th>
        </thead>
        <tbody id="data-list">

        </tbody>
    </table>
</div>
</body>
</html>
```

28.4.4 步骤四：整合 SSM 框架

创建 Spring 框架的核心配置文件 applicationContext.xml 和 Spring MVC 框架的核心配

置文件 spring-mvc.xml，结构如图 28-7 所示，并配置 web.xml 文件。

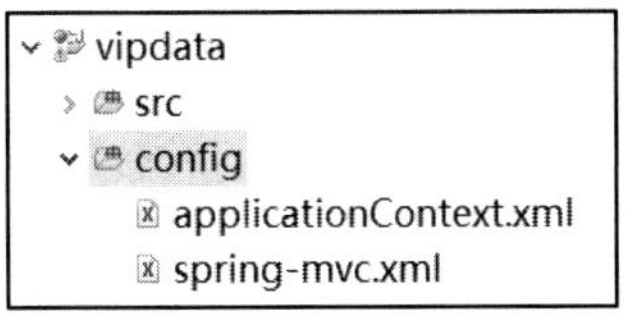

图 28-7

（1）创建 Spring 框架的核心配置文件 applicationContext.xml。

- 配置数据源。
- 配置 SqlSessionFactory。
- 配置映射器。

```xml
<?xml version="1.0" encoding="UTF-8"?>
<beans xmlns="http://www.springframework.org/schema/beans"
    xmlns:xsi="http://www.w3.org/2001/XMLSchema-instance"
    xmlns:context="http://www.springframework.org/schema/context"
    xsi:schemaLocation="http://www.springframework.org/schema/beans
    http://www.springframework.org/schema/beans/spring-beans.xsd
    http://www.springframework.org/schema/context
    http://www.springframework.org/schema/context/spring-context.xsd">
    <!--配置注解扫描-->
    <context:component-scan base-package="vip.ssm.service.impl"/>
    <!--配置数据库连接池-->
    <bean id="dataSource" class="org.springframework.jdbc.datasource.DriverManagerDataSource">
        <property name="driverClassName" value="com.mysql.jdbc.Driver"/>
        <property name="url" value="jdbc:mysql://localhost:3306/datasys?serverTimezone=Asia/Shanghai"/>
        <property name="username" value="root"/>
        <property name="password" value="root"/>
    </bean>
    <!--配置 sessionFactory，自动扫描 mapping.xml 文件-->
    <bean id="sqlSessionFactory" class="org.mybatis.spring.SqlSessionFactoryBean">
        <property name="dataSource" ref="dataSource"/>
        <property name="typeAliasesPackage" value="vip.ssm.entity"/>
        <property name="mapperLocations" value="classpath:vip/ssm/mapper/*.xml"/>
    </bean>
    <!--配置扫描 mapper 接口所在的包，为 mapper 接口创建实体类-->
    <bean class="org.mybatis.spring.mapper.MapperScannerConfigurer">
        <property name="basePackage" value="vip.ssm.mapper"/>
```

```
    </bean>
</beans>
```

（2）创建 Spring MVC 框架的核心配置文件 spring-mvc.xml。

- 配置注解驱动。
- 配置 Spring MVC 框架的注解注入。

```xml
<?xml version="1.0" encoding="UTF-8"?>
<beans xmlns="http://www.springframework.org/schema/beans"
    xmlns:xsi="http://www.w3.org/2001/XMLSchema-instance"
    xmlns:context="http://www.springframework.org/schema/context"
    xmlns:mvc="http://www.springframework.org/schema/mvc"
    xsi:schemaLocation="http://www.springframework.org/schema/beans http://
www.springframework.org/schema/beans/spring-beans.xsd
                       http://www.springframework.org/schema/context http://
www.springframework.org/schema/context/spring-context.xsd
                       http://www.springframework.org/schema/mvc http://
www.springframework.org/schema/mvc/spring-mvc.xsd">
    <!--配置注解注入-->
    <context:component-scan base-package="vip.ssm.controller"/>

    <!--配置 MVC 注解驱动-->
    <mvc:annotation-driven/>
</beans>
```

- 配置 web.xml 文件。
- 配置 Spring 框架的文件监听器。
- 配置 Spring MVC 框架的前端控制器。
- 配置欢迎页面文件。

```xml
<?xml version="1.0" encoding="UTF-8"?>
<web-app xmlns:xsi="http://www.w3.org/2001/XMLSchema-instance"
xmlns="http://java.sun.com/xml/ns/javaee"
xsi:schemaLocation="http://java.sun.com/xml/ns/javaee http://java.sun.com/
xml/ns/javaee/web-app_4_0.xsd"
version="4.0">

    <listener>        <listener-class>org.springframework.web.context.
ContextLoaderListener</listener-class>
    </listener>
    <context-param>
        <param-name>contextConfigLocation</param-name>
        <param-value>classpath:applicationContext.xml</param-value>
    </context-param>
    <servlet>
```

```
        <servlet-name>dispatcherServlet</servlet-name>
        <servlet-class>org.springframework.web.servlet.DispatcherServlet
</servlet-class>
        <init-param>
            <param-name>contextConfigLocation</param-name>
            <param-value>classpath:spring-mvc.xml</param-value>
        </init-param>
        <load-on-startup>1</load-on-startup>
    </servlet>
    <servlet-mapping>
        <servlet-name>dispatcherServlet</servlet-name>
        <url-pattern>*.do</url-pattern>
    </servlet-mapping>
    <welcome-file-list>
        <welcome-file>data.html</welcome-file>
    </welcome-file-list>
</web-app>
```

28.4.5　步骤五：创建业务 JavaBean

根据企业合作用户表结构，在 vip.ssm.entity 包下创建业务 JavaBean，即 Cooperation 类。

```java
package vip.ssm.entity;

import com.fasterxml.jackson.annotation.JsonFormat;
import org.springframework.format.annotation.DateTimeFormat;

import java.time.LocalDate;

public class Cooperation {
    private String cid;                    //企业编号
    private String company;                //企业名称

    @JsonFormat(pattern = "yyyy-MM-dd")
    @DateTimeFormat(pattern = "yyyy-MM-dd")
    private LocalDate coopDate;         //合作日期

    public Cooperation() {
        super();
    }

    public Cooperation(String cid, String company, LocalDate coopDate) {
        this.cid = cid;
```

```
        this.company = company;
        this.coopDate = coopDate;
    }

    public String getCid() {
        return cid;
    }

    public void setCid(String cid) {
        this.cid = cid;
    }

    public String getCompany() {
        return company;
    }

    public void setCompany(String company) {
        this.company = company;
    }

    public LocalDate getCoopDate() {
        return coopDate;
    }

    public void setCoopDate(LocalDate coopDate) {
        this.coopDate = coopDate;
    }
}
```

28.4.6　步骤六：创建数据层接口和 SQL 映射文件

在 vip.ssm.mapper 包下创建数据层接口 CooperationMapper 和相应的 SQL 映射文件 CooperationMapper.xml。

1）创建数据层接口 CooperationMapper

（1）定义删除方法。

（2）定义查询所有企业信息的方法。

```
package vip.ssm.mapper;

import java.util.List;

import vip.ssm.entity.Cooperation;
```

```
public interface CooperationMapper {
    //查询所有企业信息
    List<Cooperation> findList();

    //根据企业 ID 删除企业信息
    int deleteByCid(String cid);
}
```

2）创建 SQL 映射文件 CooperationMapper.xml

（1）使用<select>标签编写查询方法的 SQL 映射语句。

（2）使用<delete>标签编写删除方法的 SQL 映射语句。

```xml
<?xml version="1.0" encoding="UTF-8" ?>
<!DOCTYPE mapper PUBLIC "-//mybatis.org//DTD Mapper 3.0//EN" "http://
mybatis.org/dtd/mybatis-3-mapper.dtd">
<mapper namespace="vip.ssm.mapper.CooperationMapper">

    <resultMap id="baseCooperation" type="cooperation">
        <id column="c_id" property="cid"/>
        <result column="c_company" property="company"/>
        <result column="c_date" property="coopDate"/>
    </resultMap>

    <select id="findList" resultMap="baseCooperation">
        SELECT c_id, c_company, c_date FROM tb_cooperation
    </select>

    <delete id="deleteByCid" parameterType="string">
        DELETE FROM tb_cooperation WHERE c_id = #{cid}
    </delete>
</mapper>
```

28.4.7　步骤七：编写业务层

在 vip.ssm.service 包下创建业务层接口 CooperationService 和实现类 CooperationServicImpl。

1）创建业务层接口 CooperationService

（1）定义删除方法。

（2）定义查询所有企业信息的方法。

```java
package vip.ssm.service;

import java.util.List;
import vip.ssm.entity.Cooperation;

public interface CooperationService {
```

```
    //根据企业 ID 删除企业信息
    int deleteByCid(String cid);

    //查询所有企业信息
    List<Cooperation> findList();
}
```

2）创建实现类 CooperationServiceImpl

（1）实现删除方法。

（2）实现查询所有企业信息的方法。

```java
package vip.ssm.service.impl;
import java.util.List;
import javax.annotation.Resource;
import org.springframework.stereotype.Service;
import vip.ssm.entity.Cooperation;
import vip.ssm.mapper.CooperationMapper;
import vip.ssm.service.CooperationService;


@Service
public class CooperationServiceImpl implements CooperationService {

    @Resource
    private CooperationMapper cooperationMapper;

    @Override
    public List<Cooperation> findList() {
        return cooperationMapper.findList();
    }

    @Override
    public int deleteByCid(String cid) {
        return cooperationMapper.deleteByCid(cid);
    }
}
```

28.4.8 步骤八：编写控制层

在 vip.ssm.controller 包下创建封装前后端分离 JSON 的视图类 JsonView 和控制层类 BackStageDataController。

1）创建视图类 JsonView

（1）定义 3 个属性：是否成功标识、操作描述信息及响应数据。

（2）定义相应的设置和取值的方法。

```java
package vip.ssm.controller;

import java.util.HashMap;
import java.util.Map;

public class JsonView{
    private boolean success;                //是否成功标识
    private String message;                 //操作描述信息
    private Map<String, Object> content;    //响应数据

    public JsonView(boolean success, String message, HashMap<String, Object>
content)
{
        this.success = success;
        this.message = message;
        this.content = content;
    }

    public JsonView() {
        this(false, "", new HashMap<String, Object>());
    }

    public JsonView success(boolean success){
        this.success = success;
        return this;
    }

    public JsonView message(String message){
        this.message = message;
        return this;
    }

    public JsonView set(String key, Object value){
        content.put(key, value);
        return this;
    }

    public static JsonView of(boolean success, String message){
        return new JsonView(success, message, new HashMap<String, Object>());
    }
}
```

```java
    public boolean isSuccess() {
        return success;
    }

    public void setSuccess(boolean success) {
        this.success = success;
    }

    public String getMessage() {
        return message;
    }

    public void setMessage(String message) {
        this.message = message;
    }

    public Map<String, Object> getContent() {
        return content;
    }

    public void setContent(Map<String, Object> content) {
        this.content = content;
    }
}
```

2）创建控制层类 BackStageDataController

（1）定义方法，用于处理查询企业数据的请求。

（2）定义方法，用于处理删除企业数据的请求。

```java
package vip.ssm.controller;

import java.util.List;
import org.springframework.beans.factory.annotation.Autowired;
import org.springframework.web.bind.annotation.GetMapping;
import org.springframework.web.bind.annotation.PostMapping;
import org.springframework.web.bind.annotation.RequestMapping;
import org.springframework.web.bind.annotation.RestController;
import vip.ssm.entity.Cooperation;
import vip.ssm.service.CooperationService;

@RestController
@RequestMapping("/central")
public class BackStageDataController {
    @Autowired
```

```
CooperationService cooperationService;

//查询企业列表信息
@GetMapping("/all")
public JsonView getAllCentralBackStageData() {
    List<Cooperation> list = cooperationService.findList();
    return JsonView.of(true, "中控后台合作企业信息").set("centralData", list);
}

//删除企业数据
@PostMapping("/delete")
public JsonView deleteCentralBackStageData(String cid) {
    int row = cooperationService.deleteByCid(cid);
    if (row == 1) {
        return JsonView.of(true, "删除成功");
    }
    return JsonView.of(false, "删除失败");
}
}
```

28.4.9　步骤九：绑定页面操作

完成数据展示页面（data.html）的数据绑定。

- 定义删除方法，使用 AJAX 发送请求与响应处理，若成功，则跳转到 data.html 页面。
- 定义初始化方法，使用 AJAX 实现数据展示，同时绑定删除操作。

在 data.html 文件的末尾添加如下代码。

```
<script type="text/javascript">
    //删除操作
    function deleteRow(cid) {
        $.ajax({
            "type": "POST",
            "dataType": "json",
            "data": {
                cid: cid
            },
            "url": "/vipdata/central/delete.do",
            "success": function (json) {
                if (json.success) {
                    window.location.href = "data.html";
                }
            }
        });
```

```
    }
    //页面初始化
    function init() {
        $.ajax({    //企业合作数据的展示
            "type": "GET",
            "dataType": "json",
            "url": "/vipdata/central/all.do",
            "success": function (json) {
                if (json.success) {
                    //将返回的 JSON 数组遍历显示在表格中
                    for (var i = 0; i < json.content.centralData.length; i++) {
                        var d = json.content.centralData[i];
                        var tds = "";
                        tds += "<td>";
                        tds += d.cid;
                        tds += "</td>";
                        tds += "<td>";
                        tds += d.company;
                        tds += "</td>";
                        tds += "<td>";
                        tds += d.coopDate;
                        tds += "</td>";
                        //绑定删除操作
                        tds += "<td>";
                        tds += "<a href='javascript:;' class='btn btn-danger
btn-xs' onclick='deleteRow(\"" + d.cid + "\")'>删除</a> ";
                        tds += "<a href='' class='btn btn-success btn-xs'>更新
</a>";
                        tds += "</td>";
                        $("#data-list").append("<tr>" + tds + "</tr>");
                    }
                }
            }
        });
    }
    $(document).ready(function () {    //加载方法
        init();
    });
</script>
```

部署项目并启动 Tomcat 服务器，访问 http://localhost:8080/vipdata，效果如图 28-2 所示。

第 29 章

SSM 框架：学生信息管理系统

29.1　实验目标

（1）掌握企业级数据库的设计及使用。

（2）能使用 SSM 框架搭建 Web 开发环境。

（3）掌握 Spring MVC 框架的基本配置。

（4）掌握 MyBatis 框架的基本配置。

（5）掌握 SSM 框架的配置文件。

（6）综合应用 SSM 框架开发学生信息管理系统。

本章的知识地图如图 29-1 所示。

图 29-1

29.2　实验任务

使用 Spring MVC、Spring 和 MyBatis 3 个框架的组合形式实现学生信息管理系统的管理，包括对学生信息表的增、删、改、查操作。

1）学生信息的展示

访问首页，显示学生信息管理系统中的学生信息，包括 ID、姓名、性别、年龄和操作，如图 29-2 所示。

2）学生信息的增加

点击"添加用户"链接，跳转到"添加学生信息"页面，添加学生信息，如图 29-3 所示。

图 29-2　　　　　　　　　　　　　　　图 29-3

3）学生信息的更新

点击每条学生信息对应的"修改"链接，可以跳转到"修改学生信息"页面，可以修改选中行的学生信息，如图 29-4 所示。

4）学生信息的删除

点击每条学生信息对应的"删除"链接可以删除选中行的信息，删除成功后，显示更新后的学生信息列表，如图 29-5 所示。

图 29-4　　　　　　　　　　　　　　　图 29-5

29.3　设计思路

1．创建项目

学生信息管理系统项目的名称为 StuManager。

2．文件设计

StuManager 项目中包含的文件如表 29-1 所示。

表 29-1

类型	文件	说明
PHP 文件	com/student/po/Student.java	业务 JavaBean
	com/student/dao/StudentMapper.java	创建数据层接口
	com/student/service/StudentService.java	业务层接口
	com/student/controller/StudentController.java	控制层类

续表

类　型	文　件	说　明
JSP 文件	student.jsp	控制器文件
	add.jsp	"添加学生信息"页面文件
	update.jsp	"修改学生信息"页面文件
配置文件	applicationContext.xml	Spring 框架的核心配置文件
	db.properties	连接数据库配置文件
	springmvc.xml	Spring MVC 框架的核心配置文件
映射文件	StudentMapper.xml	StudentMapper SQL 映射文件

29.4　实验实施（跟我做）

29.4.1　步骤一：创建数据库和学生信息数据表

（1）创建数据库 student。

```
CREATE DATABASE `student`;
```

（2）创建学生信息数据表并插入测试数据。

```
CREATE TABLE `student` (
 `id` int(11) NOT NULL AUTO_INCREMENT,
 `name` varchar(32) DEFAULT NULL,
 `sex` varchar(32) DEFAULT NULL,
 `age` int(11) DEFAULT NULL,
 PRIMARY KEY (`id`)
) ENGINE=InnoDB AUTO_INCREMENT=4 DEFAULT CHARSET=utf8;

INSERT INTO `student` VALUES ('1', '张三', '男', '20');
INSERT INTO `student` VALUES ('2', '李四', '女', '18');
INSERT INTO `student` VALUES ('3', '王五', '男', '21');
```

29.4.2　步骤二：搭建 Web 开发环境

（1）创建 Web 项目和包结构，如图 29-6 所示。

图 29-6

（2）导入项目需要依赖的 jar 包，如图 29-7 所示。

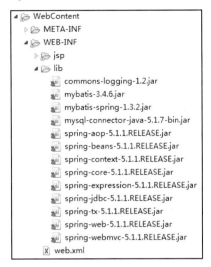

图 29-7

29.4.3 步骤三：创建页面

创建"学生信息"页面（student.jsp）、"添加学生信息"页面（add.jsp）和"修改学生信息"页面（update.jsp），并将静态资源保存到 WebContent 目录下，如图 29-8 所示。

图 29-8

编写"学生信息"页面文件 student.jsp。

```jsp
<%@ page language="java" contentType="text/html; charset=UTF-8"
    pageEncoding="UTF-8"%>
<!DOCTYPE html PUBLIC "-//W3C//DTD HTML 4.01 Transitional//EN"
"http://www.w3.org/TR/html4/loose.dtd">
<html>
<head>
<meta http-equiv="Content-Type" content="text/html; charset=UTF-8">
<title>学生信息</title>
</head>
<body>
<table border="1">
```

```
    <tr>
        <td>ID</td>
        <td>姓名</td>
        <td>性别</td>
        <td>年龄</td>
        <td>操作</td>
    </tr>

    <tr>
        <td></td>
        <td></td>
        <td></td>
        <td></td>
        <td><a href="">修改</a>|<a href="">删除</a></td>
    </tr>
</table>
<a href="toAdd">添加用户</a>
</body>
</html>
```

编写"添加学生信息"页面文件 add.jsp。

```
<%@ page language="java" contentType="text/html; charset=UTF-8"
    pageEncoding="UTF-8"%>
<!DOCTYPE html PUBLIC "-//W3C//DTD HTML 4.01 Transitional//EN"
"http://www.w3.org/TR/html4/loose.dtd">
<html>
<head>
<meta http-equiv="Content-Type" content="text/html; charset=UTF-8">
<title>添加学生信息</title>
</head>
<body>
<form action="add" method="post">
    姓名：<input type="text" name="name"><br/>
    性别：<select name="sex">
        <option value="男">男</option>
        <option value="女">女</option>
    </select><br/>
    年龄：<input type="text" name="age"><br/>
    <input type="submit" value="添加">
</form>
</body>
</html>
```

编写"修改学生信息"页面文件 update.jsp。

```jsp
<%@ page language="java" contentType="text/html; charset=UTF-8"
    pageEncoding="UTF-8"%>
<!DOCTYPE html PUBLIC "-//W3C//DTD HTML 4.01 Transitional//EN"
"http://www.w3.org/TR/html4/loose.dtd">
<html>
<head>
<meta http-equiv="Content-Type" content="text/html; charset=UTF-8">
<title>修改学生信息</title>
</head>
<body>
<form action="update" method="post">
    <input type="hidden" name="id" value="">
    姓名: <input type="text" name="name" value=""><br/>
    性别: <select name="sex">
        <option value="男">男</option>
        <option value="女" selected="selected">女</option>
    </select><br/>
    年龄: <input type="text" name="age" value=""><br/>
    <input type="submit" value="修改">
</form>
</body>
</html>
```

29.4.4　步骤四：整合 SSM 框架

创建 Spring 框架的核心配置文件 applicationContext.xml、连接数据库配置文件 db.properties 和 Spring MVC 框架的核心配置文件 springmvc.xml，结构如图 29-9 所示，并配置 web.xml 文件。

图 29-9

（1）创建 Spring 框架的核心配置文件 applicationContext.xml。

- 配置数据源。
- 配置 SqlSessionFactory。
- 配置映射器。

```xml
<beans xmlns="http://www.springframework.org/schema/beans"
    xmlns:xsi="http://www.w3.org/2001/XMLSchema-instance"
```

```xml
        xmlns:mvc="http://www.springframework.org/schema/mvc"
        xmlns:context="http://www.springframework.org/schema/context"
        xmlns:aop="http://www.springframework.org/schema/aop"
        xmlns:tx="http://www.springframework.org/schema/tx"
        xsi:schemaLocation="http://www.springframework.org/schema/beans
            http://www.springframework.org/schema/beans/spring-beans-3.2.xsd
            http://www.springframework.org/schema/mvc
            http://www.springframework.org/schema/mvc/spring-mvc-3.2.xsd
            http://www.springframework.org/schema/context
            http://www.springframework.org/schema/context/spring-context-3.2.xsd
            http://www.springframework.org/schema/aop
            http://www.springframework.org/schema/aop/spring-aop-3.2.xsd
            http://www.springframework.org/schema/tx
            http://www.springframework.org/schema/tx/spring-tx-3.2.xsd ">

    <!--加载配置文件-->
    <context:property-placeholder location="classpath:db.properties"/>

    <!--数据源，使用 Spring 框架提供的数据源-->
    <bean id="jdbcDataSource" class="org.springframework.jdbc.datasource.
DriverManagerDataSource">
        <property name="driverClassName" value="${jdbc.driver}"/>
        <property name="url" value="${jdbc.url}"/>
        <property name="username" value="${jdbc.username}"/>
        <property name="password" value="${jdbc.password}"/>
    </bean>

    <!--sqlSessinFactory-->
    <bean id="sqlSessionFactory"
class="org.mybatis.spring.SqlSessionFactoryBean">
        <!--数据源-->
        <property name="dataSource" ref="jdbcDataSource"/>
    </bean>

    <!-- （1）mapper 批量扫描：从 mapper 包中扫描出 mapper 接口
    （2）自动创建代理对象，并且在 Spring 容器中注册
    （3）遵循规范：映射文件 mapper.java 和 mapper.xml 的名称保持一致，并且在一个目录下自
动扫描出来的 mapper 接口的 Bean 的 ID 为 mapper 类名（首字母小写）-->
    <bean class="org.mybatis.spring.mapper.MapperScannerConfigurer">
        <!--指定扫描的包名。如果扫描多个包，那么各个包之间使用半角逗号分隔-->
        <property name="basePackage" value="com.student.dao"/>
        <property name="sqlSessionFactoryBeanName" value="sqlSessionFactory"/>
```

```
    </bean>

    <!--配置事务管理器-->
</beans>
```

（2）创建连接数据库配置文件 db.properties。

配置连接数据库信息。

```
jdbc.driver=com.mysql.jdbc.Driver
jdbc.url=jdbc:mysql://localhost:3306/studentdb
jdbc.username=root
jdbc.password=123456
```

（3）创建 Spring MVC 框架的核心配置文件 springmvc.xml。

- 配置注解驱动。
- 配置 Spring MVC 框架的注解注入。

```
<beans xmlns="http://www.springframework.org/schema/beans"
    xmlns:xsi="http://www.w3.org/2001/XMLSchema-instance"
    xmlns:mvc="http://www.springframework.org/schema/mvc"
    xmlns:context="http://www.springframework.org/schema/context"
    xmlns:aop="http://www.springframework.org/schema/aop"
    xmlns:tx="http://www.springframework.org/schema/tx"
    xsi:schemaLocation="http://www.springframework.org/schema/beans
        http://www.springframework.org/schema/beans/spring-beans-3.2.xsd
        http://www.springframework.org/schema/mvc
        http://www.springframework.org/schema/mvc/spring-mvc-3.2.xsd
        http://www.springframework.org/schema/context
        http://www.springframework.org/schema/context/spring-context-3.2.xsd
        http://www.springframework.org/schema/aop
        http://www.springframework.org/schema/aop/spring-aop-3.2.xsd
        http://www.springframework.org/schema/tx
        http://www.springframework.org/schema/tx/spring-tx-3.2.xsd ">

    <!--可以扫描 controller 和 service 等
    这里扫描 controller, 指定 controller 的包
    -->
    <context:component-scan base-package="com.student"/>

    <!--使用 mvc:annotation-driven 代替上面的注解映射器和注解适配器配置
    mvc:annotation-driven 默认加载了很多参数绑定方法, 如默认加载了 JSON 转换解析器, 如
果使用 mvc:annotation-driven, 那么不用配置 Request MappingHandlerMapping 和
RequestMappingHandlerAdapter
    实际开发时使用 mvc:annotation-driven
    -->
```

```
<mvc:annotation-driven/>

<!--视图解析器
解析 jsp 路径，默认使用<jstl>标签，classpath 下必须有<jstl>标签的包
-->
<bean

class="org.springframework.web.servlet.view.InternalResourceViewResolver">
    <!--配置 jsp 路径的前缀-->
    <property name="prefix" value="/WEB-INF/jsp/"/>
    <!--配置 jsp 路径的后缀-->
    <property name="suffix" value=".jsp"/>
</bean>
</beans>
```

（4）配置 web.xml 文件。

- 配置 Spring 框架的文件监听器。
- 配置 Spring MVC 框架的前端控制器。
- 配置欢迎页面文件。

```
<?xml version="1.0" encoding="UTF-8"?>
<web-app xmlns:xsi="http://www.w3.org/2001/XMLSchema-instance"
xmlns="http://xmlns.jcp.org/xml/ns/javaee"
xsi:schemaLocation="http://xmlns.jcp.org/xml/ns/javaee
http://xmlns.jcp.org/xml/ns/javaee/web-app_3_1.xsd" id="WebApp_ID"
version="3.1">
  <display-name>StuManager</display-name>

  <!--加载 Spring 容器-->
  <context-param>
      <param-name>contextConfigLocation</param-name>
      <param-value>classpath:applicationContext.xml</param-value>
  </context-param>
  <listener>
      <listener-class>org.springframework.web.context.ContextLoader
Listener</listener-class>
  </listener>



  <!--配置 DispatchcerServlet-->
  <servlet>
      <servlet-name>springDispatcherServlet</servlet-name>
      <servlet-class>org.springframework.web.servlet.DispatcherServlet
</servlet-class>
```

```xml
    <!--配置 Spring MVC 框架下的配置文件的位置和名称-->
    <init-param>
        <param-name>contextConfigLocation</param-name>
        <param-value>classpath:springmvc.xml</param-value>
    </init-param>
    <load-on-startup>1</load-on-startup>
</servlet>

<servlet-mapping>
    <servlet-name>springDispatcherServlet</servlet-name>
    <url-pattern>/</url-pattern>
</servlet-mapping>

<!--字符编码过滤器-->
<filter>
    <filter-name>CharacterEncodingFilter</filter-name>
    <filter-class>org.springframework.web.filter.CharacterEncodingFilter</filter-class>
    <init-param>
        <param-name>encoding</param-name>
        <param-value>utf-8</param-value>
    </init-param>
</filter>
<filter-mapping>
    <filter-name>CharacterEncodingFilter</filter-name>
    <url-pattern>/*</url-pattern>
</filter-mapping>
</web-app>
```

29.4.5　步骤五：创建业务 JavaBean

根据学生信息数据表结构，在 com.student.po 包下创建业务 JavaBean，即 Student 类。

```java
package com.student.po;

public class Student {

    private int id;
    private String name;
    private String sex;
    private int age;

    public int getId() {
```

```
        return id;
    }

    public void setId(int id) {
        this.id = id;
    }

    public String getName() {
        return name;
    }

    public void setName(String name) {
        this.name = name;
    }

    public String getSex() {
        return sex;
    }

    public void setSex(String sex) {
        this.sex = sex;
    }

    public int getAge() {
        return age;
    }

    public void setAge(int age) {
        this.age = age;
    }

}
```

29.4.6　步骤六：创建数据层接口和 SQL 映射文件

在 com.student.dao 包下创建数据层接口 StudentMapper 和相应的 SQL 映射文件 StudentMapper.xml。

1）创建数据层接口 StudentMapper

（1）定义添加学生信息的方法。

（2）定义查询所有学生信息的方法。

（3）定义根据 ID 查询学生信息的方法。

（4）定义修改学生信息的方法。

（5）定义删除学生信息的方法。

```java
package com.student.dao;

import java.util.List;

import com.student.po.Student;

public interface StudentMapper {

    public int addStudent(Student stu);              //添加学生信息
    public List<Student> findAllStudents();          //查询所有学生信息
    public Student findStudentById(int id);          //根据 ID 查询学生信息
    public int updateStudent(Student stu);           //修改学生信息
    public int deleteStudent(int id);                //删除学生信息

}
```

2）创建 SQL 映射文件 StudentMapper.xml

（1）使用\<insert\>标签编写插入方法的 SQL 映射语句。

（2）使用\<select\>标签编写查询方法的 SQL 映射语句。

（3）使用\<update\>标签编写修改方法的 SQL 映射语句。

（4）使用\<delete\>标签编写删除方法的 SQL 映射语句。

```xml
<?xml version="1.0" encoding="UTF-8" ?>
<!DOCTYPE mapper
PUBLIC "-//mybatis.org//DTD Mapper 3.0//EN"
"http://mybatis.org/dtd/mybatis-3-mapper.dtd">
<!--namespace 用于 SQL 隔离-->
<mapper namespace="com.student.dao.StudentMapper">
    <!--添加学生信息-->
    <insert id="addStudent" parameterType="com.student.po.Student">
        INSERT INTO student (name,sex,age) VALUES (#{name},#{sex},#{age})
    </insert>

    <!--查询所有学生信息-->
    <select id="findAllStudents" resultType="com.student.po.Student">
        SELECT * FROM student
    </select>

    <!--根据 ID 查询学生信息-->
    <select id="findStudentById" parameterType="int" resultType="com.student.po.Student">
        SELECT * FROM student where id=#{value}
```

```
    </select>

    <!--修改学生信息-->
    <update id="updateStudent" parameterType="com.student.po.Student">
        UPDATE student SET name=#{name} , sex=#{sex} , age=#{age} where id=#{id}
    </update>

    <!--删除学生信息-->
    <delete id="deleteStudent" parameterType="int">
        DELETE FROM student where id=#{id}
    </delete>

</mapper>
```

29.4.7　步骤七：编写业务层

在 com.student.service 包下创建业务层接口 StudentService。

（1）定义添加学生信息的方法。

（2）定义查询所有学生信息的方法。

（3）定义根据 ID 查询学生信息的方法。

（4）定义修改学生信息的方法。

（5）定义删除学生信息的方法。

```
package com.student.service;

import java.util.List;

import org.springframework.beans.factory.annotation.Autowired;
import org.springframework.stereotype.Service;

import com.student.dao.StudentMapper;
import com.student.po.Student;

@Service
public class StudentService {

    //注入 StudentMapper 接口
    @Autowired
    private StudentMapper studentMapper;

    //添加学生信息
    public int add(Student stu) {
```

```
        return studentMapper.addStudent(stu);
    }

    public List<Student> showStudents() {

        return studentMapper.findAllStudents();
    }

    public Student findStudentById(int id) {

        return studentMapper.findStudentById(id);
    }

    public int update(Student stu) {

        return studentMapper.updateStudent(stu);
    }

    public int deleteStudent(int id) {

        return studentMapper.deleteStudent(id);
    }
}
```

29.4.8 步骤八：编写控制层

在 com.student.controller 包下创建控制层类 StudentController。

（1）定义方法，用来处理查询企业数据的请求。

（2）定义方法，用来处理删除企业数据的请求。

```
package com.student.controller;

import java.sql.SQLException;
import java.util.List;

import org.springframework.beans.factory.annotation.Autowired;
import org.springframework.stereotype.Controller;
import org.springframework.ui.Model;
import org.springframework.web.bind.annotation.RequestMapping;
import org.springframework.web.bind.annotation.RequestMethod;

import com.student.po.Student;
import com.student.service.StudentService;
```

```java
@Controller
public class StudentController {

    //注入 studentService
    @Autowired
    private StudentService studentService;

    //跳转到"添加学生信息"页面
    @RequestMapping(value = "/toAdd", method = RequestMethod.GET)
    public String toAdd() {
        return "add";
    }
    //添加学生信息
    @RequestMapping(value = "/add", method=RequestMethod.POST)
    public String add(String name, String sex, String age) {
        Student stu = new Student();
        stu.setName(name);
        stu.setSex(sex);
        stu.setAge(Integer.parseInt(age));

        studentService.add(stu);
        return "redirect:/index";
    }


    //查询学生信息
    @RequestMapping(value = "/index", method = RequestMethod.GET)
    public String index(Model model) throws SQLException {

        List<Student> list = studentService.showStudents();
        model.addAttribute("list", list);
        return "student";
    }


    //跳转到"修改学生信息"页面
    @RequestMapping(value = "/update", method=RequestMethod.GET)
    public String toUpdate(int id, Model model) {
        Student stu = studentService.findStudentById(id);
        model.addAttribute("student", stu);
        return "update";
    }
```

```
//修改学生信息
@RequestMapping(value = "/update", method=RequestMethod.POST)
public String update(String id, String name, String sex, String age) {
    Student stu = new Student();
    stu.setId(Integer.parseInt(id));
    stu.setName(name);
    stu.setSex(sex);
    stu.setAge(Integer.parseInt(age));

    studentService.update(stu);

    return "redirect:/index";
}

//删除学生信息
@RequestMapping(value = "/delete", method=RequestMethod.GET)
public String delete(int id) {
    studentService.deleteStudent(id);
    return "redirect:/index";
}

}
```

29.4.9　步骤九：渲染页面数据

完成学生信息管理系统的"学生信息"页面（student.jsp）的数据渲染。

修改 student.jsp 文件中的代码。

```
<%@page import="com.student.po.Student"%>
<%@page import="org.apache.jasper.tagplugins.jstl.core.ForEach"%>
<%@page import="java.util.List"%>
<%@ page language="java" contentType="text/html; charset=UTF-8"
    pageEncoding="UTF-8"%>
<!DOCTYPE html PUBLIC "-//W3C//DTD HTML 4.01 Transitional//EN" "http://
www.w3.org/TR/html4/loose.dtd">
<html>
<head>
<meta http-equiv="Content-Type" content="text/html; charset=UTF-8">
<title>学生信息</title>
</head>
<body>
<table border="1">
    <tr>
```

```
        <td>ID</td>
        <td>姓名</td>
        <td>性别</td>
        <td>年龄</td>
        <td>操作</td>
    </tr>
<%
    List<Student> list = (List<Student>)request.getAttribute("list");
    if(list.size()!=0){
        for (Student stu : list) {
%>
    <tr>
        <td><%=stu.getId() %></td>
        <td><%=stu.getName() %></td>
        <td><%=stu.getSex() %></td>
        <td><%=stu.getAge() %></td>
        <td><a href="update?id=<%=stu.getId() %>">修改</a>|<a href="delete?id=
<%=stu.getId()%>">删除</a></td>
    </tr>
<%
        }
    }
%>
</table>
<a href="toAdd">添加用户</a>
</body>
</html>
```

完成学生信息管理系统的"修改学生信息"页面（update.jsp）的数据渲染。

修改 update.jsp 文件中的代码。

```
<%@page import="com.student.po.Student"%>
<%@ page language="java" contentType="text/html; charset=UTF-8"
    pageEncoding="UTF-8"%>
<!DOCTYPE html PUBLIC "-//W3C//DTD HTML 4.01 Transitional//EN"
"http://www.w3.org/TR/html4/loose.dtd">
<html>
<head>
<meta http-equiv="Content-Type" content="text/html; charset=UTF-8">
<title>修改学生信息</title>
</head>
<body>
<%
    Student stu = (Student)request.getAttribute("student");
```

```
%>
<form action="update" method="post">
    <input type="hidden" name="id" value="<%=stu.getId()%>">
    姓名: <input type="text" name="name" value="<%=stu.getName()%>"><br/>
    性别: <select name="sex">
        <option value="男">男</option>
        <%if("女".equals(stu.getSex())){ %>
        <option value="女" selected="selected">女</option>
        <% } else {%>
        <option value="女">女</option>
        <% } %>
    </select><br/>
    年龄: <input type="text" name="age" value="<%=stu.getAge()%>"><br/>
    <input type="submit" value="修改">
</form>
</body>
</html>
```

部署项目并启动 Tomcat 服务器，访问 http://localhost:8080/Student，效果如图 29-2 所示。

反侵权盗版声明